矿区生态环境修复丛书

煤矸石山生态修复

胡振琪　宫有寿　著

科　学　出　版　社
龍　門　書　局
北　京

内 容 简 介

煤矸石是煤矿采矿和选矿过程中的必然产物，在矿区堆积成山，对矿区的土地、水体和大气造成了严重污染，是煤矿区最主要的污染源。本书从煤矸石的产生与污染机理入手，阐述煤矸石山生态修复原理，将煤矸石山划分为酸性和非酸性两类，分别介绍其生态修复技术模式；重点探讨煤矸石山生态修复的五大关键技术：煤矸石山立地条件调查和自燃诊断技术、煤矸石山整形整地技术、煤矸石山灭火技术、煤矸石山防火技术和煤矸石山植被重建技术，同时介绍新排煤矸石山的边堆边治技术；最后，给出多个煤矸石山生态修复应用实践案例，并介绍经验分享。

本书可供高等院校矿山生态修复、环境工程、土壤学、土地资源管理、土地整治工程等相关专业的高年级本科生和研究生阅读，也可作为从事土地复垦与生态修复相关工作人员的参考书。

图书在版编目（CIP）数据

煤矸石山生态修复 / 胡振琪，宫有寿著. —北京：龙门书局，2021.10
（矿区生态环境修复丛书）
国家出版基金项目
ISBN 978-7-5088-6163-0

Ⅰ.①煤… Ⅱ.①胡… ②宫… Ⅲ.①煤矸石山-生态恢复-研究
Ⅳ.①X322

中国版本图书馆 CIP 数据核字（2021）第 193951 号

责任编辑：李建峰 杨光华 / 责任校对：高 嵘
责任印制：彭 超 / 封面设计：苏 波

科学出版社
龍門書局 出版

北京东黄城根北街 16 号
邮政编码：100717
http://www.sciencep.com
武汉精一佳印刷有限公司印刷
科学出版社发行 各地新华书店经销
*
开本：787×1092 1/16
2021 年 10 月第 一 版 印张：19 1/2
2021 年 10 月第一次印刷 字数：465 000

定价：248.00 元

（如有印装质量问题，我社负责调换）

“矿区生态环境修复丛书”

“矿区生态环境修复丛书”序

我国是矿产大国，矿产资源丰富，已探明的矿产资源总量约占世界的12%，仅次于美国和俄罗斯，居世界第三位。新中国成立尤其是改革开放以后，经济的发展使得国内矿山资源开发技术和开发需求上升，从而加快了矿山的开发速度。由于我国矿产资源开发利用总体上还比较传统粗放，土地损毁、生态破坏、环境问题仍然十分突出，矿山开采造成的生态破坏和环境污染点多、量大、面广。截至 2017 年底，全国矿产资源开发占用土地面积约 362 万公顷，有色金属矿区周边土壤和水中镉、砷、铅、汞等污染较为严重，严重影响国家粮食安全、食品安全、生态安全与人体健康。党的十八大、十九大高度重视生态文明建设，矿业产业作为国民经济的重要支柱性产业，矿产资源的合理开发与矿业转型发展成为生态文明建设的重要领域，建设绿色矿山、发展绿色矿业是加快推进矿业领域生态文明建设的重大举措和必然要求，是党中央、国务院做出的重大决策部署。习近平总书记多次对矿产开发做出重要批示，强调“坚持生态保护第一，充分尊重群众意愿”，全面落实科学发展观，做好矿产开发与生态保护工作。为了积极响应习总书记号召，更好地保护矿区环境，我国加快了矿山生态修复，并取得了较为显著的成效。截至 2017 年底，我国用于矿山地质环境治理的资金超过 1 000 亿元，累计完成治理恢复土地面积约 92 万公顷，治理率约为 28.75%。

我国矿区生态环境修复研究虽然起步较晚，但是近年来发展迅速，已经取得了许多理论创新和技术突破。特别是在近几年，修复理论、修复技术、修复实践都取得了很多重要的成果，在国际上产生了重要的影响力。目前，国内在矿区生态环境修复研究领域尚缺乏全面、系统反映学科研究全貌的理论、技术与实践科研成果的系列化著作。如能及时将该领域所取得的创新性科研成果进行系统性整理和出版，将对推进我国矿区生态环境修复的跨越式发展起到极大的促进作用，并对矿区生态修复学科的建立与发展起到十分重要的作用。矿区生态环境修复属于交叉学科，涉及管理、采矿、冶金、地质、测绘、土地、规划、水资源、环境、生态等多个领域，要做好我国矿区生态环境的修复工作离不开多学科专家的共同参与。基于此，“矿区生态环境修复丛书”汇聚了国内从事矿区生态环境修复工作的各个学科的众多专家，在编委会的统一组织和规划下，将我国矿区生态环境修复中的基础性和共性问题、法规与监管、基础原理/理论、监测与评价、规划、金属矿冶区/能源矿山/非金属矿区/砂石矿废弃地修复技术、典型实践案例等已取得的理论创新性成果和技术突破进行系统整理，综合反映了该领域的研究内容，系统化、专业化、整体性较强，本套丛书将是该领域的第一套丛书，也是该领域科学前沿和国家级科研项目成果的展示平台。

本套丛书通过科技出版与传播的实际行动来践行党的十九大报告“绿水青山就是金山银山”的理念和“节约资源和保护环境”的基本国策，其出版将具有非常重要的政治意义、理论和技术创新价值及社会价值。希望通过本套丛书的出版能够为我国矿区生态环境修复事业发挥积极的促进作用，吸引更多的人才投身到矿区修复事业中，为加快矿区受损生态环境的修复工作提供科技支撑，为我国矿区生态环境修复理论与技术在国际上全面实现领先奠定基础。

干　勇　胡振琪　党　志
柴立元　周连碧　束文圣
2020年4月

前　言

煤炭是我国最主要的能源，占一次能源生产和消费的60%左右。2019 年我国煤炭产量 37.5 亿 t，约占全球煤炭产量的一半。煤矸石是煤炭开采和洗选过程中排弃的固体废物，约为煤炭产量的 10%～30%。我国累计排放煤矸石达 60 亿 t 以上，仍以每年 7 亿 t 的速度递增。由于煤矸石是一种大宗固废，其利用率较低，大量煤矸石还是要露天堆放。特别是我国中西部的产煤大省，在煤炭开采、洗选加工及矿井工程建设生产中产生的煤矸石堆积如山，遍布各地。煤矸石山不仅占用大量土地，还污染大气、水体和土壤，是煤矿区最主要的污染源。

煤矸石露天堆积成山，表面易风化，极易在风的作用下形成扬尘，造成大气污染。煤矸石山还容易自燃，产生 SO_2、CO 等有毒、有害气体，对大气污染严重，煤矸石山周边因吸入有害、有毒气体而导致的伤亡事件时有发生，由于这种伤亡事故不算矿山灾难，还没有得到足够重视。此外煤矸石山自燃对大气的污染属于无组织排放，污染监测数据非常少，没有官方监测数据，仅仅有一些零星的报道，如阳泉煤矸石山自燃区附近 SO_2 质量浓度达 19.06 mg/m^3，超过环境空气质量二级标准日平均浓度限值的 120 多倍，约占阳泉市区大气 SO_2 污染贡献率的 25%。乌海煤矸石山自燃区附近 SO_2 平均浓度为 10.69 mg/m^3，超过环境空气质量二级标准日平均浓度限值的 70 多倍，约占乌海市大气 SO_2 污染贡献率的 59%。

煤矸石也极易氧化产酸，酸化条件又极易活化重金属，在雨水的冲刷、淋溶等作用下，污染附近土壤环境、地表水和地下水。露天堆放的煤矸石山由于坡度大、自燃、降雨等的作用，会发生坍塌、滑坡甚至泥石流等地质灾害，造成严重的经济损失和人员伤亡。因此，煤矸石山给周边环境带来了严重的危害，其原位治理与生态修复极为迫切。

截至 2019 年，我国煤矿数量由 20 世纪 80 年代 8 万多处减少到 5700 处，按每个矿山 1 个煤矸石山估算（有的大型煤矿有 3 个以上煤矸石山），废弃和正在堆积的煤矸石山约有数万个，如果以 10000 个计，若 1/3 煤矸石山自燃，全国自燃煤矸石山也约有 3000 多个，对区域环境影响较大，已经成为煤矿环境保护与修复的重点。煤矸石山治理，尤其是自燃煤矸石山治理是世界性难题。本书是作者基于 30 多年的煤矸石山治理的理论研究和实践所撰写的。全书分理论技术篇和应用实践篇，理论技术篇共 9 章、应用实践篇共 8 章。由胡振琪总策划，胡振琪和宫有寿及其团队通力合作完成，其中理论技术篇第 1、2、3、7、9 章和应用实践篇的第 13、14、16、17 章由胡振琪执笔；理论技术篇第 2、4、5、6、8 章和应用实践篇的第 10、11、12、15 章由宫有寿执笔。李鹏波参与了胡振琪执笔部分的撰写和统稿工作，王伟鹏参与了宫有寿执笔部分的撰写工作。由衷地感谢中国矿业大学（北京）、中国矿业大学、山西大学和山西绿巨人环境科技发展有限公司每位团队成员多年来的艰苦努力和贡献。特别感谢我的学生毕银丽博士后、张光灿博士后、李鹏波博士、杨主泉博士、张明亮博士、马保国博士、陈胜华博士、张雷博士、李晓静博士、高杨博士、徐晶晶博士、张璇硕士、阳春花硕士、史亚立硕士、王海娟硕士、杜玉玺硕士、位蓓蕾硕士。特别感谢张玉秀教授、赵平高工及山西潞安矿业（集团）有限公司及王巧星、王东飞、冯国宝、李海波等技术和管理人员。特别感谢阮梦颖、李广强、王晓军等人在撰写过程中的帮助。特别感谢许多从事煤矸石山治理的单位和个人的前期研究。

本书是在国家 863 项目（2009AA06Z320、2006AA06Z355）、国家自然科学基金项目（50874112、41371502、41701245）、国家重点研发计划项目（2019YFC1805003、2020YFC1806503），以及阳泉煤业（集团）有限责任公司、山西潞安矿业（集团）有限责任公司等委托科研项目的支持下取得的成果。在此也一并感谢。

对本书中可能存在的笔误、缺陷和问题，敬请读者们指正。

胡振琪

2021 年 2 月

目　　录

第一篇　理论技术篇

第二篇　应用实践篇

第一篇

理 论 技 术 篇

第 1 章 煤矸石概述

煤矸石是煤炭开采过程中产生的固体废弃物，其排放量最大，占我国工业固体废弃物的 1/3，且存在分布面广、难处理、对矿区生态环境危害大等问题。十八大以来，我国又进一步对生态环境的改善、治理提出新要求，煤矸石的排放和治理成为矿区环境治理的重要内容。要治理煤矸石堆积产生的问题，首先要了解煤矸石的产生、分布、分类和利用，以及由煤矸石造成的环境污染和生态环境危害等，使煤矸石及其堆体的治理研究有的放矢，为矿区的生态环境治理研究提供方向和着力点。

1.1 煤矸石的定义、产生与分类

1.1.1 煤矸石的定义

煤矸石是采煤和洗选过程中的必然产物，是大宗固体废物。它既包括煤层中的夹矸、混在采出煤炭中的煤层顶底板，同时也包括掘进岩石巷道的岩石等。

1.1.2 煤矸石的产生

当聚煤盆地发生沉降运动变化时，沼泽环境发生变化，泥炭的作用也随之发生变化，之后在地质作用下形成煤层，由于沉积环境的变化，可能在煤层中存在岩石，称为夹矸。

一般煤矸石是指在煤炭开采和洗选过程中夹杂的泥岩和砂岩。但是在煤矿实际生产时，煤矸石指的是煤矿的建井过程、生产过程中夹杂的混合岩体，包括建井掘进时夹杂的矸石、开采过程中排出的矸石及在洗选时产生的矸石。

1.1.3 煤矸石的分类

煤矸石有多种分类方法，可以按照煤矸石的来源、岩性、风化程度、堆放时间、酸碱性等进行分类。

（1）按照煤矸石来源可以分为白矸和黑矸。白矸主要是掘进巷道排放的不含煤的岩石。黑矸是煤层的夹矸、顶底板、掘进煤巷等排出的含有炭的岩石。

（2）按照煤矸石岩性可以分为砂岩、页岩等。

（3）按照煤矸石风化程度可以分为易风化矸石和不易风化矸石。

（4）按照煤矸石堆放时间区分为四类，见表 1.1（刘青柏 等，2003）。

表 1.1　按堆放时间区分的煤矸石种类

类型	停止排矸的时间/年	煤矸石堆放高度相对地表面的距离/m	煤矸石山的分化位置	表层分化碎屑厚度/cm
I 类	≤7	30～40	上坡和坡顶部	没有明显的风化碎屑
II 类	7～15	20～30	中上坡	0～5
III 类	15～25	10～20	中坡	5～15
IV 类	≥25	0～10	坡脚	≥15

（5）按照煤矸石山酸碱性可以分为酸性煤矸石山和非酸性煤矸石山。划分酸碱性对治理煤矸石山具有重要作用。酸性煤矸石山不仅污染严重，而且易氧化产酸，极易引发自燃，治理难度最大，需要采用覆盖、中和、压实等特殊措施进行治理。非酸性煤矸石山（碱性煤矸石山）不容易自燃和产酸污染，治理的方法相对容易，甚至可以采用无覆盖土壤的植被恢复方法（胡振琪，1995）。

1.2　我国煤矸石基本情况

1.2.1　煤矸石的分布及排放量

从全国煤矸石产量的分布及其质量情况[表 1.2（关欣杰 等，2017）]可以看出我国华北地区、东北地区、华东地区的煤矸石排放量较多，山西、河北、河南和大多数西部矿区存在酸性、自燃煤矸石山问题。

表 1.2　全国煤矸石产量分布及其质量情况

地区	省份	数量/万 t	灰分/%	发热量/（GJ/kg）	煤灰中 SiO_2 质量分数/%	煤灰中 Al_2O_3 质量分数/%
华北地区	河北	8 000	61.5～94.3	2～6	54.5～63.6	0～25
	山西	3 000	64.3～89.6	0～20	49.5～77.2	15.5～23.7
	内蒙古	1 200	81.1～96.2	0～6	40.2～60.4	20.2～47.1
东北地区	黑龙江	3 600	60～70	5～13	30～50	10～25
	吉林	1 500	60～90	5～10	40～60	40～60
	辽宁	18 000	70～90	0～8	60～70	12～24
华东地区	山东	40 000	85 左右	0～5	63（平均）	28（平均）
	安徽	50 000	54～88	3～11	51（平均）	13（平均）
	江苏	3 300	75～93	0～13	40（平均）	20（平均）

续表

地区	省份	数量/万 t	灰分/%	发热量/（GJ/kg）	煤灰中 SiO_2 质量分数/%	煤灰中 Al_2O_3 质量分数/%
中南地区	河南	24 000	53～82	0～6	44～56	5～18
	湖南	1 500	60～70	0～10	64～73	9～21
西北地区	陕甘宁三省（区）	5 000	0～50	10～18	40～60	4～8
	其他省份	3 000	80～100	0～6	60～86	10～21
西南地区	四川	8 000	60～85	0～10	30～47	0～25
	云南	600	60～90	4～13	53～64	4～13
	贵州	300	0～50	30～88	36～46	2～12
	西藏	10	30～88			

1.2.2　煤矸石的综合利用情况

自“八五”以来，我国煤矸石的利用迅猛发展，利用率逐渐上升，煤矸石综合利用的方法越来越多，技术水平也不断提高。根据生态环境部公布的数据显示，2019 年煤矸石的年产量为 3.2 亿 t，综合利用率为 52%。针对煤矸石资源的综合化利用方法可以分为回收利用、复垦利用和工程利用三类。

（1）利用煤矸石发电。以煤矸石作为燃料进行供热和发电，减少煤炭的使用。

（2）生产铝和硅酸盐产品。煤矸石中 Al_2O_3 的含量较多，部分含量大于 30%。用煤矸石作为原材料生产铝和硅酸盐产品，最大程度地利用煤矸石中的金属氧化物，是绿色有效的回收再利用途径。

（3）生产植物肥料。植物生长所需的 Zn、Cu、Mn、B 等微量元素，在煤矸石中占 15%～20%。析出煤矸石中的微量元素，加工成植物所需要的肥料，将煤矸石变废为宝，增加微量元素，改善土壤环境（王鹏涛，2019）。

（4）制砖。以煤矸石为原材料，或添加少量的黏土，经过简单的加工制成煤矸石砖，其性能及加工过程同普通砖基本相同。

（5）生产轻骨料。高温条件下煤矸石中的金属氧化物及碳酸钙等将会发生分解，溢出的气体使原料形成空隙结构，体积增大。因此，煤矸石可以通过加工工艺制成轻骨料。

（6）生产空心砌块。空心砌块以煤矸石为原料，掺以磨细的生石灰和石膏等，通过振动成型和蒸汽养护工艺制成。

（7）生产水泥。用煤矸石替代部分或全部的黏土，生产的水泥质量高且稳定。根据不同类型的煤矸石可以生产出性能不同的水泥。

（8）生产石棉。以煤矸石、石灰石、萤石等为原材料，通过不同的比例配比，经高温熔化、喷吹而成的一种建筑材料（雷建红，2017）。

（9）生产净水剂（$AlCl_3 \cdot 6H_2O$）。利用含铝量高且含铁量少的煤矸石，经过焙烧、酸浸等工艺使晶体结构发生变化（雷建红，2017）。

（10）生产水玻璃。利用煤矸石中含有的 Si_2O 与液化烧碱进行反应可制成水玻璃。

（11）充填复垦材料。煤矸石充当填埋的材料，用于充填塌陷地、天然沟壑及坑塘洼地等的复田。

已堆存的煤矸石山通过改善矿区的自然环境条件、土壤条件、选择适宜的植被材料及绿化、美化煤矸石山，达到优化生态环境、防治环境污染的目的，增加社会、生态、经济综合效益。

1.3　煤矸石的危害

（1）对矿区大气环境的污染。煤矸石在挖掘、运输及堆放过程中，会有大量的粉尘悬浮在大气中，粉尘中有害的元素随着人们的呼吸进入体内，危害身体健康。空气指数降低，温室效应加剧，容易形成气候异常。另外，煤矸石山的自燃过程也产生大量有害气体，污染大气环境。

（2）对矿区水体的影响。下雨时空气中及煤矸石山中的有害元素和水一起渗透到地下，污染地下水。若周围的居民食用被污染的水，会导致人体免疫力下降，引发疾病，甚至危害生命健康。

（3）对矿区土壤的损害。煤矸石对土壤的危害可以分为两个方面。一方面是大量煤矸石的堆积侵占较大的土地面积，使绿化面积减少。另一方面，由于煤矸石中含有大量有害金属元素，有害元素通过降雨、降尘渗入土壤中，破坏土壤环境，使一些微生物无法生存，造成生态失衡；土壤的养分受到破坏，农作物中也含有有害重金属，不仅影响农作物的产量，而且直接影响食用者的健康。

（4）对矿区景观的破坏。煤矸石多为黑色，自然景观效果差；严重破坏空气环境及土壤环境，不利于植物的生长。

（5）对生命财产的危害。煤矸石山坡度较大，极易发生滑坡，形成泥石流。煤矸石山自燃发生爆炸，也会对周边居民的生命财产安全造成极大危害。

（6）放射性污染。煤矸石与空气接触后，在空气中析出岩体内的放射性元素，这些放射性元素一旦超过本底值，将会造成辐射污染（李鹏波，2006）。

第 2 章　煤矸石山自燃机理及生态修复原理

煤矸石山是一种人工山体，它由煤矸石堆积而成，立地条件非常恶劣，发生自燃的煤矸石山更给生态修复造成很大的困难。要在煤矸石山上进行生态重建，首先要了解煤矸石堆体的结构，尤其是煤矸石自燃的原理、规律、产生条件、特征等，其次针对煤矸石山上生态环境重建的限制条件，根据生态修复的原理和立地条件，制订防灭火措施，选择适宜的技术方法和植物物种，对煤矸石山进行整地和植被恢复，从而实现煤矸石山的生态修复。

2.1　煤矸石山自燃机理

可燃物、氧气供应、高于燃点的温度是煤矸石山自燃发生的三个条件。煤矸石中含有许多可燃物质，如碳、硫等。煤矸石山堆置方式使煤矸石山内部有较大的空隙，空气和降水可以将氧元素带入煤矸石山内部空隙，氧元素与硫铁矿等发生氧化反应，产生热量，随着热量的集聚，达到可燃物质的燃点，导致煤矸石山中的可燃物质燃烧，引发煤矸石山自燃。

由煤矸石山自燃现象发生的过程可以看出，煤矸石山自燃的主要原因有：煤矸石山的空气吸附、煤矸石山自燃过程的发生与临界温度、煤矸石山自燃过程中氧气传递、煤矸石山中残煤的复合氧化、煤矸石山中硫化亚铁（黄铁矿水解）的氧化。

2.1.1　煤矸石山的空气吸附

煤矸石是一种多孔介质，这种微观的多孔结构使其具有较大的比表面积，会吸附空气中的氧。煤矸石堆积时，如果没有进行有效的碾压夯实，在煤矸石山内部的煤矸石之间会形成较多的大孔隙，存储大量空气，使得这一吸附过程持续发生（刘肖瑶，2017；李冬 等，2008；秦巧燕 等，2007；李尉卿 等，2004）。

存在于大孔隙中的空气所含氧分子将会通过物理吸附作用牢固结合在煤矸石表面，进而发生化学吸附作用，氧分子与煤矸石表面的可燃物发生氧化反应，是煤矸石山热量的主要来源。当温度很低时，煤矸石对氧的化学吸附速度很小，主要是物理吸附，温度升高，氧的物理吸附量下降至一个极限的平衡状态；之后化学吸附逐渐增强，化学吸附量随温度升高而增大，当温度很高时，氧的吸附主要是化学吸附（黄文章，2004）。

随着煤矸石对氧的吸附，煤矸石表面的化学活性增强，更有利于进一步发生化学反应产生更多的热量；这个过程中放热升温作用使煤矸石中的挥发组分容易析出，也增大了煤矸石孔隙表面与空气中氧的接触机会；化学吸附也使煤矸石山堆体中的气体含量增加、温度增加使得内部气体膨胀，气压增大。如果有适宜的空气流通通道，使得内部气体溢出煤矸石山表面，带动更多的空气渗入煤矸石堆的孔隙和裂隙系统中，促进煤矸石对氧的吸附。

2.1.2 煤矸石山自燃过程的发生与临界温度

堆放初期的煤矸石温度与环境温度接近，温度较低。在这种低温的条件下，有学者从黄铁矿（即硫铁矿）氧化、煤氧化复合作用、细菌作用、自由基作用和挥发分等方面对煤矸石自燃的原理进行了分析。

有学者提出过黄铁矿氧化理论，认为黄铁矿还原性较强，在空气中发生氧化还原反应，并释放大量热量。这一理论一直以来被广泛作为煤矸石山自燃机理的理论基础。通过对自燃煤矸石山成分分析，认为煤矸石中不仅含有黄铁矿，还含有其他的碳质可燃物，会与空气中氧气发生氧化反应，并且释放热量，当热量使煤矸石达到一定温度，煤矸石就会燃烧。细菌作用是在煤矸石的低温自燃过程中硫杆菌促进了黄铁矿的氧化反应速度。晶核理论与自由基作用，是指煤矸石中黄铁矿晶核在开采的时候造成晶核破裂，因而形成了许多活性面和大量的自由基，破损的晶核极易与氧气发生反应，并产生大量热量。挥发分理论认为，煤矸石山中煤矸石与其孔隙中的空气组成了高度分散的分散体系，煤矸石作为分散介质促进了自身对氧的吸附作用；另外，由于煤矸石中分子链断裂，在一定温度下煤矸石山中的煤等易燃物质达到燃点就会自燃。

煤矸石山的自燃一般经过缓慢升温阶段、氧化自动加速阶段和稳定燃烧阶段。煤矸石山自燃的临界温度就是由缓慢升温阶段到自动加速阶段的温度，如图 2.1（黄文章，2004）所示，在低温氧化阶段，煤矸石山中的黄铁矿和煤与氧气发生反应，释放出热量，当释放的热量达到临界温度（t_1）时，反应速率随着温度升高而加快。当温度达到了煤的着火点（t_2），就会开始燃烧。其中，达到临界温度后的这个自动加速过程也意味着着火与灭火的不可逆性，在燃烧中的煤矸石山，即使温度达到了 t_2，仍然无法自然熄灭，只有温度降到了 t_1 以下才能将火熄灭。因此临界温度的测量和运用十分重要（张全国 等，1997；Levy，1980；Granoff et al.，1977）。

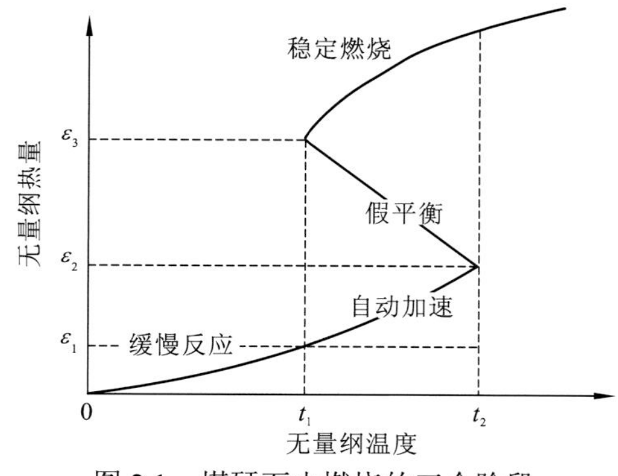

图 2.1 煤矸石山燃烧的三个阶段

2.1.3　煤矸石山自燃过程中氧气传递原理

煤矸石山供氧机制有分子扩散和对流作用，对流作用又分为自然对流和热对流。煤矸石自热阶段主要是由分子扩散和对流提供氧气，而在超过临界温度后的煤矸石迅速氧化升温阶段，内外温差的增大，使得热对流即“烟囱效应”（图 2.2）成为主要的供氧途径（顾强，1998；Avedesian et al.，1973）。

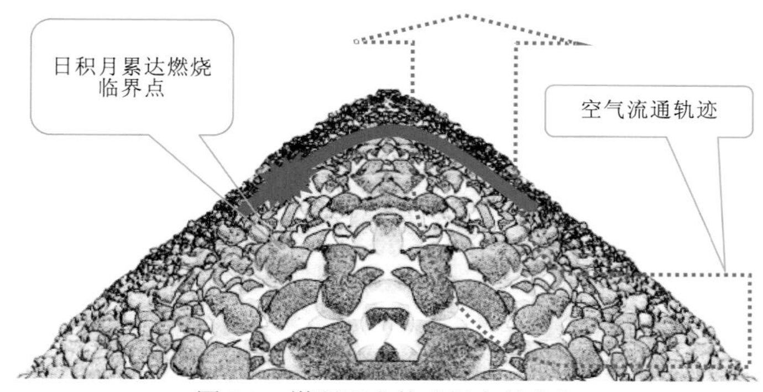

图 2.2　煤矸石山的“烟囱效应”

1. 分子扩散供氧

煤矸石山中的氧气分子扩散过程主要是在内外氧气的浓度梯度或分压梯度的推动下进行的，在低温自热阶段，内外温度差较小，这种分子扩散过程成为重要的供氧途径。根据菲克定律，这一过程主要受到氧气浓度梯度、温度和孔隙率的影响（陈海峰，1994）。

2. 对流供氧

煤在燃烧时形成的温度梯度为煤矸石的燃烧提供充足的氧气。热传导和热对流的作用使燃烧不断蔓延和扩大。煤矸石山上部颗粒较小，并且容易风化碎化，碎化的煤矸石会将孔隙堵上，孔隙变小导致煤矸石透气性差，排泄气体和散热速率较低，使产生的热量无法释放，导致煤矸石山内部出现自燃。

防止煤矸石山自燃的重要方法就是切断煤矸石山供氧通道，防止“烟囱效应”。首先，对煤矸石山内部孔隙，通过改善排矸方式和碾压夯实是可行性最好的全面控制煤矸石山自燃的方式（黄文章，2004；刘守维，1998），但是受到煤矸石粒径的限制，这种碾压夯实具有一定的极限，无法达到完全隔绝氧气的目的；其次，还可以通过降低煤矸石山堆体的层高减弱“烟囱效应”，但是受到堆积场地容量限制，不宜堆积过低。

对于煤矸石山表面的进风口，可以通过减少迎风面面积和降低静风压的措施，降低空气进入的概率，比如降低坡度和坡长，分层碾压夯实，增加煤矸石山山体的稳定性，快速恢复植被，减少不均匀沉降和雨水侵蚀在煤矸石山表面形成裂隙，防止其成为空气进入的优先通道。

在治理过程中发现，由于煤矸石山堆体所在地形地貌和气象条件不同，不同区域的煤矸石山和同一座煤矸石山的不同部位，表面的风向风力有很大差异，煤矸石山堆体的不均匀性也使得表面孔隙和裂隙的分布具有很大的空间变异性，需要根据煤矸石堆放位置、堆放方式、地形地貌，结合表面孔隙和裂隙的分布，全面分析空气的进口分布。包括根据当地的主导风向和地形部位，以及煤矸石山堆体不均匀沉降形成的裂隙判断出主进风口；在煤矸石山与周边山体的结合部位形成的山体结合部进风口及坡脚的进风口等，针对不同的进风口的特征制订出针对性的封闭措施，才能让空气无法进入煤矸石山内部，利用这种原理去防止煤矸石山复燃十分有效。

2.1.4 煤矸石山中残煤的复合氧化原理

煤复合氧化的理论基础（Elder et al.，1977；Given，1960）就是指煤吸附空气中的氧气发生的自由基氧化反应。煤矸石中的煤因外力而碎裂，煤分子断裂产生自由基，自由基与氧气结合会发生自由基氧化反应（徐精彩 等，1997；李增华，1996）。这个反应的过程是一个放热过程，热量升高就会使自由基进一步反应生成新的自由基，从而与氧气反应产生更多热量，蓄热条件好的煤矸石内部逐步升温，当温度升到一定数值，煤分子就会破裂分解，生成新的助燃气体。

2.1.5 煤矸石山中硫化亚铁（黄铁矿水解）的氧化原理

煤矸石中的黄铁矿的低温氧化和水解过程是煤矸石山自燃的重要发生机制，而不同供养条件、水分和温度条件下黄铁矿的氧化机制不同，所释放的热量也有很大差异。硫铁矿燃点低，约为 280℃，极易发生低温氧化，在这个过程中释放热量，导致可燃物质燃烧。

常温干燥条件下（ΔH 为化学反应焓变）：

$$FeS_2 + 3O_2 = FeSO_4 + SO_2,\quad \Delta H_r^0 = -1\,047\ kJ(8\,733.0\ kJ/kgFeS_2) \tag{2.1}$$

空气过量系数为 1%时：

$$4FeS_2 + 11O_2 = 2Fe_2O_3 + 8SO_2,\quad \Delta H_r^0 = -3\,312.4\ kJ(6\,902.6\ kJ/kgFeS_2) \tag{2.2}$$

缺氧条件下；

$$FeS_2 + 2O_2 = FeS_2O_4,\quad \Delta H_r^0 = -750.7\ kJ(6\,207.3\ kJ/kgFeS_2) \tag{2.3}$$

湿润环境中，黄铁矿被氧化成硫酸亚铁，条件适宜的情况下会形成硫酸铁，甚至生成硫酸。

$$2FeS_2 + 7O_2 + 2H_2O = 2FeSO_4 + 2H_2SO_4,\quad \Delta H_r^0 = -2\,558.4\ kJ(10\,662.7\ kJ/kgFeS_2) \tag{2.4}$$

$$4FeSO_4 + O_2 + 2H_2SO_4 = 2Fe_2(SO_4)_3 + 2H_2O,\quad \Delta H_r^0 = -393.3\ kJ(647.2\ kJ/kgFeSO_4) \tag{2.5}$$

$$FeS_2 + 7Fe_2(SO_4)_3 + 8H_2O = 15FeSO_4 + 8H_2SO_4 \tag{2.6}$$

氧气充足的条件下，黄铁矿氧化产生的热量是干燥情况下的近 2 倍，形成强酸导致煤矸石表面 pH 值降低。煤矸石山处于不同燃烧阶段的区域，pH 值也会出现明显的差异，因此也可以作为分析煤矸石山火情的一个重要依据。

2.2　煤矸石山自燃规律

煤矸石内部可燃物质的自热是其自燃的标志。煤矸石山结构和组成十分复杂，煤矸石山氧化程度和燃点都受到湿度变化的影响，因此煤矸石山的自燃临界点是一个温度带。根据不同临界温度，将煤矸石山自燃分为自燃孕育期、自燃发生期、自燃发展期和自燃衰退期 4 个时期[表 2.1（位蓓蕾 等，2016）]。

表 2.1　煤矸石山自燃规律分期表

自燃阶段	外表现象	内部变化	临界温度	矸石山整体状况
自燃孕育期	无迹象、局部有返潮现象	内部缓慢增温	发生区内层≤90 ℃	无明显变化
自燃发生期	有烟、异味，局部有硫化斑或白化现象	硫自燃，内部快速增温	90 ℃＜发生区内层≤280 ℃	青烟袅袅，植被退化
自燃发展期	有烟、异味，有体感温度，可见明火	煤自燃，可燃物接续燃烧	发生区内层＞280 ℃	无植被，温度整体增高
自燃衰退期	无烟、少味，有体感温度，可见明火	可燃物减少	发生区内层＞280 ℃	无植被，温度整体下降

2.2.1　自燃孕育期

煤矸石山硫化物质在 80～90 ℃迅速增热，碳类物质在 280～300 ℃起燃，故将达到第一临界点的这个过程定为煤矸石山自燃孕育期。山体表面的温度和生态环境在自燃孕育期没有明显异常，但因为温度升高，水分蒸发，导致煤矸石山地表返潮，散发出异味。该阶段释放的热量较低，升温缓慢，但当热量温度升高到 80 ℃时，物理吸附作用就会减弱，进一步发生化学吸附，进入下一阶段。

2.2.2　自燃发生期

当局部可燃物温度快速升高直至碳化物燃烧，即达到第二临界温度的过程定为煤矸石山自燃发生期。自燃发生期山体表面温度相对于周边温度较高，但煤矸石山内部温度升高使蒸汽蒸发，释放出异味气体和有害气体。该阶段释放的热量较大，并使得煤矸石表面释放出 CO 和 CO_2，降低了煤矸石对游离氧的吸附能力，增加了煤矸石的重量，降低了着火点，在空气、流通适宜的条件下氧化过程会进一步加剧，这一过程热量释放较多。

2.2.3 自燃发展期

煤矸石山自燃发展期体现为碳化物质多点自热燃烧，煤矸石山温度快速升高、范围快速扩大。自燃发展期煤矸石山山体温度不断升高，有害气体不断增加，氧化过程加快，产生 CO 等一些可燃性气体，因此煤矸石山可以充分自燃，并生成大量 CO。

2.2.4 自燃衰退期

当煤矸石山温度缓慢降低、高温区减少时，可以判定为自燃衰退期。自燃衰退期山体局部温度仍然较高，但是会减少有害气体的排出。

2.3 煤矸石山自燃的产生条件

煤矸石山自燃的产生条件受两方面因素影响：一是受到内在可燃物含量、孔隙率、粒径等要素的制约；二是与煤矸石山外部通风条件、水分条件、煤矸石山所处的自然环境等要素密切相关，这些内外因素相互作用，共同影响煤矸石山的自燃。

2.3.1 气候和水

气候主要通过辐射、风力等作用影响环境温度、水分和空气流通的压力差对煤矸石山的自燃产生作用。

通过分析堆煤的自燃，得出 10～12 月是煤自燃最多的时候，究其原因是经过夏季的高温多雨，其中的灰分和粉末随水流向下流动，导致堆体松散，在底端形成许多空洞，促进了热量的聚集。当煤堆内的空气密度小于空气密度，深入煤堆的空气就会增多，加剧了氧化反应，加上盛行干燥的东北风，更起到了“煽风点火”的作用。

水分对于煤矸石山来说是一个非常矛盾的因素。一方面煤矸石山治理的最终目标是重建生态系统，其中水分是关键的影响因素，水分状况越好越有利于植被的生长，但也可能会加剧煤矸石山的燃烧。煤矸石中的水一方面来自采掘或洗选煤矸石中带来的水分，一方面来自堆积后的降水，水分会影响煤矸石的理化反应及物质的运移。

（1）水分可以促进煤矸石风化。水分和温度的结合能够加快煤矸石山的风化速度，风化后的煤矸石表面积和孔隙增大，更利于空气的进入。

（2）水分促进煤矸石对氧的吸附，降低着火点。煤矸石表面吸附的水分能够放出吸附热，提高煤矸石的温度，也促进了煤的氧化。如图 2.3（黄文章，2004）所示，含硫煤矸石的低温氧化放热速率，在一定范围内与含水量呈正比。水为煤的氧化提供了活性的 H^+和 OH^-，加快了反应速度。

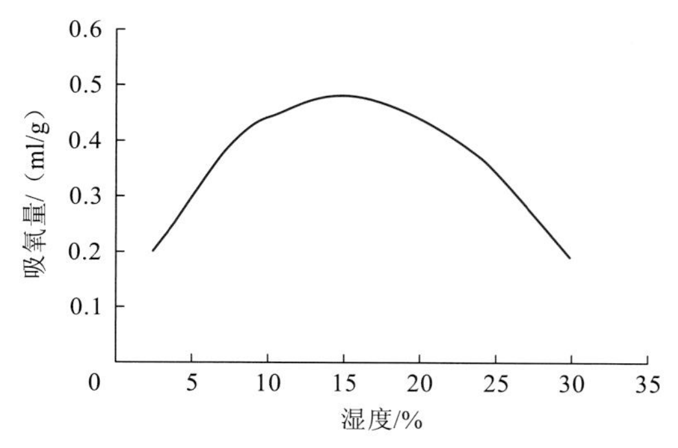

图 2.3　湿度对煤矸石吸氧量的影响

（3）水分加速燃烧速度。对含有 45% CO 的混合气体进行燃烧试验，得出燃烧速度与水分量紧密相关。当添加 5%的水分时火焰速度达到最大，比低水分时火焰速度提升许多。

（4）水的流动带动了煤矸石中细粒的流动。比如，在降水较大的条件下，煤矸石山堆体表面受到雨水的冲刷，如果地表覆盖较差，水在坡面流动的同时也带走了细小的煤矸石颗粒和土壤颗粒，容易形成侵蚀沟，成为氧气进入的通道；随着雨水向煤矸石山内部的渗漏，上层的细小颗粒也随之淋溶到下层，造成上层孔隙度的增大。

2.3.2　组成成分

黄文章（2004）对不同来源和燃烧状态的煤矸石进行了 X 射线荧光光谱分析，结果显示：各类煤矸石中最主要元素是 Fe、S、Si、K，而 Ti、Mn、Zn、Ni、Ga、Ca 等的含量均很低，煤矸石中还含有某些稀有金属。其中硫铁矿所含的硫元素占煤矸石硫元素的八成以上，煤矸石中的硫铁矿以黄铁矿（FeS_2）为主，黄铁矿的低温氧化也是煤矸石自燃的主要原因。

煤矸石中的铁主要以硫铁矿和铁氧化物的形式存在，大多数研究也指出铁矿物、碳化合物、有机物等可燃物质是煤矸石中的主要化合物成分，而煤矸石中无机矿物黄铁矿等物质的氧化释放大量热量，成为煤矸石山自燃的诱因。

2.3.3　残存煤

残煤中灰分含量的高低会影响煤矸石燃烧释放的热量，灰分高的煤矸石燃烧热较低，而灰分低的煤矸石燃烧热较高。

残存煤变质程度对煤矸石山的燃点和发热有着直接的影响。低变质煤燃点低，发热量小；中高变质煤燃点高，发热量大。煤矸石山中低变质煤对其自燃影响更大。低变质煤在煤矸石山自燃过程会产生大量易燃气体，且低变质煤煤分子极易与氧气发生氧化反应，加上低变质煤密度和硬度都较小，易碎裂，也会加快与氧气的反应速度，加剧煤矸石山自燃。

2.3.4 堆体堆积成分

煤矸石山堆体中的煤矸石、煤层顶板及其他混合物中所含的易氧化物质与可燃物组成的含量有很大区别，也影响到燃烧后的烧灼物结构，含煤较多的煤矸石燃烧后呈松散的结构，容易坍塌，且颗粒物变细，孔隙度降低不利于空气的顺利流通，火势蔓延较慢；而煤矸石堆体中的煤层顶板可燃物含量很少，因其岩石成分的不同导致高温烧灼后呈现不同的物理状态，其中有些高温烧灼后挥发或燃尽，有些则形成了灰分，而熔点高的成分则保持了其固相结构和骨架，燃烧后的煤矸石形成了较多的大孔隙，有利于空气在内部的流通，进一步加剧了火势的蔓延。

2.3.5 堆体堆积年限及内部压力

煤矸石的倾倒历史对煤矸石山的火情有着很大的影响（梁军，2010）。不同煤矸石山自燃的潜伏期也有很大区别，有的煤矸石山堆成2～3年就出现自燃，有的大致40多年后开始自燃，有些却始终未发生自燃；煤矸石山不同位置出现自燃的概率有差异，火区内部达到的最高温度和火区的深度也有很大差异。煤矸石山内的空气流动，其渗透速度与空气压力有关。平面煤矸石山内存在一个较低的气体压力点，点的位置和煤矸石山堆积高度相联系，堆积越高，点的位置就会向煤矸石山内部移动，这样就增加了空气渗入，也等于增加了燃烧面积和深度。

2.3.6 堆积形式

煤矸石山由于堆放场地地形特征不同，主要有在山谷和采坑中采用倒坡式排矸和平地起堆排矸等方式，煤矸石的堆积形式决定了氧气和热量聚集的环境，无论平地堆积还是顺坡堆积，都会发生粒度偏析，在煤矸石内空气流通形成“烟囱效应”。

2.4 煤矸石山自燃特征

2.4.1 热量聚散均衡理论

1. 热量聚散均衡理论内涵

自然堆放形成的煤矸石山，其内部存在多种可燃物质，当发热条件具备时，会在复杂的物化反应作用下产生热量，并向四周扩散。如果发热条件持续存在，发热区的热量不断积累，会形成一个明显的蓄热区域，该区域两侧散热大于蓄热，内侧蓄热大于散热，蓄热超过一定阈值就会导致煤矸石山自燃。

多数煤矸石山的自燃特征比较明显，符合热量聚散梯度原理。煤矸石山自燃存在明显的垂直分布特征和水平分布特征，热量均衡带分布明显，如图 2.4 和图 2.5 所示。通过对自燃区域进行水平和垂直测温，可确定蓄热区域，然后可以有针对性地选择相应的集成灭火工艺实施灭火作业。灭火后，在山体整形与后期温度持续监测防复燃过程中，该原理依然有效。依此原理指导煤矸石山综合治理，可达到煤矸石山彻底灭火防复燃的目标。

图 2.4　煤矸石山自燃垂直分布特征

图 2.5　煤矸石山自燃水平分布特征

2. 热量聚散均衡理论基本特征

热量聚散区域存在显著的垂直与水平分布规律。这一规律在堆放物质单一、堆放时间长且山体稳定的煤矸石山表现极显著，而对于混杂堆放形成的煤矸石山则不显著。聚热区域是煤矸石山最先发生自燃的区域，自燃发生后该聚热区域向外逐渐扩大，形成热量扩散梯度。聚热区域的范围还随坡度、坡长、堆积结构、堆积成分、自燃阶段等因素而变化，具有复杂性、动态性和不可预测性。

2.4.2 煤矸石山自燃一般特征

图 2.6　自燃煤矸石山主进风口局部图

1. 主进风口供氧特征

发生自燃的煤矸石山通常在其山脚及山体中下部位存在主进风口，是整个山体燃烧的主供氧通道，煤矸石山主进风口局部火苗显示吸氧强烈，如图 2.6 所示。

2. 山体结合部供氧特征

由上至下倾倒形成的煤矸石山堆体边角滚落多为大块煤矸石，其与旧堆体结合部位空隙率高，是天然的供氧通道。从表象上无法准确判断是否发生自燃，隐蔽性强，如图 2.7 和图 2.8 所示。

图 2.7　山体结合部位置示意图

图 2.8 为山体结合部治理实景，山体结合部着火深度深且一直延伸到堆体内部，是煤矸石山灭火防复燃治理中的较为复杂、困难的部位。该部位极其隐蔽，易被忽略，易导致复燃。

图 2.8　山体结合部治理实景图

3. 煤矸石山堆体“烟囱效应”

由于存在冷热空气压力差等，煤矸石山一旦自燃堆体会自我吸氧，愈燃愈烈。煤矸石山堆体高差越大，该吸氧效应亦越明显，如图 2.9 所示。

图 2.9　煤矸石山堆体通过“烟囱效应”供氧示意图

4. 煤矸石山堆体自燃后自我衰减特征

煤矸石山堆体内部发生自燃会消耗氧气并产生二氧化碳等阻燃气体，如果没有新的氧气供应，煤矸石山堆体内部发生的自燃会自我衰减直至熄灭；煤矸石自燃产生的粉尘非常细密，甚至可阻止清水入渗，能有效隔绝新的氧气供应。利用煤矸石自燃自我衰减的这一特征，在彻底灭火后采取措施，阻止堆体沉降、山体裂缝垮塌、水土流失等破坏煤矸石山堆体山体稳定产生新的供氧通道，因此煤矸石山综合治理可以做到彻底灭火防止煤矸石山复燃。

5. 煤矸石山自燃温度分区特征

根据对煤矸石山的水平和垂直测温的结果，堆体温度低于环境地表温度可基本判定山体未发生蓄热反应；堆体温度高于环境地表温度但小于或等于 40℃需持续监测判定其是否发生蓄热反应；堆体温度高于 40℃小于或等于 80℃可基本判定山体已发生蓄热反应，需加强监测防控；堆体温度高于 80℃小于或等于 90℃可基本判定山体已处于自燃危险阶段，该温度区间通常会急速升温；堆体温度高于 90℃小于或等于 280℃可基本判定山体已处于半自燃状态，很短时间内会发生大规模自燃；堆体温度高于 280℃，山体已自燃。

6. 其他特征

排矸方式、空隙率、化学成分、硫化亚铁含量、煤矸石堆体的体积与堆高等许多因素会共同影响煤矸石山的自燃进程。针对不同的煤矸石山要制订有针对性的治理方案，机械式的复制难以实现煤矸石山彻底的灭火防复燃目标。

2.5 煤矸石山生态修复基本原理

2.5.1 生态系统定位与优化

生态系统具体指的是在一定的自然界空间内，生物和环境形成一个统一的整体，在这个整体中，其相互制约，相互影响，并且使得其在一定的时间段内处于一种相对的平衡状态。生态系统的动态机理，对人类的经济活动和受损生态系统的恢复和重建具有重要的指导意义。

生态修复的对象即为整个生态系统，所以需要事先对生态系统进行定位，并确定生态系统整体的功能结构、物理化学环境与生态系统中动植物群落的演替规律和优势物种等，并根据生态系统的动态平衡和演化规律对生态系统的构成因子及其相互关系进行优化，只有这样才能确定生态修复的目标，并且对修复目标制订有效的修复措施技术组合。

生态修复是指依靠人工措施或生态系统的自我调节能力，使遭到破坏的生态系统逐渐恢复。生态修复的目标是那些在人类活动影响和自然突变下被破坏的生态系统得到更好的改善。生态修复的影响因素多而复杂，又具有多学科交叉的复杂性，因此需要考虑循环再生、和谐共存、整体优化、区域分异等生态学原理。

1）循环再生原理

生态系统一方面利用非生物成分不断地合成新的物质，另一方面又把合成物质降解为原来的简单物质，并归还到非生物中。如此循环往复，进行不停顿的新陈代谢作用。煤矸石山生态修复利用环境-植物-微生物复合系统的物理、化学、生物学和生物化学特征对煤矸石山堆体中的水、肥资源加以利用，微生物对有机质进行分解，促进土壤养分的增加和堆体土壤改良，满足植物生长需要，如此循环往复，其主要目标就是使生态系统中的非循环组分进入可循环的过程，使物质的循环和再生的速度能够得以加大，最终使裸露的煤矸石山得以修复。

2）和谐共存原理

在生态修复中，各种修复植物与微生物种群之间、各种修复植物与动物的种群之间、各种修复植物与修复植物之间、各种微生物之间和生物处理系统环境之间相互作用、相互制约，正是在这些相互作用下，修复植物根系给根系微生物提供生态位和适宜的营养条件，从而促进一些有降解功能的微生物生长和繁殖，使得污染物中植物无法利用的那部分污染物转化或者降解为植物可以吸收的成分，这些成分反过来又可以促进植物的生长，使得矸石山植被生态环境得以改善，促进生态修复的进程。

3）整体优化原理

煤矸石山生态修复技术涉及防灭火技术、整地覆土技术、修复生物选择、植被技术和修复后水肥管理等技术，这些技术过程环环相扣，相互不可缺少。因此，在进行生态修复时，必须把生态修复当作一个整体来看待，对这些基本过程进行优化，从而达到充分发挥煤矸石山植被修复系统对煤矸石堆体内外部条件的适应和改善，形成稳定的修复生态系统。

4）区域分异原理

因为地区不同，气温、土壤类型、地质条件、水文差异，导致植物、动物和微生物的种群存在差异性，甚至在同一地区的不同区域这种差异也会存在，污染物在迁移、转化包括降解等生态行为上都有明显的区域分异存在。在着手煤矸石山生态系统修复设计时，必须有区别地进行工艺、修复生物的选择及结构配置和运行管理。

2.5.2　立地条件

立地条件是指在造林地上凡是与森林生长发育有关的自然环境因子的综合，表现为不同的造林地块因处于不同的地形部位，在小气候、土壤、水文、植被及其他环境因子方面存在差异。

1. 立地条件因子

造林地立地条件的五大环境因子分别是地形、土壤、水文、生物和人为活动，这些环境因子对植物所需的生活因子即光、热、气、养分起着再分配的作用，从而直接决定了植物的生长水平。每个立地条件的五大环境因子并非缺一不可，并不是每一块造林地都包含这五大环境因子，其他如风口的方向、冰雹带、大气的污染源、地下水位等特殊环境因子也不能忽视。

立地条件因为地区不同或者地段的不同，影响因子也有主次之分，其影响范围也有大小之别。在相对干旱的地区，影响立地的主要因素是水分的缺乏，会引起土壤贫瘠，植被单一。在山区，地形对光照、热量、水分和土壤肥力等起着再分配的作用，称为立地质量的支配因素。在相同气候下，不同的地形和土壤的肥力差异可以使立地条件有着巨大的差异，进而影响树种的分布和林木的生长和发育。

2. 立地条件分析

将造林地块调查的所有立地环境因子联系起来，分析立地条件性质，为煤矸石山植被修复的树种选择、造林类型设计、造林技术方法等提供依据。在煤矸石山立地条件分析中，主导因子是指对煤矸石山生态修复后林木生长发育起决定作用的因子。找出主导因子，可有针对性地选择造林树种、实施合理造林技术。主导因子筛选主要有以下两种方法。

（1）定性分析法。定性分析法指的是，着眼于造林地如何保证植物生长所需要的光、热、气和养分等生活因子，优先找出限制林地生长发育的生活因子，再进行分析比较，寻找出生活因子影响面最广、程度最大的环境因子，并且要注意极端状态下的环境因子，最后确定影响最大的几个环境因子，即为主导因子。但此测量法的准确程度不高，并无量化指标的要求，在实际工作中普遍应用。

（2）定量分析法。定量分析法指的是，在找出主导因子的同时，通过一系列的量化指标，便可得知何种立地因子组合情况下的生长预测。一般进行专业调查或科研时采用这种方法。

2.5.3 煤矸石山防灭火

煤矸石山的自燃是一个极其复杂的物理化学过程，必须同时具备三个条件，分别是具有一定量的燃烧物、有可供它燃烧的氧气、达到临界温度，才能够发生燃烧。所以做好防灭火措施要从源头下手，阻断燃烧条件，即减少燃烧物、切断氧气供应、降低燃烧温度。

1. 减少燃烧物

煤矸石山自燃的主要原因是煤矸石中存有黄铁矿和煤等能够低温氧化的物质或可燃物。我国煤矸石中硫铁矿一般占煤总含硫量的 60%，煤炭开采及洗选时排出的煤矸石中，含碳量可达 10%～20%。另外还有其他遗弃在煤矸石中的碳质页岩、腐烂木头、破布、油脂等也是能够引发煤矸石山自燃的可燃物。因此要回收煤矸石堆中的煤炭和硫铁矿，以减少煤矸石山可燃物质成分堆积，截断燃烧条件之一，达到防火灭火的目的。

2. 切断氧气供应

在我国，矿区一般都是先将煤矸石拉到排矸场最高处，用推土机将其推至一个坡面自由滚落。在重力的作用下，煤矸石在进行自由滚落这一过程中，较大块的煤矸石将会滚落到煤矸石山的底部，而较小块的煤矸石大部分则会留在煤矸石山上部，这就使得煤矸石山形成了自然分级。这个分级会导致煤矸石山堆积时空隙较大，煤矸石山内部供氧条件好，渗透率高。如果仅仅依靠分子来进行扩散供氧，就可以使煤矸石的温度上升至临界温度，产生煤矸石山自燃。

在煤矸石山堆放的过程中可以实施煤矸石分层排放，分层压实。分层排放可减少其离析作用和透气性。若在层间铺黏土、砂土等透气性差的物料并加以压实，效果则更好。降低煤矸石的氧化活性也是阻断氧气作用的一种方法。喷洒阻燃剂，可降低煤矸石的氧化活性，煤矸石山不能获得充分的氧气便不能燃烧，达到防火灭火的目的。并且在进行煤矸石山的设计和建造时，尽量设计和建造封闭型的煤矸石山，用以降低矸石堆的透气性或隔绝空气渗入矸石堆，减少煤矸石山内部的空气流动，不提供煤矸石山燃烧的条件，达到防火灭火的目的。

3. 降低燃烧温度

煤矸石山中可燃物充足，并且能得到充分的氧气供应，煤矸石通过低温氧化反应会放出热量，如果这些热量不能及时消散于周围环境中就会导致煤矸石山局部升温，温度的升高又会使得煤矸石的氧化反应加速。在温度达到临界温度，即 80～90℃时，煤矸石的氧化反应速度将会迅速提高，煤矸石便很快会由自热状态进入自燃状态。如在煤矸石的自热阶段中，煤矸石中的可燃物不多，便无法进一步提供煤矸石氧化所需要的物质基础。煤矸石堆的供氧条件与蓄热条件发生变化，使氧化反应所产生的热量渐渐散失在周围环境中，煤矸石无法达到临界温度，因而无法自燃。

当煤矸石氧化放热速率低于煤矸石向外部环境散热速率时，煤矸石山不会自燃。因此可以通过降低煤矸石山高度，减小斜面坡度，将锥形或脊椎形煤矸石山改造成平顶，高度降至 20 m 以下，坡角降到 10° 以下，以降低风压，增加散热面积，防止自燃。

总的来说，煤矸石山自燃与可燃物和堆体结构有关，其中堆体结构决定了氧气及热量聚集的环境。煤矸石山在进行自然堆放（平地堆放或者顺斜坡堆放）的过程中，会发生粒度偏析现象，从而产生“烟囱效应”，煤矸石氧化反应所产生的热量，有一部分经“烟囱效应”随自然空气带出，另一部分则是聚集在煤矸石山的内部。当煤矸石山某一局部的温度达到煤矸石自燃点时便会引起煤矸石的自燃，自燃现象会逐步向周围蔓延扩散。

2.5.4　煤矸石山植物筛选与种植

1. 植物筛选与配置

煤矸石山生态修复中最重要的内容之一是植物筛选。国外对矿区废弃地的植物选择是非常重视的，在英国，认为在矿区的废弃地生态恢复中，应该选择耐贫瘠的豆科植物，注重乔木、灌木、草本植物的合理配置。我国在煤矸石等废弃地生态修复中树种选择方面也进行了大量的理论和试验研究，多选择乡土植物和固氮的树种。植物品种的选择对自燃煤矸石山植被的构建意义重大，其关系植物群落的稳定性和植物的成活，以及植被构建的成败。

煤矸石山的特点为面积大、地形破碎、立地环境多样，以及煤矸石燃点的不确定性，会导致高温、盐、酸的分布呈现随机性，因此在植物的筛选与配置过程中必须遵守适地适植物的基本原则。由于自燃煤矸石山植被构建过程的特殊性，以及遵守乡土木本植物为主、植被恢复效益最优、以灌草为主、植物群落配置等原则，扬长避短、合理搭配、科学配置，构建稳定而高效的植物群落。

1）适地适植物

适地适植物即为按照林地本身的立地条件筛选适宜的树种。适地适植物的原则能将植物的生产与生态潜力充分发挥出来，从而达到该立地条件在当前社会经济条件下的社会、经济和生态效益的最大化，适地适植物实现的途径有两种。

一是选树适地。根据自燃煤矸石山的立地条件，对植物种类进行筛选，选择合适的植物种类，适宜性较强和抗性较强的先锋树种优先考虑，目的是通过先锋树种的生长，生态环境逐渐得到改善，为其他的植物种类的生长提供基本的生境条件。

二是改地适树。主要途径是通过人为活动对立地条件进行改善，例如：施肥、整地、灭火等一系列措施。改变自燃煤矸石山植物的生长环境，使其基本适应植物的生物学特征。

由于煤矸石山的特殊性，限制因子多，通过人为的措施不能完全改善立地条件，加上当地经济条件的制约，有时立地改良并不能够达到理想的效果。目前在我国经济技术条件下，能够改良的条件是有限的，所以可以将两种改善立地条件的途径有机结合起来，但后一种途径是以前一个的途径为基础。选择适宜的植物种类，能够达到适地适物的要求，是适地适物的根本途径。

2）乡土木本植物为主

在进行植物的选择时，要参照地带性森林群落的种类组成，可以分成乡土植物和外来植物，要根据生态学的生态适宜性原则，首先要选择乡土植物的种类，乡土植物的种类是长期以来自然界的选择，在地区内具有天然分布，能够适应当地的立地条件的树种，但自燃煤矸石山有其特殊性，乡土植物发育的生境条件和自燃煤矸石山的立地条件有着较大的差异，所以对乡土植物进行科学的筛选，才能成功。

3）植被恢复效益最优

获得最佳的生态效益和经济效益是自燃煤矸石山植被恢复的目的，大部分的乔木、灌木及草本植物具有对人类有利的某些优良性状，但在自燃煤矸石山的复垦中，植物种类的选择首先要具有最有利于满足植被恢复目的所要求的优良性状，例如：美化、防护、水土保持等。既无防护效益和经济效益，又花费了较大力量恢复的煤矸石山植被，便是失败的植被恢复。所以，在进行煤矸石山植物种类筛选时，要善于进行比较，选择最适宜生长、防护性最佳和经济功能最好的植物为主要植物种类，以保证植被恢复的效益。

4）以灌草为主

对天然植被结构进行模拟，快速构建稳定植被的科学途径是对非酸性煤矸石山进行乔、灌、草复层混交。人工构建的纯林其结构单一，林下植被较少，枯枝落叶量较低，导致水土保持和涵养水源的功效较差，并且无效蒸发的水分较多，能够有效利用的较少。养分平衡的失调，会影响林地发育，导致生态效益较差，而具有乔、灌、草结构的林地生态系统稳定、生态效益良好。但是对于酸性煤矸石山的植被恢复，往往会以治理酸性或者防治煤矸石山自燃为主，会增加隔离层，但隔离层不利于乔木生长。因此煤矸石山应以灌草为主，在覆土层较厚的区域可以种植一些乔木。

5）植物群落配置

植物群落是自然界植物存在的实体，也是植物或种群在自然界存在的一种形式和发展的必然结果。群落稳定的重要基础则是各种植物的合理搭配。植被建设的重要目标是群落的稳定性和高效性。各项生态建设技术措施是否合理的最终评判标准则是能否使生态效益最大化。所以，使生态效益达到最大化、生物量达到最大化的主要措施就是植物的最佳搭配。群落的搭配包括植物物种的选择、植物种植密度、种植方式、植物种植材料占比和各种植物的空间分布与排列。

2. 植物种植

遵循树木生长发育的规律，并提供相应的栽植条件和养护管理措施，进而促进植物根系的再生和植物代谢功能恢复，并且协调植物地上和地下部分生长发育的矛盾，使植物根系旺盛、树干粗壮、枝叶繁茂、花果丰硕并散发出无限生机，才能达到生态指标的要求和景观效果。具体栽植方法要按照适树适栽、适时适栽、适法适栽的原则进行。

1）适树适栽

首先，要充分了解树种生态习性和对当地环境的适应能力，要求要有相关的成功驯化引种试验和相对成熟的栽培养护技术，才能保证移植效果。选用性状优良的乡土树种是贯彻适树适栽的最简便做法。

其次，充分利用栽植地局部的特殊小气候，对原有生态环境条件的局限性进行突破，满足新树种的生长要求。可改土施肥，变更土壤质地、束草防寒，增强越冬能力等方法满足植物生长需求。慎重掌握树种对光照的要求是适树适栽的一个重要内容。多树种群落式配植时，对树种的耐阴性要综合考虑树种的光照适应性，否则会出现植物生长不良的现象。

2）适时适栽

在进行树木栽植时，应根据各种树木的不同生长特性和栽植地区的气候条件而定。落叶树种多在秋季落叶之后和春季萌芽之前开始进行栽植，在此期间树木多处于休眠状态，生理活动和代谢缓慢，树木体内营养储藏丰富并且水分蒸腾较少，根系受伤恢复快，移植的成活率高。常绿树种的栽植多在新梢停止生长时进行，冬季严寒地区容易因为秋季干旱而出现“抽条”现象，从而不能顺利越冬，所以在新梢萌发之前的春植为宜。雨季（夏季）处在高温月份，这一段时间阴晴相间，短期高温、强光也易使新植树木水分代谢失调，所以要掌握当地雨季的降雨规律和年降雨情况，在连续阴雨的有利时间内进行，提高栽植的成活率。

3）适法适栽

可以根据树木的生长条件、生长特性、发育的状态、栽植的时期及栽植的地点和环境条件，采用裸根栽植和带土球栽植。

常绿树小苗及大部分落叶树种多用于裸根栽植。保护好根系的完整性是裸根栽植的关键，骨干根系不可以太长，侧根和须根尽量多带。从开始掘苗到栽植，尽量保持根部湿润，防止根系干枯，最常用的保护方法之一是根系打浆，可提高移栽成活率20%。浆水配比为：过磷酸钙 1 kg+细黄土 7.5 kg+水 40 kg，搅成糨糊状。为提高移栽成活率，运输过程中，可采用湿草覆盖的措施，以防根系风干。

常绿树及某些裸根栽植难于成活的树种多用带土球移植，以提高成活率。如果运输距离较近，可以简化土球的包装，只要土球尺寸的大小适度，在搬运过程之中不至于散裂开来即可。对于 30 cm 以下的小型土球，可采用塑料布或者束草简易包扎，在进行栽植时拆除即可。土球较大时，使用蒲包包装，只需要稀疏捆扎，在栽植时剪断草绳拆除包装物料，便于新根萌发、吸收水分和营养。

第 3 章　煤矸石山生态修复技术模式

煤矿在开采过程中会产生煤矸石，煤矸石的堆放会对生态环境产生负面影响。煤矸石山的生态修复应结合生态修复的基本原理，根据酸性和非酸性煤矸石山的特点，制订不同的生态修复技术措施，合理治理煤矸石山生态环境问题。目前煤矸石山的生态修复技术模式可以分为非酸性煤矸石山绿化技术模式和酸性自燃煤矸石山生态修复技术模式两大类。

3.1　非酸性煤矸石山绿化技术模式

非酸性煤矸石山的绿化修复，以改良煤矸石山的土壤环境为基础、山体植被绿化为手段、重构煤矸石山山体环境为目的，主要包括煤矸石山立地条件分析评价、整形和整地、植物种类筛选、种植及抚育管理 5 个阶段模式（图 3.1）。

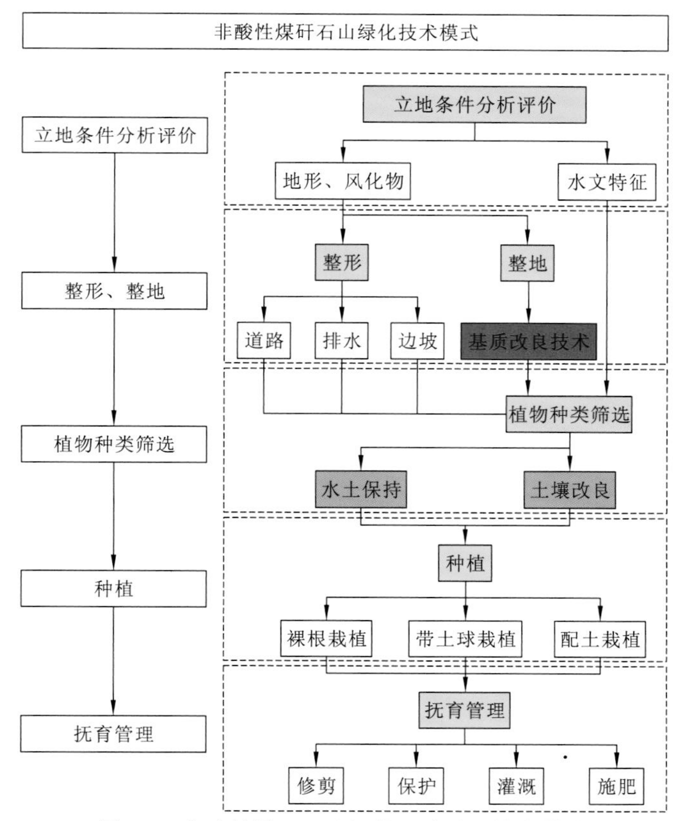

图 3.1　非酸性煤矸石山绿化 5 个阶段技术模式

3.1.1 立地条件分析与评价

煤矸石山的立地条件可理解为：在植被恢复与重建过程中影响植物生长与发育的所有环境因子。只有掌握造林立地条件的本质才能做到“适地适植物”，是所有植被恢复工作的基础。

煤矸石山是由粒度较大的煤矸石组成，其立地条件十分特殊，在对其进行生态修复前应对其地形、堆积组分及水分特征进行分析。

1. 煤矸石山地形

煤矸石山是人工堆置而成的石质山，煤矸石山多为锥形，是由堆放工艺所致，虽然近几年煤矸石山的堆放要求为压平堆放，但仍有遗留的锥形煤矸石山，其山坡坡度在36°左右，即煤矸石山的自然安息角。故煤矸石山的斜坡多，平坦宽阔面少。煤矸石山占地面积几公顷至几十公顷不等，其高度最高可达百米。

2. 煤矸石山风化物

煤矸石山堆放半年至一年后便会产生风化层，其厚度在10 cm左右，能够长时间保持不变。煤矸石山的风化层可隔绝外界空气与内部煤矸石，阻碍煤矸石山的进一步风化。在风化过程中，风化层的很多性状会发生改变。煤矸石一般都是较大的石块，经多年风化颗粒变小，大的石块粒径一般为5～10 mm，最小的砂砾粒径可达0.5～1 mm。在风化过程中煤矸石会分解产生部分可溶盐，其中的Cl^-、HCO_3^-、SO_4^{2-}、Mg^{2+}、Ca^{2+}、Na^+、K^+等的组成和含量与内陆盐渍土的盐分组成和含量相似，呈斑状分布，可随水移动。在自燃的煤矸石山地面，局部还可见到升华硫，煤矸石自然风化后，硫化物氧化或在微生物作用下极易形成H_2SO_4等酸性物质，从而使煤矸石山表面风化物呈酸性。煤矸石山的含硫量越高，表层风化物的酸性就越强，不会随时间和深度的变化而变化。煤矸石山酸度最大时，pH值可达3。

煤矸石山的风化层可通气，并蓄有少量水，因此煤矸石山的风化层中存在少量的微生物，如细菌、放线菌、真菌等。由于煤矸石山上的风化物是由煤矸石风化而来，与黄土母质相似，极其缺乏养分，尤其缺乏植物生长必需的N、P、K等。煤矸石山可能存在的污染元素，要根据煤矸石产生过程和煤矸石在煤层中所在岩系，以及具体的煤矸石山立地条件分析中具体测定。

3.1.2 整形和整地

煤矸石山作为人为堆放煤矸石的场所，具有坡度大、结构松散的特点，在自然条件下容易受到风力与雨水的侵蚀。此外，在煤矸石山生态修复过程中，受人为因素的影响，易发生煤矸石山山体滑塌和泻溜。因此，在植被种植前必须对煤矸石山的地形进行整改。

1. 整形

煤矸石是矿区生产的主要废弃物，在采矿过程中，经人工堆砌而成山，山体呈锥形，坡度较大，不利于植被栽植。为实现煤矸石山水土保持和植被栽植工程的正常运行，对煤矸石山进行地形整改是必要的。

1）整形形式

由于煤矸石山一般呈锥形，为了方便栽植工程施工，防止水土流失，煤矸石山复垦整形一般要在煤矸石山的斜坡面上整理出平台，平台可以是水平的也可以具有一定的倾斜角度。整形后的煤矸石山根据其形式可划分为梯田式（a）、螺旋式（b）和台阶式（c）[图 3.2（张国良 等，1997）]。

（a）梯田式　（b）螺旋式　（c）台阶式

图 3.2　煤矸石山整形模式

2）整形设计的内容

（1）道路。煤矸石山整形与复垦过程中，往往有人工和运输上山的需求，因此需要先修建一条从山脚到山顶的道路，满足由上而下的施工顺序。可沿着等高线的切线方向设计盘山道路，用以满足下山、上山的机械和人对坡度的要求，也可以根据实际情况将上山道路设计成直上直下的阶梯或“之”字形。

（2）排水。由于煤矸石山坡度大，高度高，表层的覆土容易受到风力和雨水侵蚀，造成水土流失。因此，在煤矸石山整形的同时应完善其排水系统。梯田式和螺旋式整形时的排水系统见图 3.3（张国良 等，1997）。梯田式排水设计：在台阶面上设置排水沟，用于汇集坡面和本台阶的雨水；下山排水沟设置于阶梯通道处，进一步将雨水排到山脚。螺旋式排水设计：在坡面内侧设置排水沟，排水线路整体呈螺旋线状，由于雨水自上

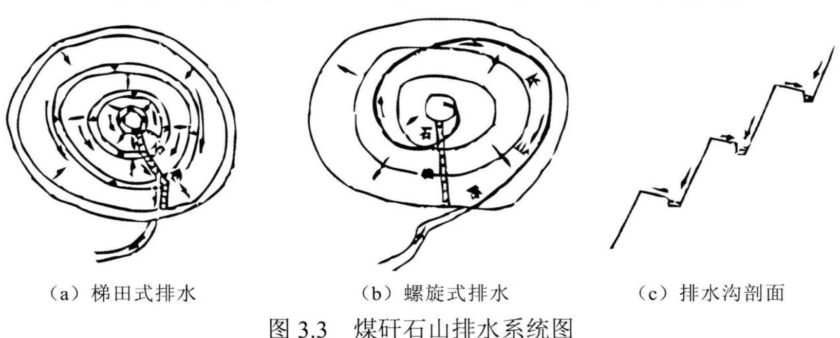

（a）梯田式排水　（b）螺旋式排水　（c）排水沟剖面

图 3.3　煤矸石山排水系统图

而下不断汇集，造成山脚处排水沟的排水压力大，需要在山脚处多设置一些排水通道。

（3）边坡。煤矸石山的边坡设计不仅影响土壤侵蚀量，还关系边坡稳定性。澳大利亚学者从三维角度研究边坡，将边坡形状概况为 9 种形状[图 3.4（张国良 等，1997）]。

LL、LV、LC、VL、VV、VC、CL、CV、CC 的第一个字母表示边坡在竖直剖面内的形状，第二个字母表示边坡在水平断面内的形状。理想的边坡形状应该是水平断面凸状，而竖直剖面为凹状或复合状。为使边坡长期稳定，边坡在竖直剖面上的形状应为凹状。澳大利亚在露天煤矿排土场设计中通常采用 S 形斜坡，其凸状部分占总坡长的 20%～30%，下部凹状部分占总坡长的 70%～80%，这种斜坡具有较好的抗侵蚀能力。当 S 形斜坡难于延伸时，应尽可能避免凸状边坡，可采取线状边坡加台阶方案。

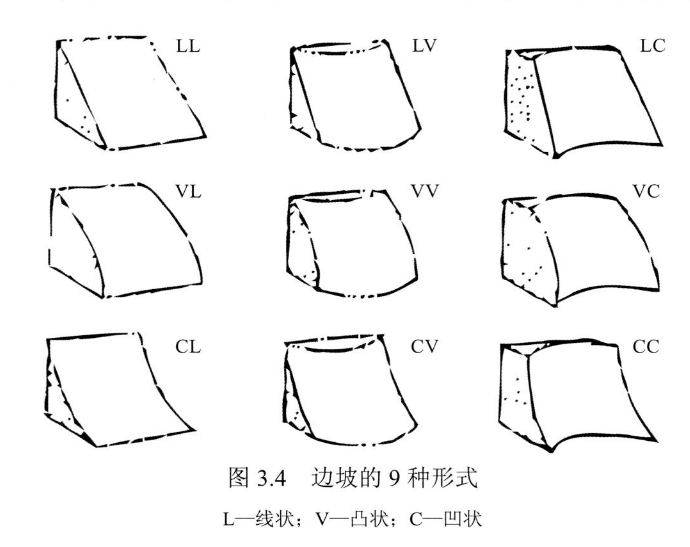

图 3.4　边坡的 9 种形式

L—线状；V—凸状；C—凹状

2. 整地

在对煤矸石山进行生态恢复之前需进行整地处理，来改善其立地条件。一方面可以改善煤矸石山土壤因降雨和风所造成的侵蚀，营造有利于植物生长的环境；另一方面又便于生态恢复工作的施工并为其提供安全保障。

1）整地的方式方法

整地定位方式有两种，局部整地和全面整地。局部整地相比于全面整地，可以较大程度地改善立地质量并且经济省工，因此在整地的方式上宜选择局部整地。

局部整地有块状整地和带状整地两种方法。块状整地可采取穴状和鱼鳞坑两种方法；带状整地可采取反坡梯田、水平梯田和水平阶的方法。

整好的植树穴或植树带，可采取“客土”覆盖的方法来增加栽植区的土层厚度。“客土”有两种来源：一是异地“客土”，即利用其他地方的土壤填入植树带或植树穴内；二是就地取材，即将植树带或植树穴附近的表层煤矸石风化物填入其中。

2）基质改良技术

煤矸石山土层的物理性质差，保水能力弱，植物生长必需的有机质氮和磷等营养元素极其缺乏，土壤中生物和微生物对煤矸石山的改造较弱，还存在 pH 值、重金属及其他有毒物质限制植物生长等问题。解决这些问题的关键在于解决土壤的熟化和培肥，只有提高了土壤肥力，才能真正创造植物生长的条件。因此，在整个植被恢复工作中，对煤矸石山进行基质改良是十分必要的。

（1）改良物质。不同的改良基质所起到的改良效果是不一样的，像有机废弃物、表土、固氮植物、化学肥料、绿肥等物质都可用于改良煤矸石山的土壤基质。

化学改良物：煤矸石中存在的黄铁矿能与空气发生化学反应，降低煤矸石的 pH 值，所以煤矸石山一般呈酸性。酸性环境危害植物生长，可用碳酸氢盐或石灰作为掺合剂中和酸性，减缓酸性或者变酸性为中性，这是常用的、有效的方法。

植物生长需要大量氮、磷、钾元素，但是煤矸石中缺乏此类元素，所以需要施用氮磷钾肥来改良煤矸石山土壤基质。由于煤矸石山的土壤结构松垮，不利于肥力和水分保持，在施肥后容易导致化肥的流失，为保证施用效果，需少量多次施用速效化肥或选用一些分解缓慢的长效肥料。

生物改良物：生物改良是应用固氮微生物、固氮植物、菌根真菌、绿肥作物等在极端环境下具有较强耐性的生物来改良煤矸石山土壤的理化性质。固氮植物、绿肥作物能够吸收土壤深层的养分，具有固氮作用，在其本身腐败后，氮元素会留在土壤中改良土壤的物理结构，并增加养分，微生物真菌可以改良土壤结构，并能够将土壤养分进一步转化，促进植物发育。

（2）改良措施。改良措施有生物改良、绿肥改良、客土法和灌溉与施肥。

生物改良：接种丛枝菌根可以提高植被的成活率，促进煤矸石山植被的生长发育。作为普遍存在于自然界中的土壤微生物，丛枝菌根真菌可以与绝大多数的陆地有花植物形成共生体系。丛枝菌根在改善植物矿质营养、增加植物抗逆性、改良土壤结构、提高植物存活率及增加植物生物量等方面具有优势，能改善土壤结构，促进植物对水分和矿质养分的吸收，提高土壤肥力，增强植物的抗病性和抗逆性，增加植物成活率。丛枝菌根的这些生理学特性使得其在煤矸石山的机制改良中被广泛应用（毕银丽 等，2007）。

真菌与植物的共生关系存在必然的差异性，不同宿主植物对其根部受到真菌侵染时表现出的应激反应也存在差异。而且不同种属的植物、不同土壤环境中的同种菌根真菌在同种植物上发生的共生关系会表现出不同甚至是截然相反的作用。因此在矿区生态恢复中应用丛枝菌根真菌来改善生态环境时，尤其要注重宿主和菌根真菌之间的匹配筛选。

绿肥改良：绿肥改良是种植绿肥植物，在其成熟后翻埋，达到增加土质肥力并改良土壤理化性质的目的。豆科植物中含有大量的氮磷钾和其他微量元素，以及有机质等。通过植物的固氮作用，吸收氮元素，在植物体腐败后，将氮元素释放到土壤中，达到改良土壤的目的。

客土法：为了增加栽植区的土壤厚度，可以利用外地土壤对煤矸石山的表层进行覆盖，快速增强土壤肥力，有效改善煤矸石山土壤粒径结构，从而达成改良基质的目的。“客土”按其来源有两种：一种是异地“客土”，即利用其他地方的土壤；另一种是就地取材，即在植被栽植区填入煤矸石山的表层风化物。

灌溉与施肥：煤矸石山的重金属、酸性和盐度等问题，可在一定程度上通过施肥与灌溉得到缓解。增加植物生长所必要的氮磷钾等大量元素，可采用综合施肥的方法取得较好的效果。速效的化学肥料在结构不良的废弃地上易于淋溶，收效不大，因此化学肥料施用要采用少量多次的方法。

3.1.3 植物种类筛选

依据森林培育学理论，任何植物栽培在植物种类的选择上都应遵循最基本的两条原则：一是所选择植物种类的生物学特性要满足栽培的目的要求（例如经济、防护、美化等）；二是要达到“适地适植物”的要求，即立地条件要与所应用的植物种类相匹配。

基于理论分析和实践，提出非酸性煤矸石山的植物选择原则。

（1）先绿化后经济，即首先要考虑的不是经济植物，而是在煤矸石山的立地条件下容易成活的植物。

（2）乔、灌、花草混植。通过多种乔、灌、花草混植增强植物的存活率，增加生物多样性，提高景观美学效果。

（3）尽量选择乡土品种。尽量选择在当地生长环境下更容易成活的本地植物。

（4）优先选择先锋品种。煤矸石山缺少土壤、立地条件差，需要优先选择一些先锋植物种，先改善环境，然后再考虑其他植物种。

（5）选择生长快、耐贫瘠、萌发强、耐干旱和浅根性的树种。煤矸石山贫瘠、缺水，土地升温快，存在大量石块，植物根系不易深入，应选择能适应植物生长介质层薄的浅根性植物；选择成长快、萌发性强的树种适应土地升温快的条件；选择耐贫瘠、耐干旱植物适应干旱缺水、缺营养的立地条件。

（6）选择根系发达植物，根系发达容易促进煤矸石的风化、容易在含水量低的生长介质中从不同位置吸取水分和营养。

在山西某矿煤矸石山复垦的实践中，经过筛选，选用常绿针叶树 5 种、阔叶乔木树种 11 种、灌木 12 种及草本植物 19 种。自 1990 年开始，对该地区的煤矸石山进行造林试验，设置了不同群落构成、植物类别的影响因子。

经过 9 年的试验研究和资料查阅，以煤矸石山基质改良后的土壤条件为基础，对能够适应煤矸石山土壤条件的植物进行了筛选，筛选出了以下植物种类。

针叶树：油松、刺柏、红皮云杉、圆柏、华山松、桧柏、华北落叶松、香柏、樟子松、侧柏等。

阔叶乔、灌木树种：杜鹃、臭椿、榆树、木槿、花椒、合欢、柽柳、国槐、榔榆、柿、黄连木、胡枝子、栾树、刺槐、白蜡树、桑树、火炬树、君迁子、杏树、黄栌、锦鸡儿、元宝枫、山楂、苦楝、沙枣、杜梨、连翘、山桃、紫穗槐等。

草本植物：地肤、野燕麦、野苜蓿、苍耳、铁杆蒿、鬼针草、狗尾草、鸡冠花、野豌豆、野菊、喇叭花、羊胡子草、野燕麦、野牛草、锦葵、蜀葵、蒲公英等。

3.1.4　种植

1. 煤矸石山植苗造林的成活原理

植物生长发育的前提是有足够的土壤肥力，植物成活的重要因素是有充足的水分。煤矸石山的水分状况和土壤条件，是关系植物是否能够成活与生长、植被恢复是否成功的关键。针对煤矸石山的水分和土壤状况，因地制宜地选择合适的时间和适宜的技术方法，满足植被对水分的需求，对提高植物成活率具有重要作用。

2. 煤矸石山适宜的栽植季节与时间

在确定植物种植时间和季节时，应选承受自然灾害的可能性不大、温度合适、湿度相对较大、投资少、契合植物生理学特征、省工省时的季节进行造林。在雨季、秋季和春季都可进行造林，但是都要依据不同植物的生理学特征来选择栽植时间和季节。

1）春季栽植

春季造林的具体时间是造林成败的关键，早春土壤水分虽好，但由于春季升温较快，蒸发量大，容易发生春旱。因此，春栽应尽量早，一般在根系开始萌动，植物地上部分还未发芽展叶时进行。

2）秋季栽植

植物一般是在春季栽植，但有的树种适宜在秋季种植，并且栽植效果要比春季栽植效果好，成活率也高。秋季造林的一大特点是，进入秋季后，气温开始下降，植物地上部分进入休眠，蒸腾量下降；但此时土壤水分和温度较高，植物根系还有一定的活动能力，造林后部分根系可以恢复，翌年春季发芽早，抗旱能力强。我国的西北、华北地区的煤矸石山植物栽植可在秋季进行，对于阔叶树种，尤其是萌芽力强的树种，为取得更好的种植效果，宜采用截干栽植的方式。秋季栽植树种不宜过迟，在植物落叶到泥土结冻前的这段时间栽植最为适宜。秋季栽植对树种的选择也有要求，落叶阔叶树适宜在秋季进行栽植，其他树种应选择别的季节进行栽植。

3）夏季（雨季）造林

雨季作为全年降水集中、气温最高的季节，具有土壤水分条件好的优点，并有利于植物的生长与根系恢复。但是也要注意由于雨季气温高、植物蒸腾量大的问题。因此，造林时间的挑选对夏季造林尤为重要。把握雨情是雨季造林的关键，在下过一两场透雨而且降雨稳定后的这段时间是最佳造林时间。在华北地区，“三伏”始和“头伏”尾，并且是连续的阴雨天气为最佳树种栽植时间。煤矸石山的雨季造林主要适用于针叶树和某些常绿阔叶树，大部分落叶阔叶树不适宜于雨季造林。

3. 煤矸石山的适宜造林方法

1）播种造林

播种造林符合植物繁殖的自然规律，在自然界大部分植物的更新都是由种子萌发完成的，因此播种造林就是对自然规律的模仿。播种造林具有技术易懂、操作简单、节省劳动力、投资少、不需要培育树苗等优点；但其只适用于种子发芽力强的树种，而且对立地条件（尤其是水分环境）的要求较高。

2）分殖造林

分殖造林是直接种植植物的根、枝、干等器官。最大的优点是能够保持母本的优良遗传特性，不会发生遗传变异，而且林木前期生长比较快；只适用于植物器官能快速生产许多不定根的植物种，拥有这种能力的植物种类不多，同时对土壤环境的水含量有着较高要求。

3）植苗造林

植苗造林是用早已长出干、茎和根的树苗作为材料。最突出的优点是对不良环境适应性较强，能够较快地适应造林地的环境条件，造林成活率较高，几乎适用于所有的造林树种。在干旱及水土流失严重的立地条件之下，造林成活率和成功率高于播种造林和分殖造林。

煤矸石山的土壤存在土质贫瘠、干旱的问题。一般情况下，不适宜采用分殖造林方法，播种造林除草本植物与部分灌木植物外，也不适宜采用。所以，对于煤矸石山木本植物的恢复，最主要的方法是采用植苗造林。

4. 栽植方法与技术

1）栽植方法分类

树木的栽植方法有两种，带土球栽植和裸根栽植。其中的带土球栽种，根据容器的有无还可分成容器苗栽种和带土坨栽种两类。

落叶树种的栽种和常绿树苗的栽种常采用裸根栽种法。裸根栽植的关键是维持根部的完整。为保证栽种的成活率，在挖掘、移苗和栽种过程中，必须要保持根系湿润。可采用根系打浆的方法来保持根系湿润。一般浆水的配比为：水（40 kg）+过磷酸钙（1 kg）+细黄土（7.5 kg），充分搅拌；在运输过程中，可用湿润的草木对植苗根部进行包裹，保持根系的潮湿，防止根系被风干，增加栽种的成活率。

带土坨栽植主要用于一些较大规格的针叶树造林。这两种栽植方法都具有不伤害和不裸露苗木根系、成活率高的优点，在煤矸石山植被恢复中应大力提倡。尤其是容器育苗，能保持原土壤和根系的自然状态，造林后无缓苗过程，幼林生长快，即使在土壤条件差的煤矸石山上也能很大程度地增加栽种成活率。

2）挖穴（刨坑）

树穴的规格是由土壤结构及植物根部特性来决定的。刨坑的规格严重影响植株日后的发育及栽植的质量。挖穴时表土与底土应按规程分别码放。树穴上下应宽窄一致（图 3.5），不可上宽下窄或上窄下宽（图 3.5），以免造成植株死亡。树苗与种植穴的关系见图 3.6。

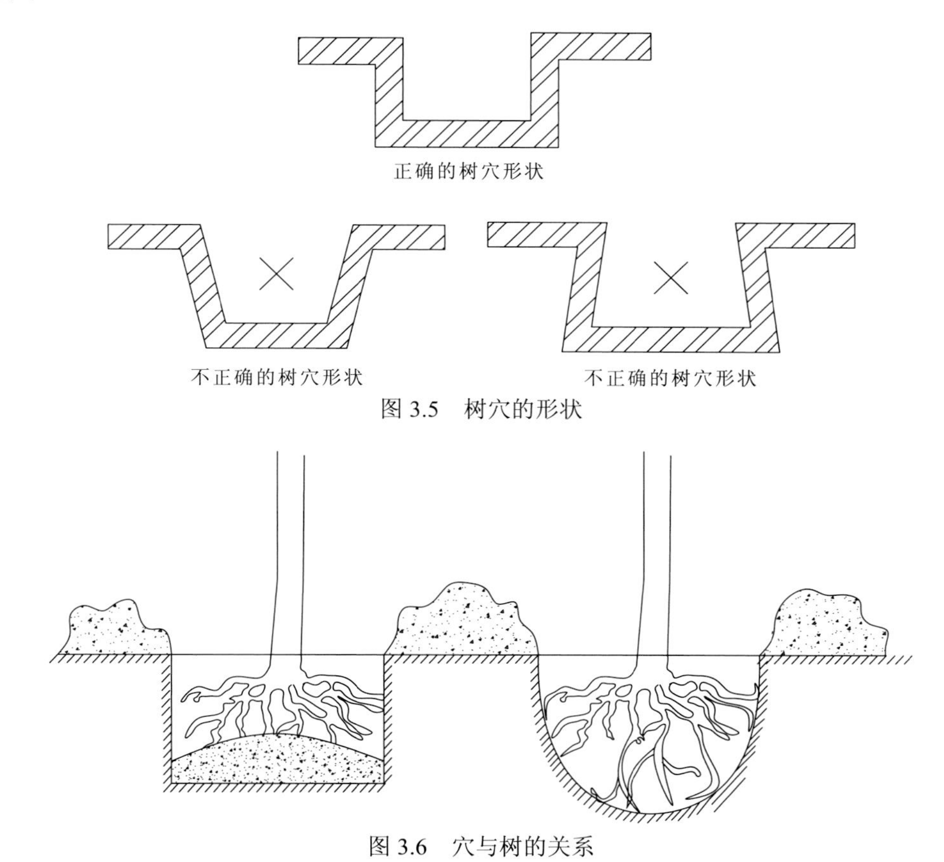

图 3.5　树穴的形状

图 3.6　穴与树的关系

左图为正确的穴与树的关系；右图为不正确的穴与树的关系

3）裸根苗栽植技术

相对而言，大面积造林宜采用裸根苗法。裸根苗造林大多使用穴植法，关键种植技术主要有两方面：一是保证苗木根系舒展（不窝根）；二是采用“三埋、两踩、一提苗”的操作方法。

4）“配土栽植”技术

因煤矸石山地温高，必须配土栽种以缓苗。所谓配土，就是在树坑内充填部分土壤，具体种植技术是落叶乔、灌木大都是在梯田上采用穴状坑配土栽植的方法，穴坑一般为 0.5 m×0.5 m×0.5 m 或 0.7 m×0.7 m×0.7 m，以确保根部的舒展，树穴内的配土量不应小于 20 kg。

栽种时应先对树坑进行浇水处理，降低树坑温度，然后再栽种并配土，树坑内填土后再填入风化的煤矸石碎块。落叶乔木应选用胸径 3 cm 以下的幼树苗，否则不利于树木成活和生长，对常绿树则应采用带土球栽植，土球与树木胸径（地径）比为8∶1，并采取桔子包扎法，对于落叶乔灌木的栽植，为保障其成活率，应对其进行一系列的处理，如强剪、短截，或采用截干造林的方法。对于花草的种植，应将花种草籽与土壤进行混合，然后播种于煤矸石山道路两侧和煤矸石山的坡面上。

5）其他栽植技术

（1）容器育苗造林技术。容器育苗造林技术是采用容器育苗的方法，在树苗栽植时，树苗与容器不进行分离，栽种时直接全部移植到树坑中。容器苗造林具有以下优点。

不将苗木和容器进行分离，避免了苗木根系与空气接触造成水分散发的情况和在运输及栽种时对根系的损伤，也在很大程度上避免了缓苗过程，大大提高了植株的成活率。

培育容器苗的土壤为营养土，营养土中含有树苗生长所需要的各种营养，相比于裸根苗，容器苗有更加优良的土壤条件，树苗的生长更加有利，使得树苗能够更好地克服煤矸石山土壤贫瘠的环境。

在春夏秋季均可采用容器苗造林技术，能够更快地对煤矸石山进行植被恢复。

与常规的植被恢复技术相比，容器苗造林技术虽然造价成本较高，但此方法植被成活率大大高于其他方法，综合来说，其总体效益要远高于其他方法。

（2）菌根菌育苗造林技术。菌根菌育苗就是利用某些土壤真菌与植物根系形成的共生体系，来增加植株抗逆性的技术。与普通植物根系相比，菌根菌育苗的根系能够更好地吸收土壤中的营养物质与水分，还能增强植物的抗病性，在贫瘠和干旱的土壤环境中，菌根能发挥显著的作用。

（3）秸秆及地膜覆盖造林技术。秸秆及地膜覆盖造林技术是通过地膜或者麦秸覆盖土壤表面，来增加植物栽种成活率的技术。一方面，麦秸和地膜可以阻隔寒气，减少植物根系遭受冻害；另一方面，通过地膜和麦秸的阻隔，可以给土壤中的微生物提供一个适宜的温度，从而促进其对土壤养分的分解，使植物能够更好地吸收，从而提高植物的成活率。同时，麦秸和地膜的覆盖还能在一定程度上将土壤蒸发的水分进行滞留，促进植物根系对土壤蒸发水分的吸收，防止植物因缺水影响其生长。因此，秸秆及地膜覆盖技术在保持土壤水分、维持土壤温度方面有着显著作用。

3.1.5　抚育管理

俗话说“三分造，七分管”，抚育管理无疑是煤矸石山植被恢复工作中极为重要的环节。通过对植株的管理与保护，来营造更适宜植被生存的环境条件。无论在幼林阶段或成林阶段，必要的抚育管理将直接影响植被的生长效应、防护效应和经济效应的发挥。

植被的抚育管理有两个方面，分别是土壤管理和植被保护管理。土壤的管理主要有灌溉、施肥等措施；植被的管理主要有平茬、整形修剪等措施；植被保护主要有预防人畜活动对植株的破坏、植株病虫害的防护及预防自然灾害等措施。

植被抚育管理所采取的主要措施因不同栽培目的、不同立地条件和不同经济条件而异。根据煤矸石山生态修复的标准，在植被恢复的过程中要做好灌溉、修建、幼林保护及施肥等方面的工作。

1. 植株的修剪

1）平茬

平茬是在造林后对发育较差的树苗进行挽救的措施。其方法是只保存植株地茎以上的一小段枝干，将其余部分截除，通过植株的萌蘖能力促使植株长出新茎干。当植株幼苗的地上部分由于某些原因长势很弱，或在造林早期幼苗由于缺失水分影响其成活时，可进行平茬处理。平茬一般在造林后 1～3 年进行，幼树新长出的萌条一般都能赶上未平茬的同龄植株。

2）整形修剪

煤矸石山造林的目的主要是防护，应尽快促进枝叶扩展，增加郁闭度，一般不提倡修剪。但有时为了增加植株的美观和观赏性，或者为了减少枝叶面积，降低植株的蒸腾耗水量，可适量进行整形修剪，但修剪强度不宜过大。而且要注意修剪的季节和时间，一般以植物休眠期为好。

2. 煤矸石山幼林的保护

幼林的保护通常包括对病虫害、鸟兽害、极端气候因子（大风、高温、低温、暴雨等）危害、火灾，以及人畜破坏等自然灾害与人为灾害的预防和防治。

有条件的矿区应安排专职人员进行护理，特别注意人畜对植株的破坏。尤其要保护好地表植被与枯枝落叶，更好地防止土壤侵蚀，减少土壤蒸发，保持土壤水分，有利于植株生长和植被演替。

煤矸石山造林初期一般无病虫害，但随造林时间的延长病虫害时有发生，要注意观察，及时发现和防治。

3. 灌溉

由于煤矸石特殊的物理结构其持水力弱，含水量低；而且煤矸石中含有大量的碳，吸热快，热量大，温度高，水分蒸发快，植被可利用的水分极少。

灌溉一方面可以为植物提供充足的水分，促进植物生长；另一方面，降低地温防止夏季高温对苗木的灼伤，同时加速煤矸石风化，促进微生物的活性，释放煤矸石中的养分，提高其肥力水平。所以，造林时要铺设灌溉设施，在煤矸石山复垦时进行灌溉。有条件的煤矿可建设将矿井水引用到煤矸石山的设施，节约水资源，并且可以“以废治废”。

4. 煤矸石山植被的施肥

由于煤矸石山立地条件极差，其中速效养分匮乏，特别是缺少 N、P 等微量元素。在自然生态系统中，植物吸收的氮素是由土壤中累积的巨大氮素的有机库提供的，由于煤矸石山无土壤可言，氮素的缺乏成为必然。这一矛盾虽然可以通过种植豆科植物或其他具有固氮能力的植物来缓解，但因固氮植物对缺磷条件敏感，并不能完全处理煤矸石山所有养分缺乏的情况。

合理的施肥措施不仅应体现在植物产量上，而且还应有助于改善土壤性状，在复垦种植初期，煤矸石山的培肥过程特别重要。煤矸石山的施肥应以 N 肥为主，同时辅以 P 肥和 K 肥。条件好的煤矿区还可施用城市污泥，施用污泥既可以增加煤矸石山的土壤肥力，还可以降低煤矸石山的地表热度和黑度，更能促进煤矸石山土壤中微生物的活动。所以污泥是煤矸石山的综合改良剂。

化肥的施用在有效养分缺乏的煤矸石山，无论是造林还是种草，都可使树木、牧草快速生长，使煤矸石山较快得到覆盖，生态环境得到改善。但是由于煤矸石山风化物本身对肥力的附着能力不强，据测定煤矸石（1 mm）阳离子代换量仅为 8.6 ml/100 g，而黄土母质（1 mm）为 12.5 ml/100 g。比较中壤质褐土（1 mm）与煤矸石（1 mm）对 $(NH_4)_2SO_4$ 的吸附量，前者对于 NH_4^+ 的吸附量为 8.214 ml/100 g，而煤矸石只有 4.084 ml/100 g，故化学肥料的每次施用量不能过高，过高会引发盐害。一般每次的用量不超过普通农用地的 1/2 为宜，采用少量多次的方法。

3.2 酸性/自燃煤矸石山生态修复技术模式

含有较大量硫铁矿的煤矸石山称为酸性煤矸石山。硫铁矿的化学性质不稳定，容易发生氧化还原反应，在发生反应的过程中会释放大量的热，容易将煤矸石山中的易燃物点燃，引起煤矸石山燃烧，同时使得煤矸石山呈酸性。酸性煤矸石山具有自燃且易复燃的特点，这也是酸性煤矸石山植被恢复的难点。在酸性煤矸石山的生态修复过程中，应先对其立地条件做诊断，找到其自燃的问题所在，再采用防灭火措施，解决酸性煤矸石山的自燃问题，最后系统性地进行植被恢复工作。酸性煤矸石山生态修复技术模式一体化流程如图 3.7 所示。

3.2.1 立地条件调查及诊断

自燃煤矸石山立地条件调查和自燃位置诊断是实施精确灭火治理的基础和前提。以往煤矸石山治理调查中存在信息缺失，空间坐标、深部着火位置不明的问题，为了能有效确定煤矸石山着火区位置，使灭火注浆措施准确、有效，将热红外遥感与多种空间测绘技术相结合，针对热红外影像缺乏对应空间信息的问题，与近景摄影测量技术结合，采用如图 3.8 所示的基站布设，提出表面温度场非接触式面状测量技术。其技术方法是把测得的热红外影像由 MATLAB 生成灰度图，导进 ENVI 中进行处理；将煤矸石山照片导入 Lensphoto 软件中处理，生成煤矸石山表面空间位置点云；通过影像融合，构建出煤矸石山表面温度场的红外三维模型。此技术解决了多源设备站位优化、控制点布设等问题。

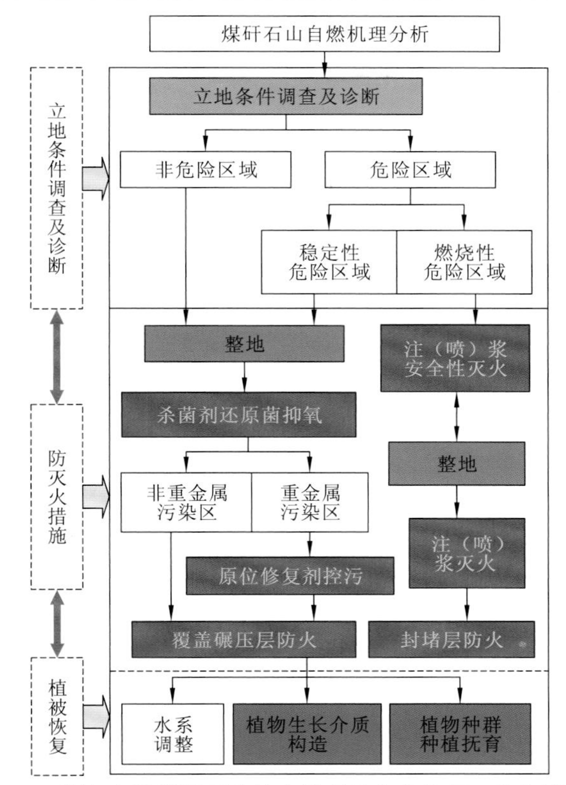

图 3.7　酸性/自燃煤矸石山综合治理及生态修复一体化流程图

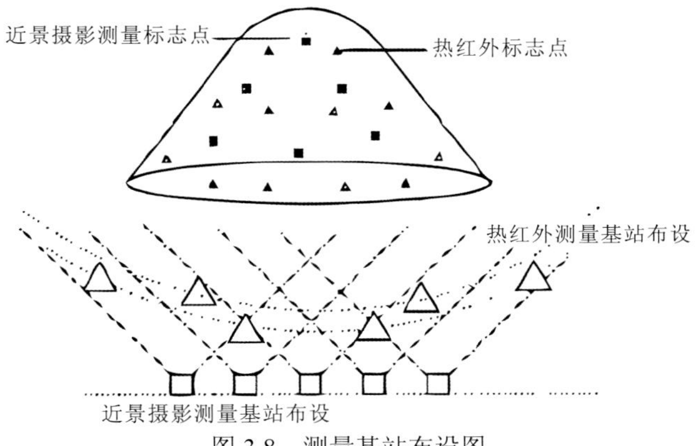

图 3.8　测量基站布设图

为尽量避免观测距离、环境湿度等因素对热红外监测数据造成的误差，观测时应尽量选择气象条件较好的天气，以阳光照射不强、干燥、无风天气为佳；最佳观测距离为 13～18 m，不同距离下的温度误差补偿公式如下：

$$y = 0.0212x^3 - 1.8647x^2 + 48.4243x + 101.2417$$

由于自燃矸石山表面温度异常区与深部燃点的空间位置不对应，在获取表面温度差数据后，还需要对深部燃点位置进行诊断。以简单稳态线性模型理论为理论依据，通过计算表面特征温度点之间的温度比值，采用拟合逼近真实值的方法进行数值求解，提出煤矸石山着火点深度反演模型。经实测检验，其与钻孔测温得出的着火点深度相比误差仅为 13 cm。

3.2.2 防灭火措施

在自燃煤矸石山防灭火技术中，有让煤矸石在可控条件下燃烧的，如控制燃烧法（在可控制的条件下保持燃烧，并将其自燃生成的热量进行再次利用）、挖除冷却法（找到火源，然后挖出着火和发热的煤矸石，用水冷却或自然冷却，之后回填到原处）；通过将惰性物质覆盖于煤矸石山表面，并压实，阻止外部空气进入其内部，从而实现防灭火的覆盖压实法；在煤矸石山高温区域注入干冰与液氮的混合物，将低密度空气排挤至地表，从而将空气与煤矸石山内部可燃物质进行隔离，实现灭火并将煤矸石山进行降温的低温惰性气体法；还有泡沫灭火法和灌浆封闭法。

目前钻孔注浆法、远距离喷浆技术、浅层喷浆与浅孔注浆相结合的灭火技术、抑氧隔氧耦合防火技术是自燃煤矸石山常用防灭火技术，可实现长效防火、杜绝复燃的目标。

1. 钻孔注浆法

钻孔注浆法是通过钻孔打管，将浆液注入煤矸石山内部，当浆液遇到燃烧的煤矸石时，由于高温会将浆液中的水分蒸发掉，带走大量热量，同时浆液中剩余的物质则会依附在煤矸石上，减少煤矸石与氧气的进一步接触。通过降低煤矸石的温度，隔绝氧气，达到灭火的目的。

钻孔时根据温度勘测结果，精确布设注浆管至火源定位深度。注浆采用间隔交替式注浆法，即第一次注浆时先保留 50%的注浆孔作为排气孔使用，待高温区降温后再进行交替。施工过程中遵循“从低温区到高温区、从边缘到中央”的原则，注浆孔和排气孔间隔排布，将水蒸气及时排出，防止注浆过程中发生汽爆。

浆液材料一般为黄土、石灰、粉煤灰等材料和水混合而成，配比根据应用场景不同而实时调整。在工程实践中，为增加灭火浆液的和易性，可以按照比例向浆液中加入聚苯烯酰胺类阻燃剂和耐火纤维，使固体含量由 10%～20%提升至 30%～50%，增加流动性能，抑制封堵层开裂。针对煤矸石山自燃区域多分布在山体表面以下 2.0～2.5 m 位置的情况，打孔注浆深度一般为 2.5～3.0 m；注浆管应在 1.0～3.0 m 深度侧壁均匀开孔，浆液分散直径约为 2～3 m，因此注浆孔布设间距不应大于 3 m×3 m。

2. 远距离喷浆技术

远距离喷浆技术主要应用于部分表面温度较高的自燃煤矸石山，这种情况下作业人员和车辆难以靠近施工，此时应先采取远距离喷浆法降低煤矸石山的表层温度。该技术利用大功率泥浆喷射机自下而上等高线环带式作业，在 30～50 m 的安全距离向山体表面明火区或高温区喷浆灭火，可快速降温并避免汽爆，为后续灭火治理施工提供安全保障。

3. 浅层喷浆与浅孔注浆相结合的灭火技术

浅层喷浆与浅孔注浆相结合的灭火技术是针对煤矸石山自燃治理中危险大、效率低、易复燃的难题发明的，这种远距离、大流量浅层喷浆快速控火技术，采用自下而上环带式作业，快速封堵底部“风门”切断氧气供应、抑制燃烧、释放内部热量。控火后，科学布设钻孔，采用变浓度、变流量、间隔交替式注浆灭火新技术，其特色在于交替注浆间隔排气；注浆时应先在温度较低的区域注浆，等温度较高区域降温后再进行注浆，减少汽爆，单位面积注浆管数量减少近 70%，提高效率近 3 倍。依据不同燃烧程度、不同喷注浆需求，发明了以特制高效阻燃剂和耐火纤维为核心的、适用于不同条件的灭火阻燃新材料，特点是优化了浆液的成膜包裹性和封堵胶着性，有益于注浆的流动性，其固体含量可由传统的 10%～20%提高为 30%～50%，灭火效果更好。灭火阻燃新材料的原料由石灰、黄土、粉煤灰、玻璃纤维类物质、黏合剂、保水剂、分散剂等组成。

4. 抑氧隔氧耦合防火技术

防止自燃和复燃的关键是防火技术，为此，需要探讨有效的防火技术。

采用注浆的方法进行灭火处理后，煤矸石还有可能会复燃，原因是煤矸石中的 S 含量较高（3.1%～5.5%），在温度较低的环境下 S 会发生氧化反应，产生并不断聚集热量，从而导致热度上升，当达到一定温度后就会导致煤矸石的复燃。因此，抑制黄铁矿与煤矸石中的可燃物质氧化是防火工程的重要环节。

在常温条件下，潮湿环境中的黄铁矿会发生一系列化学反应，如 FeS_2 发生氧化反应生成 H_2SO_4 和 Fe^{2+}，Fe^{2+}进一步氧化生成 Fe^{3+}，而 Fe^{3+}又会加速 FeS_2 的氧化再生成 Fe^{2+}，造成恶性循环；此外，硫杆菌等还起到了催化剂的作用加快了黄铁矿的氧化。为阻止黄铁矿发生氧化反应，可以利用杀菌剂抑制硫杆菌的微生物催化氧化，利用还原菌[如硫酸盐还原菌（sulfate-reducing bacteria，SRB）]抑制化学氧化，将二者耦合就能有效地抑制氧化过程，实现防火。由于这一方法往往在 3～6 个月有效，为了达到长效防火，就需要阻隔氧气来阻断氧化过程，达到防火的目的。为此，在对酸性煤矸石山进行防火处理时，采用构造隔离层和添加碱性粉煤灰覆盖的方法，可以阻止可燃物与空气的接触，这是酸性煤矸石山防火的关键。

其具体流程（图 3.9）是使用杀菌剂和接种还原菌来减少黄铁矿的氧化，降低煤矸石山的温度，同时覆盖碱性（黄土+粉煤灰）材料形成隔离层对其进行隔氧设置，从而达到防火的目的。

5. 隔氧阻燃设置

酸性煤矸石山还可采用隔氧的方法来阻止其自燃。在煤矸石山四周堆放并压实黄土，或采用灌浆的方法使其胶结固化，来阻断氧气进入煤矸石山内部。煤矸石山坡面采用覆土绿化，最后将煤矸石山的顶部覆土封盖，进行植被恢复工作。

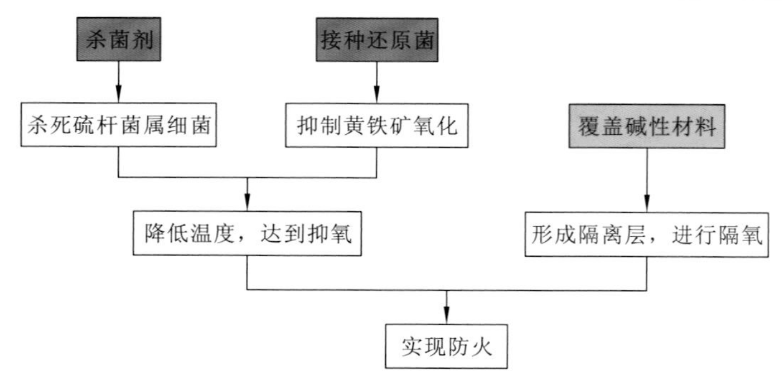

图 3.9 抑氧隔氧耦合防火技术流程

1）煤矸石山堆体结合部隔氧层设置

原始山体结合部开沟灌浆（图 3.10），分层回填并碾压夯实。

图 3.10 山体结合部开沟灌浆施工

封场矸石场和现排矸场结合处设置隔离带，分层回填并碾压夯实。

开挖基槽后，首先进行灌浆处理，然后对其温度进行测量，温度符合标准后，将其填回原处，最后碾压夯实。若还有剩余的混合物，可将其填于坡面及平台。该工艺的特点：采用封堵的方式切断氧气供应；山体结合部水平长，垂直深，不易施工。

2）煤矸石山堆体环坡脚隔氧层设置

为确保防火彻底，对治理区坡面坡脚处进行封闭防复燃（图 3.11）。

施工流程：开挖→沟底用泥浆封闭至水不渗漏→下层填充配置的填料→中层填充土矸混合物→上层用黄土密实。

3）煤矸石山堆体坡面隔氧层设置

煤矸石山堆体坡面的隔氧层设置，可应用阻燃剂、煤矸石混拌黄土等材料分层砌筑坡面。该工艺的特点：采用土矸混合材料对坡面进行封闭，节省黄土资源。土矸混合材

图 3.11 环坡脚位置示意图

料与煤矸石山堆体材料相似，形成柔性覆盖，坡面不会发生开裂或形成硬壳；保墒保水，利于生态植被重建。

坡脚碾压夯实后堆砌边坡。采用分层碾压回填，从设计坡脚基准点向内施工，顶部坡面回填煤矸石渣粒径不能大于 15 cm，夯填厚度分别为 2 m、1 m（图 3.12）。

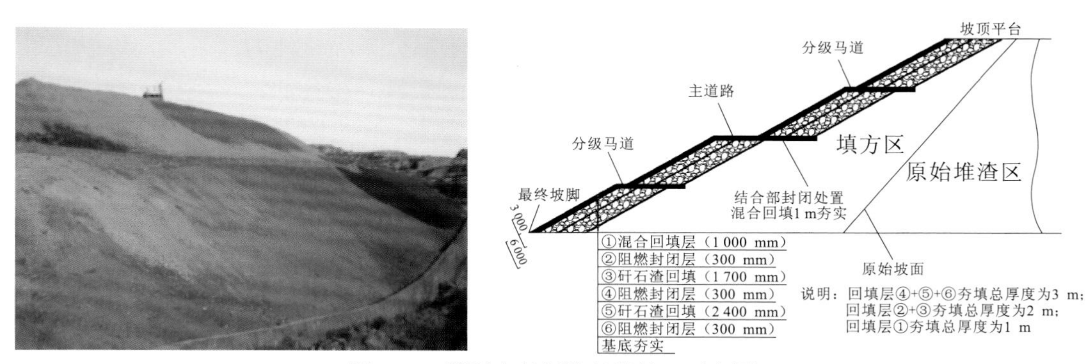

图 3.12　坡面全封闭防复燃施工示意图

4）煤矸石山堆体平台隔氧层设置

对顶部平台采用田字形开沟灌浆法封闭隔氧灭火防复燃。具体步骤如下。

（1）采用分段开挖的方式，开挖沟槽后需要立即进行灌浆施工，防止火情的进一步蔓延。

（2）灌浆到浆液不再下渗，测温达标即完成灌浆。

（3）降温后分层回填，并进行碾压夯实处理，回填后剩余的混合物，可用于坡面或平台的回填。

该工艺的特点：针对平台等特定部位，节约成本，效果好；施工过程需要进行温度检测，检验施工效果。

温度检测：田字形内需要持续测温，监测时长3～5 h，总体回填或缩小网格间距需要依据监测情况确定，最后降温封闭。

5）煤矸石山灭火过程动态控制

通过测温对煤矸石山的灭火防复燃措施进行指导，包括三个环节。

（1）施工前对煤矸石山自燃情况进行立地条件调查及诊断，目的是指导编制灭火防复燃方案。

（2）施工期测温，包括挖除区域周边测温，目的在于检验、评估灭火效果，调整灭火工艺并指导施工。

（3）施工后（治理后）测温，目的是对煤矸石山的整体灭火防复燃效果进行监测与评估，为验收、整改及治理效果评价提供依据。

3.2.3 植被恢复

植被恢复是煤矸石山治理的最后阶段与最终目的。煤矸石山立地条件较差，可供植被生长的介质层较薄，且经过人为扰动后形成的重构土壤，肥力大幅下降。因此，煤矸石山的植被恢复主要有两个方面：植物生长介质重构和适生植物群的配置。

针对隔离层不利于植株扎根的特点，应为植物重构生长介质，即在隔离层上覆盖一层土壤，根据植物根部的深浅来确定覆盖厚度。对于部分未经整地的高陡坡，可以采用机器喷播的方法覆绿，即按照一定比例将植物种子、肥料、黏合剂、土壤稳定剂、覆盖料和水混合均匀，用喷枪将混合物喷射到煤矸石山表面，使之附着在山体表面形成一层膜状结构，充当植被生长的介质。针对煤矸石山土壤不利于植被生长的问题：①添加煤基生物土的黄土材料，具有保水和促进植被恢复的功效，煤基生物土与黄土混合后覆盖20～30 cm 作为植被生长介质；②以植物胶黏合剂为核心的喷播植被生长介质，其特点是采用了环保型生物制剂为主要原料，将其与黄土等混合后喷播，可防侵蚀、改良土壤团粒结构，使得种子萌发率提高5%～10%、植被覆盖率提高20%。

结合煤矸石山独特的立地条件，植被群落应以草灌结合为主，选择耐干旱、耐贫瘠、抗逆性强，并且具有一定水土保持效果的植物种类。常用的煤矸石山复垦草本植物种有紫苜蓿、野牛草、沙打旺、红豆草等，灌木种有紫穗槐、柠条、沙棘等。考虑不同煤矸石山的土壤理化性质和当地气候条件有所不同，植被恢复工程中也应该以适地适植物为原则，选择适合当地气候与土壤条件的植被品种。

针对煤矸石山内部高温、存在防火层和部分岩矸集中区等立地条件，可应用植被生态恢复的方法，在斜坡上构建以草本为主的草本灌木群落；在平台上建立以灌木为主的灌木草本群体；覆土较厚的区域可以使用生态节水型多功能树盘零星种植乔木。

第 4 章　煤矸石山立地条件调查

煤矸石山自燃与其外部环境密切相关，不同地区、不同煤矿排放的煤矸石山自燃特征不同，同一煤矿的同一煤层堆放于不同位置，其自燃特征也不相同。同时，煤矸石山所在地区的地质、水文、气候、植被等条件也与煤矸石山的综合治理密切相关。对煤矸石山的立地条件进行调查是进行煤矸石山生态修复的重要基础。

4.1　煤矸石山堆体调查的主要内容

对拟开展治理的自燃煤矸石山均应开展详细调查。对煤矸石山的矸体堆积组分、煤矸石成分、堆矸方式、堆矸地形、煤矸石粒径、地理位置、气候条件、地形地貌、开始排矸时间、停止排矸年限及煤矸石山周边自然植被等进行调查，为后续的综合治理工作提供依据。具体调查内容包括排矸场历史资料收集、排矸场现场踏勘及分析监测三部分。

4.1.1　排矸场历史资料收集

1. 排矸场概况

（1）煤矸石堆场的名称、地理位置、占地面积大小、排矸企业、排矸时限及堆场历史由来、煤矸石的来源等相关情况。

（2）堆场已采取现有的工程治理措施及堆场的设计相关方案、设计资料等。

（3）堆场是否发生过自燃或其他环境污染及环境污染事件的相关情况记录资料。

（4）堆场是否发生过滑坡、泥石流、溃坝等安全事故及相关情况记录资料。

2. 自然环境概况

（1）堆场所在区域的气温、积温、风向、风速、降水、冻土深度和无霜期等堆场气候资料和土壤理化性质资料。

（2）堆场所在区域的地形地貌、地质及构造、活动断裂、地裂缝、滑坡、崩塌、岩溶、采空区、土洞塌陷等地质情况资料。

（3）堆场及其所在区域当地地表水及地下水地理位置分布情况资料。

（4）当地农作物及植物群落、物种等资料。

3. 社会环境概况

（1）当地的发展规划和经济发展现状、人口密度和人口分布等相关状况。

（2）堆场所在地支柱产业，煤矸石利用现状。

（3）堆场土地利用现状、规划等资料。

（4）堆场的敏感目标分布等相关资料（周边包括名称、与堆场的相对位置关系、规模、所在环境功能区及保护内容）。

4.1.2　排矸场现场踏勘

对煤矸石山堆场进行详细的现场踏勘，不仅需要堆场地形测量、工程及水文地质勘察、火区勘察、安全稳定性勘察等工程勘察外，还需准确辨识煤矸石山的堆体组成、煤矸石来源、煤矸石成分、堆积方式，对煤矸石山自燃倾向（发、蓄热特征，自燃及火情蔓延特征）评估及后期治理具有的重要意义。尤其对于已经处于自燃阶段的煤矸石山，对其煤矸石山堆体进行详细的现场踏勘作业是制订灭火、防复燃方案的基础。

1. 煤矸石山堆体组分辨识

常见的堆体组分主要分为以下几类。

（1）地表表层剥离的岩土混杂物。该岩土混杂物产生于露天开采时表层土剥离，不易发热、自燃，但大块岩石在堆积滚落过程中会集中于坡脚位置从而形成所谓的“粒度分选”现象，大量堆积的岩土混杂物会形成大量互通的孔隙，从而在煤矸石山堆体底部（坡脚）形成一条氧气供应通道，为煤矸石水解吸氧及自燃埋下隐患。

（2）煤层顶、底板。煤层顶板是覆盖在泥炭层上泥炭堆积的沉积物，民间俗称矿脉的“围”。煤层的底板是在煤层以下，且距离煤层一定距离的岩层。煤层顶板、底板在煤矸石山中较为普遍，尤其在一些露天煤矿排矸场最为常见。一般而言，影响煤矸石山蓄热、自燃的煤层顶、底板热值约为800～1 000 kJ/kg，其热值较煤矸石低，但该物质性状稳定，自燃后除产生少量粉尘外，其余各项物理性质基本不变。因此，大量堆积在坡脚的煤层顶、底板也会形成稳定且隐蔽的氧气供应通道，为煤矸石山堆体水解吸氧提供客观基础，也增加了自燃煤矸石的防复燃治理的难度。

（3）掘进矸。产生于井内开采的矿井，其热值集中在2 000 kJ/kg以下，其性状及对煤矸石堆体蓄热、自燃的影响类似于上述（1）（2）组分。

（4）煤矸石。煤层中夹杂的通过洗选设备排出的煤矸石，其热值多集中在 1 000～2 000 kJ/kg。煤矸石是煤矸石山自燃的主要能量供应体，其自燃后会产生大量致密粉尘，形状会破碎，硬度下降，并随着重力作用自然沉降，同时孔隙率降低。因此，自燃过后的煤矸石会形成致密的氧气隔离带，在一定程度上达到阻燃的效果。

（5）煤渣、粉。因技术条件等原因，洗选设备做不到百分之百的煤的回收，会有部分未洗选干净的煤渣、粉夹杂在煤矸石中排入煤矸石堆场，是其自燃的另一能量供应体。由于煤渣、粉热值较高，在已经蓄热的煤矸石堆体内部易自燃，在治理中尤应重视。

（6）矿区周边的生活及工业垃圾，多为特别原因，混杂排入煤矸石堆场。其中部分含有较高的热值，例如橡胶、有机物等。

2. 煤矸石山堆体组分来源辨识

煤矸石山堆体来源一般分为露天开采堆矸与井工开采堆矸两种，不同来源的煤矸石，其堆体性质存在明显区别。

（1）露天开采的外排煤矸石场多为平地堆放，堆积物混杂，其供氧通道丰富且不易识别，堆体自燃后火情复杂，蓄热规律及燃烧特征不明显，治理难度较大，需对不同部位采用不同的措施。其次，露天开采的内排矸场多为开采矿坑回填形成，如果没有沉降裂缝且不与采矿巷道连通，则根据煤矸石山堆体蓄热及火情进行系统治理即可。对于堆积地有地裂缝或与采矿巷道连通的露天开采煤矸石山堆体，其治理施工复杂性会大大加强。

（2）井工开采产生的煤矸石山堆体，其堆放特征与露天开采的煤矸石山堆体的堆放特征相似，可以参照。但与其不同之处在于其堆积成分较为单一，此类的煤矸石山自燃的规律性和燃烧的特征较为明显。

3. 煤矸石山堆体堆积方式的识别

（1）沟谷场地堆矸，由上向下倾倒，逐步向前推进，一次堆积成型。这种方式堆积成型的煤矸石山没有经过分层碾压，煤矸石堆积较为松散，通透性好；排矸倾倒过程大块煤矸石经“粒度分选”集中汇聚在堆体与原始地形的结合处（多为堆体坡脚处），导致煤矸石山堆体坡脚处存在供氧通道；此外，前次堆矸结束较长时间后再次堆矸，亦会在新旧两次堆矸堆体之间形成供氧通道。综上，对于该种堆积方式形成的煤矸石山堆体在蓄热、自燃环节特征明显，是火情监测及实施灭火防复燃措施施工时需要关注的重点问题。

（2）在沟谷场地堆矸，由下向上，以分层碾压覆土方式堆矸。这种堆矸方式在当下新堆矸场的使用中较为普遍。需关注：分层碾压覆土未从根本上解决煤矸石水解蓄热问题，仍存在自燃风险；实践中为解决排矸场排水需求，分层碾压排矸前需在沟底预铺排洪管涵，原本用于排水的排洪管涵往往会转变为整个煤矸石山堆体水解吸氧的主通道，综合治理中需根据当地的地质与水文条件予以改良；该工艺的分层层高及每层覆土厚度为主观设定，不论何种煤矸石都是一个标准，既增加了投资，也存在较大不确定性。

（3）在平地上自下而上堆放，该堆放方式通道丰富，煤矸石山自燃风险高，需予以关注。

4. 煤矸石山堆体自燃阶段的识别

（1）堆积已久，已自燃且时间较长的煤矸石山，其中所含的蓄热增温的硫铁矿、有机物等已燃尽，此时只需对煤矸石山进行降温，直到低于碳燃烧的温度区间，经适当的处理就不会再次复燃。

（2）堆放时间短，硫铁矿及有机物含量高，处于缓慢蓄热、升温不明显阶段的煤矸石山，需要综合多种技术，系统整体治理，在温度较低的情况下还需考虑硫铁杆菌菌群对煤矸石山蓄热的影响。

部分煤矸石山同时存在上述两种情况。

4.1.3　分析监测

1. 煤矸石成分检测

（1）有的地区的煤矸石含 S 高，有的地区的煤矸石含 P 高，含 S、P 高的煤矸石一般水解反应进展迅速，发热量高，因此对于含 S、P 较高的煤矸石应重点关注其堆体内部产热、蓄热情况，在治理过程中应优先予以关注。

（2）煤矸石在不同地区，内在成分构成差异明显。有的地区的煤矸石含 Ca 高，高温烧结的 CaO 在一定程度上可抑制煤矸石自燃；有的地区的煤矸石含 Al 高，水解反应形成的络合铝离子遇酸、碱都能产生反应；有的地区的煤矸石含 Si 高。以上成分不同会影响灭火防复燃时使用的浆液调配比例。

（3）部分区域煤矸石含稀土元素，可作为资源封存；部分区域煤矸石自燃后成分接近于高岭土，经适当调配可作为陶瓷原料；部分高热值煤矸石调配后可做发电燃料；其余部分煤矸石也可制砖、建材，甚至造纸等。总之，对煤矸石成分进行科学识别是实现废物转化和资源化再利用的基础。实践中可参照国家标准和《煤和煤矸石淋溶试验方法》（GB/T 34230—2017）开展煤矸石淋溶试验。

2. 煤矸石山堆场环境质量监测

监测范围：主要调查对象为煤矸石堆场区域，同时可延伸至堆场可能影响的外延区域。

1）环境空气质量监测

自燃煤矸石堆场应开展包括 $PM_{2.5}$、PM_{10}、SO_2、CO、H_2S 及 NO_x 等指标的环境空气质量监测。在堆场上风向 50 m 处、堆场中心区域、下风向 50 m 处，设置 3 个以上监测点位，监测点位距地面或堆体垂直高度 1.5～2.0 m。采样和分析方法按照国家标准《环境空气质量标准》（GB 3095—2012）相关规定执行。连续监测不少于 3 天。

2）地表水环境质量监测

对影响地表水体的煤矸石山堆场和行洪道内的煤矸石山堆场应开展地表水环境质量监测。监测内容应包括 pH 值、COD、氨氮、总磷、氟化物、硫化物、As、Ni、Pb、Hg、Cd、Cr^{6+}、Cu、Zn 等指标。监测点位、采样及分析方法按照《地表水和污水监测技术规范》（HJ/T 91—2002）执行。连续监测不少于 2 天。

3）地下水环境质量监测

在煤矸石山堆场地下水埋藏深度低于 15 m 的区域开展地下水环境质量监测。监测内容应包括 pH 值、总硬度、溶解性总固体、硫酸盐、硫化物、氟化物、As、Ni、Pb、Hg、Cd、Cr^{6+}、Cu、Zn 共 14 项指标。在堆场地下水流方向的反向 50 m 处，地下水流方向的正向向下游 30 m 和 50 m 处，设置 3 个以上监测点位。采样和分析方法按照《地下水环境监测技术规范》（HJ/T 164—2004）相关规定执行。连续监测不少于 2 天。

4）土壤环境质量监测

对煤矸石山堆场周边区域土壤环境进行 pH 值、氟化物、硫化物、As、Ni、Pb、Hg、Cd、Cr^{6+}、Cu、Ni、Zn 共 12 项指标的土壤环境质量监测，自燃煤矸石山堆场应增测苯并芘。在堆场地下水流向上游 200 m 处，地下水流向下游 50 m、100 m、200 m 处，设置 4 个以上监测点位，共采集 1 次。采集深度、采样和分析方法按照《建设用地土壤污染风险管控和修复监测技术导则》（HJ 25.2—2019）执行。

4.2　煤矸石山堆体温度场的建立

4.2.1　火情勘察方法

在煤矸石山堆场综合治理工作开始前，需要探明堆体温度分布情况。对于已经发生自燃的煤矸石山，准确辨识煤矸石堆体火情，如火点位置、温度分布及火情空间分布特征、火区煤矸石燃烧程度、粒径、结构、孔隙率及组成成分等，是开展灭火、防复燃治理的基础，也是实现有效、经济、彻底地治理自燃煤矸石山的关键。因此，建立煤矸石山温度分区并在此基础上获取灭火关键因子是进行煤矸石山堆场尤其是已经发生自燃的煤矸石山堆体综合治理的重要基础。

1. 温度勘察（温度区间划分）

大量文献及实验测定证明，煤矸石所含 FeS_2 在 80～90 ℃发生的水解放热反应以几何级的速度增长（相对于常温状态下的 FeS_2 的水解速度），煤矸石中碳的起燃温度一般在 280～300 ℃，两者中间区域为蓄热加剧阶段。

结合前人研究与多年实践，本书煤矸石山堆体温度区间划分标准中临界温度、发火温度均选最低值 80 ℃、280 ℃；据此进行温度区间划分，即依次将煤矸石山堆体任意深度温度＜80 ℃、80 ℃≤T＜90 ℃、90 ℃≤T＜280 ℃及≥280 ℃的范围区定义为煤矸石山堆体安全区、临界区、蓄热区与发火区。

2. 勘察技术

红外热像仪测温技术和热电偶测温技术是目前对煤矸石山温度勘察的主要技术。红外热像仪测温技术主要是勘察煤矸石山表面温度，然后依据煤矸石山堆积密实程度、煤矸石热物理参数等来估计内部温度，准确性较差；热电偶测温技术是目前用于测量煤矸石山内部温度最为可靠也是最直接的方法。为了对火情有准确的了解掌控，主要采用热电偶测温技术（红外热像仪测温只作为表层安全辅助措施），同时结合测绘技术（全站仪、高精度全球定位系统测量仪等）进行火情精确定位，实现煤矸石山温度场空间位置的准确定位，为自燃煤矸石山的治理提供基础支撑。

可以直接测量温度的热电偶是一种测温仪器，将热电偶直接插入介质，底部的感温装置将温度信号转换成电动势信号，通过电气仪表（二次仪表）转换成被测介质的温度，如图 4.1 所示。

图 4.1　热电偶打孔测温图

热电偶测温方法：打孔→热电偶插入孔中→等待 7～10 min→测温→记录。

测温打孔方法依据地形条件而定，1 m、2 m 深度的测温主要由人工打孔；大于 3m 深度的测温主要由空压机和气动潜孔钻机或专业打孔机械进行打孔。

煤矸石山堆体表面整体初步测温：对于部分已经确定发生自燃的排矸场，为确保勘察安全，在进行详细的火情勘察前应首先利用红外测温仪勘察表层温度，然后进行下一步勘察，如图 4.2 所示。

图 4.2　红外测温仪表层测温图

4.2.2 煤矸石山深部着火点的诊断与探测

（1）初次全面普查测温：采用“十字法”测温（图 4.3），平台及坡面每隔 10 m 打孔，进行热电偶测温，测温阶梯深度为 1 m 和 2 m，每次测温两次取平均值，记录汇总。为保证测温深度，测温打孔应尽量垂直于坡面。勘察顺序依次全面推进，不遗漏。

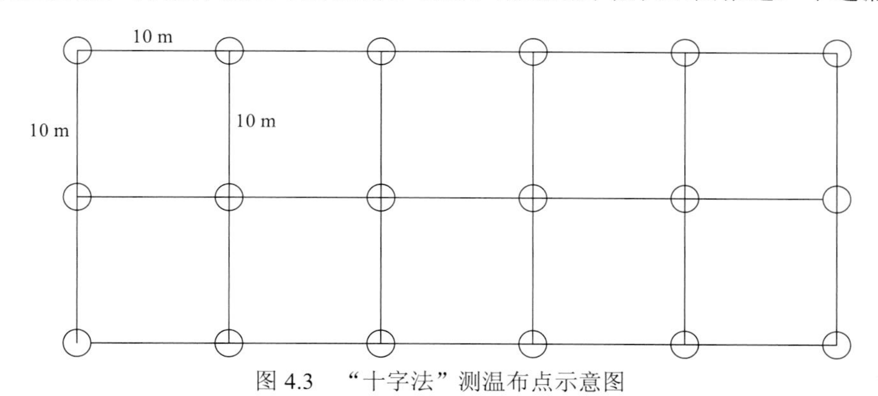

图 4.3　“十字法”测温布点示意图

（2）进行资料初步汇总，根据测温数据在地形图上标注防控区（安全区）、蓄热区、临界区、发火区区域范围，以及标注测温温度（图 4.4）。对防控区（安全区）大范围随机摸查，其他地区二次测温。

图 4.4　煤矸石山测温

（3）防控区进行进一步随机勘察，增加勘察深度（≤6 m），精准辨识防控区范围。

（4）蓄热区、临界区、发火区二次测温：测温打孔依据地形条件，通过人工、空压机或气动潜孔钻机进行测温（图 4.5）。测温孔可组成双对位品字形[图 4.5（a）]和一字形[图 4.5（b）]，分别以 6 个和 3 个组成一组。为保证测温深度，测温打孔应尽量垂直于坡面。进一步确定燃烧区域面积。

（5）二次测温深度为 3 m，间距 5 m，记录汇总。

（6）资料二次汇总，在地形图上绘制温度分布图，确定高温区区域范围，精确标注高温点。

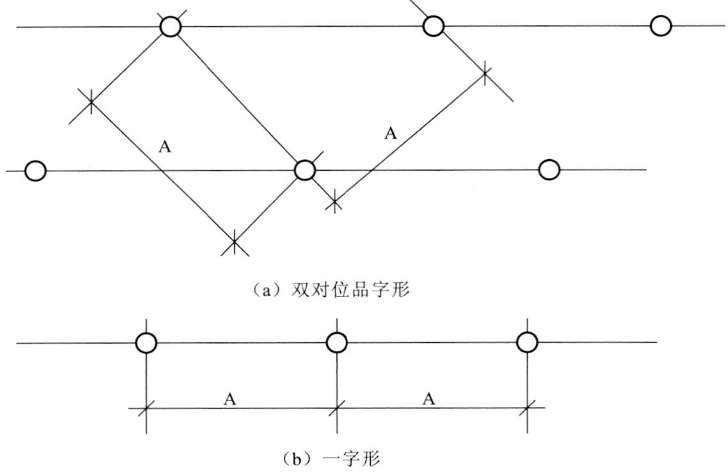

图 4.5　品字形和一字形测温孔分布示意图

（7）三次测温：在二次测温的基础上对发火区、蓄热区进行深度梯度勘察，增加测温密度与深度，每隔 2 m 打孔测温，勘察阶梯深度分别为 4 m、5 m、6 m（少部分区域），确定燃烧中心及范围。

（8）对测温数据全面分析总结。根据测温数据在平面图上绘制温度分布图，标注防控区、临界区、蓄热区、发火区区域范围。目的是根据温度分布范围及深度，掌握煤矸石山自燃情况，为灭火研究提供依据。

（9）勘察结论分析，对测温数据全面分析总结，完成勘察工作，提交勘察成果，如图 4.6 所示。

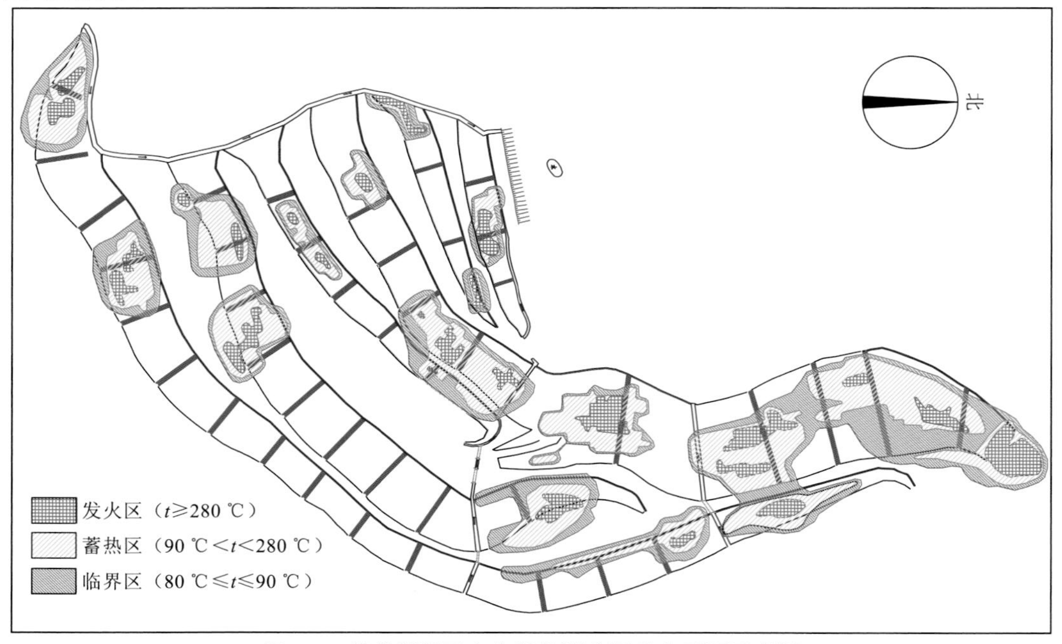

图 4.6　某矿煤矸石山自燃监测火区分布平面示意图

4.3　煤矸石山火情勘察与温度场空间分布特征分析

4.3.1　火情勘察

以某矿煤矸石山为测温对象，测温如下。

煤矸石山测温总面积 69512 m^2，初次普查测温：通过使用电热偶测温仪，采用“品字形”法测温，平台及坡面每隔 4 m 打孔测温，记录数据后汇总。每次测温取两次平均值，为保证测温深度，测温打孔应尽量垂直于坡面。以由上往下的勘测顺序进行测量。资料初步汇总时，记录汇总一次测温数据，确定二次测温范围，在此基础上对发火区、蓄热区进行二次测温和记录汇总。在二次测温的基础上对发火区进行三次测温，勘察结论分析，对测温数据全面分析总结。根据发火区、蓄热区及安全区的面积大小和深度，确定火情分布状况。

此次勘测确定煤矸石山高温区总面积为 16632 m^2，其中发火区面积 4027 m^2，蓄热区面积 12605 m^2，安全区面积 52880 m^2。火情分布平面图详见图 4.7 至图 4.9。

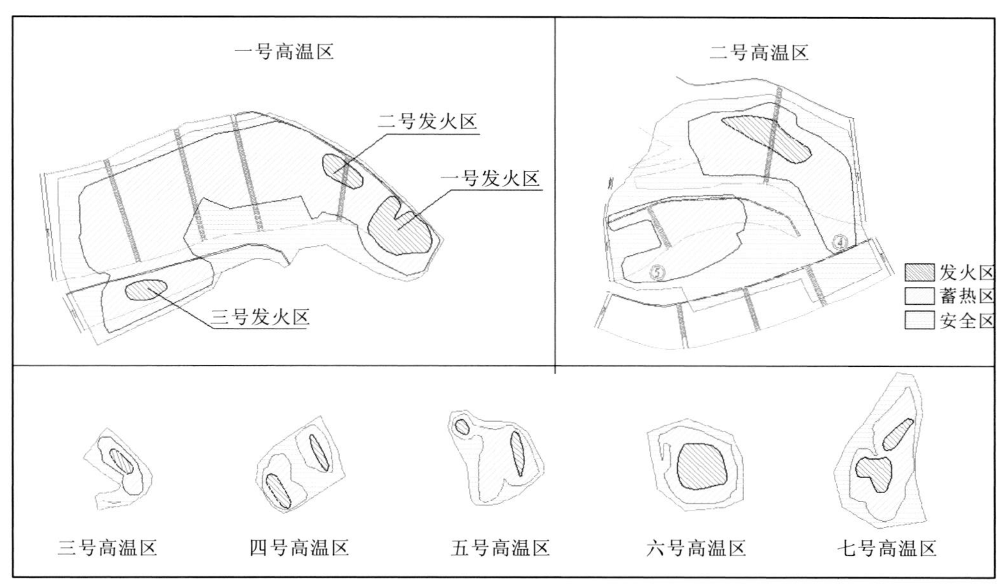

图 4.7　温度分布平面图

4.3.2　火情的空间分布特征

该矿温度勘察总面积约为 69 512 m^2，打孔 5 244 个。其中 1 m 深孔 3 036 个、2 m 深孔 1 383 个、3 m 深孔 512 个、4 m 深孔 210 个、5 m 深孔 60 个、6 m 深孔 43 个。

本次测温将所勘察高温区划分为 7 个小区域（其他区域均为安全区），具体勘察结果如下。

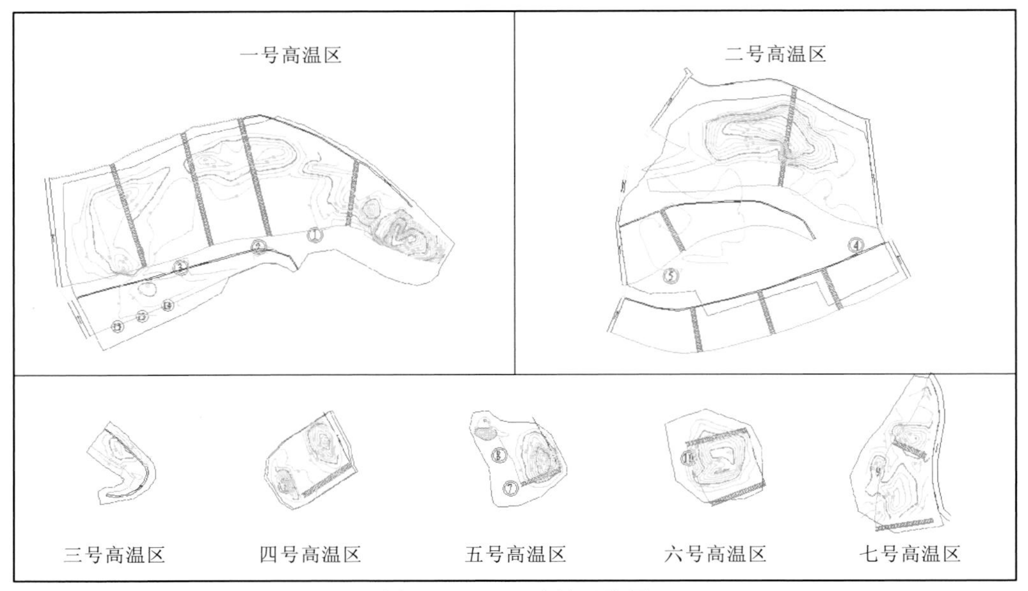

图 4.8 3 m 深度等温线图

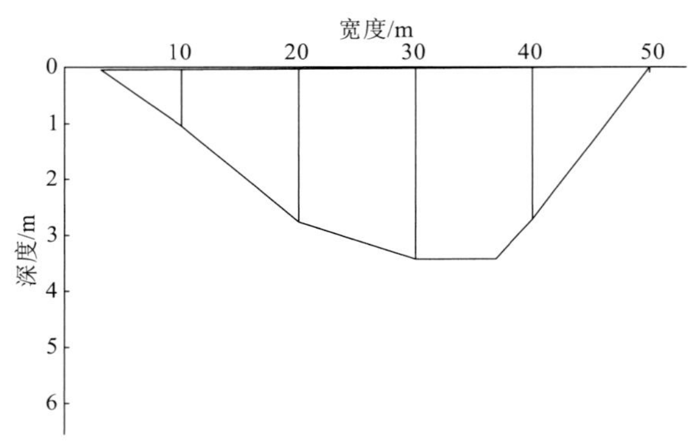

图 4.9 二号高温区剖面示意图

一号高温区：面积为 10 434 m^2，其中发火区面积为 1 240 m^2，蓄热区面积为 6 124 m^2，安全区面积为 3 070 m^2。着火点深度为 4.8 m，平均灭火深度为 3 m，灭火体积为 22 092 m^3。

二号高温区：面积为 8 970 m^2，其中发火区面积为 877 m^2，蓄热区面积为 3 900 m^2，安全区面积为 4 193 m^2。着火点深度为 3.6 m，平均灭火深度为 2.7 m，灭火体积为 12 897.9 m^3。

三号高温区：面积为 632 m^2，其中发火区面积为 196 m^2，蓄热区面积为 248 m^2，安全区面积为 188 m^2。着火点深度为 4.2 m，平均灭火深度为 3.5 m，灭火体积为 1 554 m^3。

四号高温区：面积为 1 140 m^2，其中发火区面积为 284 m^2，蓄热区面积为 410 m^2，安全区面积为 446 m^2。着火点深度为 4.6 m，平均灭火深度为 3.2 m，灭火体积为 2 220.8 m^3。

五号高温区：面积为 1 284 m^2，其中发火区面积为 210 m^2，蓄热区面积为 723 m^2，安全区面积为 351 m^2。着火点深度为 4.3 m，平均灭火深度为 3.6 m，灭火体积为

3 358.8 m^3。

六号高温区：面积为 1 723 m^2，其中发火区面积为 728 m^2，蓄热区面积为 380 m^2，安全区面积为 615 m^2。着火点深度为 4.7 m，平均灭火深度为 2.9 m，灭火体积为 3 213.2 m^3。

七号高温区：面积为 1 982 m^2，其中发火区面积为 492 m^2，蓄热区面积为 820 m^2，安全区面积为 670 m^2。着火点深度为 4.5 m，平均灭火深度为 3.8 m，灭火体积为 4 985.6 m^3。

从以上分析可以看出，不同类型的火区在整个治理区分布不均，呈现出点、面和带状等不同形状，着火点深度均在 5 m 以内。

4.3.3　煤矸石粒径分布与孔隙率分析

取样测定发火区、蓄热区及安全区各个区域的粒径分布及孔隙率（图 4.10）。取样深度分别为 1 m、3 m、5 m，混合均匀进行测定。

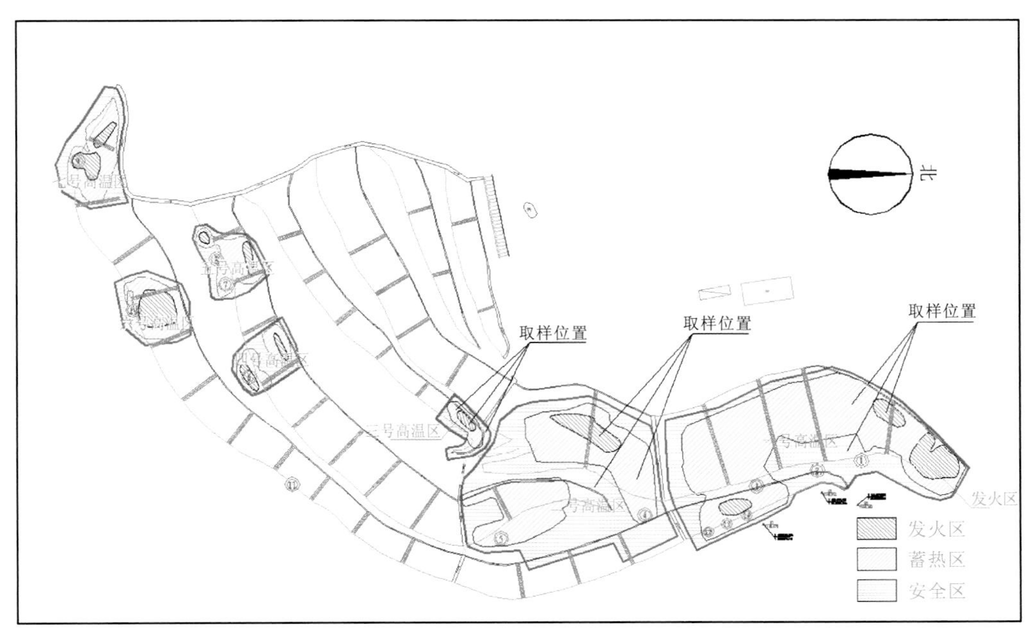

图 4.10　取样位置图

粒径分布：粒径级数为四级（$\Phi\leqslant$2 cm、2 cm$<\Phi\leqslant$5 cm、5 cm$<\Phi\leqslant$10 cm、$\Phi>$10 cm），结果以质量分数表示。

孔隙率（n）：煤矸石试样中孔隙体积与煤矸石试样总体积的百分比。

孔隙率（n）测定：本次测定的煤矸石孔隙率指有效孔隙率，因为煤矸石遇水不崩解且体积不产生变化，所以有效孔隙率的数值等于煤矸石强制（饱和）吸水率的数值。

测定仪器：大量筒两个（定做）。

实验地点：室内无风处。

（1）将煤矸石样品放入 1 号大量筒内，测出煤矸石体积 V_1。

（2）把水倒入 2 号量筒，记录水的体积为 V_2。

（3）向煤矸石里缓慢注水，将水漫过煤矸石，半小时稳定后，读取此时煤矸石与水的总体积为 V_3，再读出 2 号量筒剩余水的体积为 V_4。

（4）孔隙率计算：$n=\frac{V_2-V_4-(V_3-V_2)}{V_1}\%$。

从表 4.1 至表 4.3 来看，该矿煤矸石山各取样点的粒径分布不均，都表现为以 $5<\Phi\leqslant10$ 的级别为主，其次为 $2<\Phi\leqslant5$ 的级别，$\Phi\leqslant2$ 级别的较少，孔隙率都在 30%左右，由于较细的粒径和较低的孔隙率，为防止发生喷爆现象，不适宜采取灌浆灭火方式。

表 4.1　一号发火区煤矸石粒径分布特征

粒径区间 Φ/cm	所含样重/kg	质量分数/%	累计/%
$\Phi\leqslant2$	1.278	8.52	8.52
$2<\Phi\leqslant5$	3.969	26.46	34.98
$5<\Phi\leqslant10$	4.524	30.16	65.14
$\Phi>10$	5.229	34.86	100.00

孔隙率：30.7%；样品编号：一号发火区；取样位置：一号高温区，见图 4.10；出样层位：1 m、3 m、5 m；取样时间：2018.8.30；粒径级数：4 级；样品重量：15 kg；实验时间：2018.8.30；实验仪器：SFY-D 型分粒筛。

表 4.2　二号发火区煤矸石粒径分布特征

粒径区间 Φ/cm	所含样重/kg	质量分数/%	累计/%
$\Phi\leqslant2$	1.119	7.46	7.46
$2<\Phi\leqslant5$	3.714	24.76	32.22
$5<\Phi\leqslant10$	4.686	31.24	63.46
$\Phi>10$	5.481	36.54	100.00

孔隙率：28.6%；样品编号：二号（蓄热区）；取样位置：六号高温区，见图 4.10；出样层位：1 m、3 m、5 m；取样时间：2018.8.30；粒径级数：4 级；样品重量：15 kg；实验时间：2018.8.30；实验仪器：SFY-D 型分粒筛。

表 4.3　三号发火区煤矸石粒径分布特征

粒径区间 Φ/cm	所含样重/kg	质量分数/%	累计/%
$\Phi\leqslant2$	1.038	6.92	6.92
$2<\Phi\leqslant5$	3.624	24.16	31.08
$5<\Phi\leqslant10$	4.776	31.84	62.92
$\Phi>10$	5.562	37.08	100.00

孔隙率：26.2%；样品编号：三号（临界区）；取样位置：二号高温区，见图 4.10；出样层位：1 m、3 m、5 m；取样时间：2018.9.30；粒径级数：4 级；样品重量：15 kg；实验时间：2018.9.30；实验仪器：SFY-D 型分粒筛。

4.3.4　灭火关键因子分析

从以上理论分析和实验结果来看，明显的空间异质性和着火点的煤矸石粒径分布不均匀，是煤矸石山火情分布的特点。根据煤矸石山自燃机理并结合近几年灭火的成功实践研究确定煤矸石山灭火技术的关键因子：首先应确定煤矸石山火情分布特征（包括火区分布形状特征的不同类型和着火点深度），然后结合着火点煤矸石粒径、结构、孔隙率选择灭火方法，最后根据火情类型来划分不同区域，分别采取相应的灭火治理措施。

从上述的理论研究来看，导致煤矸石山着火的三个必要因素分别是临界温度、空气和可燃物。从该矿治理实际来看，煤矸石中的组成成分很难改变，因此煤矸石山防复燃的关键因子在于：一方面要防止硫化亚铁水解积累热量，避免水分渗入煤矸石山内部；另一方面要防止氧气的进入，堵住坡面和坡脚等进风口，以上两方面是煤矸石山防复燃的必然要求。

4.3.5　自燃煤矸石山火情评估

实践中建立自燃煤矸石山火情系统评估检查表可以便捷地评估煤矸石山的自燃危险性并实施有效防治，将煤矸石山自燃倾向性、漏风供氧、聚热散热和外界条件作为评价指标，形成煤矸石山自燃危险性评价指标体系。评价要素包括煤矸石山自燃特征的内在要素和外部要素。其中内在要素有可燃物含量、粒径、孔隙率等。外部要素有氧气供给条件、水分条件、煤矸石山所处的自然环境等（表 4.4）。

表 4.4　火情评估要素分级表

评价要素	评价要素分级
碳含量	极高、较高、适中、较低、低
全硫含量/%	$S \geqslant 4$、$4 > S \geqslant 1.5$、$S < 1.5$
粒径	大、中、小
孔隙率	大、中、小
堆积方式	自然倾倒、轻度压实、分层压实
氧气供给条件	有裂缝、无裂缝
水分条件	有裂缝、无裂缝
气候条件	湿润多雨、干燥少雨
地形条件	有利于汇水、不利于汇水
燃烧程度	未燃烧、开始燃烧、中度燃烧、重度燃烧、燃烬

续表

评价要素	评价要素分级
燃烧区大小	大、中、小
火区中心温度/℃	$t>500$、$500\geq t>400$、$400\geq t\geq 300$、$t<300$
着火点深度/m	$h>7$、$7\geq h>6$、$6\geq h>5$、$5\geq h>4$、$4\geq h\geq 3$、$h<3$
着火点坡位	坡上、坡中、坡下
有害气体	CO、SO_2、烃类气体

4.4 自燃煤矸石山表面温度场测量技术

4.4.1 测量的基本原理

自燃煤矸石山表面温度场测量基本原理是利用红外成像仪测量表面温度，利用测绘技术确定温度成像中若干标志点的空间位置信息，从而将各个温度成像中的任意一点温度与空间坐标信息一一对应起来，构成自燃煤矸石山表面的温度场，即煤矸石山四维监测信息（三维坐标+温度），将四维信息集于一体以便于更高效、迅捷、整体地对煤矸石山进行监测。

1. 红外测温原理

根据红外成像仪的像幅大小，结合煤矸石山地貌特点，将煤矸石山划分成若干区域，并在每一像幅内设立若干标志点作为空间位置信息以便测量使用。为保证精度，各区域边缘保证 10%的重合率。

红外测温主要原理：一切物体都在以电磁波的形式向外辐射能量，其物体温度高于热力学零度，并且其辐射能包括各种波长。红外光波的波长范围在 0.76～1 000 μm，且具有辐射测温技术所需要的很强的温度效应。普朗克定律（Planck's Law）是红外测温技术理论的基础，该定律揭示了黑体辐射能量在不同温度下按波长的分布规律，其数学表达式为

$$E_{b_\lambda \lambda}=\frac{C_1\lambda^{-5}}{e^{C_2\lambda/T}-1} \tag{4.1}$$

式中：$E_{b_\lambda \lambda}$ 为黑体光谱辐射通量密度，W/（$cm^2\cdot\mu m$）；C_1 为第一辐射常数，$C_1=3.7415\times10^{-12}\ W\cdot cm^2$；$C_2$ 为第二辐射常数，C_2=1.438 79 cm·K；λ 为光谱辐射的波长，μm；T 为黑体的绝对温度，K。

红外波段热辐射能量可以通过红外热像仪转换成电信号，经放大、整形、数模转换

后成为数字信号，在显示器上通过图像显示出来。与图像中每一个点的灰度值相对应的辐射能量是被测物体上该点发出并到达光电转换器件的能量，计算后，被测物体表面每一个点的辐射温度值就可以通过红外热像仪的图像展现出来。

2. 空间信息测量原理

由于自燃煤矸石山的特殊地貌，许多区域人员无法到达，无法采用常规测量方法。因此，在用全球定位系统布设控制网以后，表面特征点空间位置的碎部测量可采用无棱镜全站仪测量技术。无棱镜全站仪能够克服一些由于人无法到达的区域或危险区域不能立镜所造成的困难，可选择无棱镜全站仪进行空间数据的采集。

无棱镜发出窄小的激光束可以极精确地打到目标上，保证距离测量的精确度。与有棱镜测量相比较，其优点是：不需要在测点上放置棱镜即可测量出该点的三维坐标。此项技术应用广泛且具有良好的技术规范：高精度，大范围（使用范围可达 180 m 的柯达灰度标准卡），具有可见的红色激光斑，光束直径较小，采用 3R 级可见激光和相位法无棱镜测距技术。

4.4.2　测量的方法

按操作程序分四部分内容。

（1）用全球定位系统在局部区域建立小型控制网。全球定位系统网点应尽量与原有地面控制网点相重合，并通过独立观测，构成三角形、多边形或复合线路的闭合图形来提高网的可靠性。重合点在网中应分布均匀，且一般大于等于 3 个（不足时应联测），以便可靠地确定全球定位系统网与地面网之间的转换参数。

（2）根据红外成像仪的像幅大小，结合煤矸石山地貌特点，将煤矸石山划分成若干区域，并在每一像幅内设立若干标志点作为空间位置信息的测量使用。为保证精度，各区域边缘保证 10%的重合率。

（3）在全球定位系统控制网的基础上，与红外成像仪同步测温，使用无棱镜全站仪对煤矸石山的温度标志点进行碎部测量，得出标志点的三维空间信息。

（4）将特征点的空间位置信息与红外成像仪所成图像融合，即利用红外成像仪相配套的软件处理表面温度的同时，将每个图幅上的几个标志点坐标数据作为空间信息的基准，内插和外推出任意一点的空间坐标信息，从而将各个温度成像中的任意一点温度与空间坐标信息一一对应起来，就构成了自燃煤矸石山表面的温度场（图 4.11）。

红外热像仪的数据采集受外界因素和自身仪器的影响较大，因此使用红外热像仪拍摄热红外图片选择在清晨和傍晚两个时间段进行，而且红外热像仪器必须放置在可以拍摄到整个研究区域的地方，这样才能得到覆盖研究区域的画面。野外煤矸石山表面温度监测试验（红外+全站仪）见图 4.12。

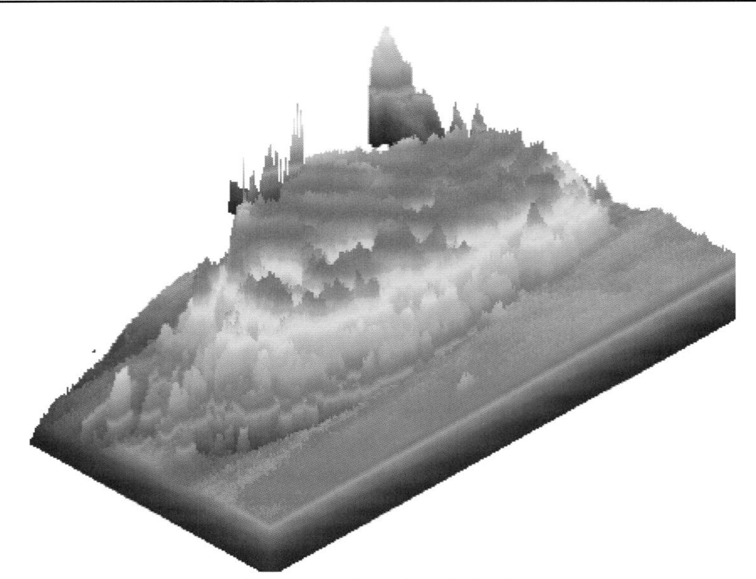

图 4.11 动态温度三维模型图

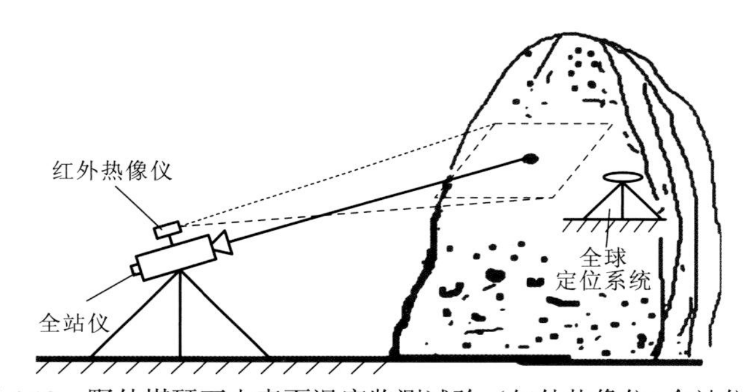

图 4.12 野外煤矸石山表面温度监测试验（红外热像仪+全站仪）

第5章　煤矸石山整形、整地技术

为确保煤矸石山山体稳定、灭火后防复燃及便于生态系统重建，本章将主要介绍基于土力学、水文地质学与流域生态学中土、水的运动规律，土中应力计算和土坡稳定性分析理论的煤矸石山堆体整形、整地技术方案。针对煤矸石山山体的不同坡度采取不同的整形措施：坡度≤10°的进行微整形；坡度在10°～30°的进行分级隔坡，每隔一定距离设置沿等高线的反坡平台，内侧建柔性排水渠和柔性坡脚；坡度≥30°的要尽量缩短隔坡，并增设纵向柔性急流槽，保证中、小降雨时可利用微地形及蓄水池节水、集水；短时瞬间强降雨形成地表径流时，通过各级截排水设施顺利排出场外。此外，采用土矸混合基质全面覆盖山体确保山体坡面稳定性的同时尽可能减少水土流失。

5.1　煤矸石山堆体整形、整地的必要性

为节约用地，井工开采产生的煤矸石多在沟谷地带排放，煤矸石山堆积高度过高、坡度过大，且排矸过程没有经过碾压、整形处理。煤矸石山的空间变化复杂，植被覆盖量少、易滑坡，因此在煤矸石山堆体整形、整地过程中需综合考虑相关因素。

5.1.1　煤矸石山堆体整形、整地问题分析

针对常规煤矸石山堆体整形、整地后易发生侵蚀、沉降、垮塌及滑坡等问题，进行问题树分析，见图5.1。

从图5.1可以看出，常规煤矸石山堆体整形、整地效果不理想的原因主要包括以下几方面。

（1）煤矸石山堆体整形、整地理论有待完善。煤矸石山堆体整形、整地需要运用流域生态学、工程力学、地质学等有关领域的技术与理论，但由于缺乏相关学科专业人员的参与，常规煤矸石山的整形并没有将实践与理论相结合，没有进行全面总结和合理设计，在实际治理中只是机械式地对煤矸石山堆体进行削坡、分级、砌筑挡墙、排水沟等各项措施，而没有把整形、整地设计的关键点，如边坡稳定性、山体形状、防侵蚀措施、边坡加固和排水系统等措施进行系统集成。事实上，煤矸石山堆体山体整形与煤矸石堆体灭火防复燃工程、生态修复工程相辅相成，三者间的关系如图5.2所示。

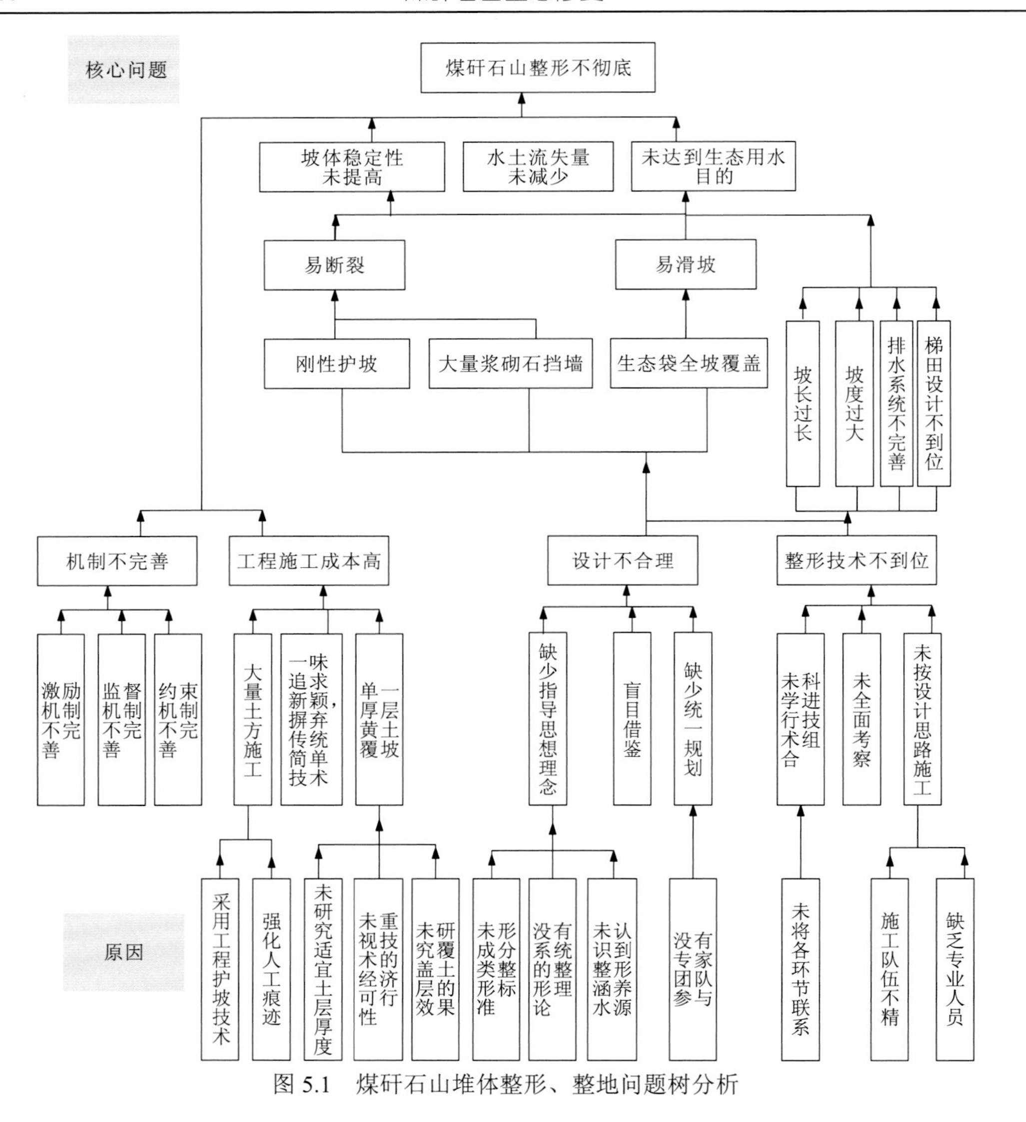

图 5.1 煤矸石山堆体整形、整地问题树分析

图 5.2 煤矸石山堆体综合治理分项工程关系图

（2）理论体系未对煤矸石山堆体不稳定要素进行分类。常规的煤矸石山堆体整形、整地及相关的配套措施，通常直接依照地势构建。没有根据不同情况进行针对性分类，在控制坡长和坡度方面未能做到因地制宜，导致整形、整地后煤矸石山堆体仍存在滑坡风险。此外、传统治理工程不考虑煤矸石山堆体的水源涵养问题，忽视了整形、整地环节中排水系统的灵活布置，片面强调排水系统的汇、排水功能，导致后期植被恢复过程中水资源匮乏（图 5.3），植被种植、维护成本高。

图 5.3　煤矸石山堆体水土流失图

（3）传统煤矸石山整形、整地设计体系有待完善。与自然山体的性质不同，煤矸石山堆体属于人造山体，长期处于不均匀变形和沉降状态，遇到大规模干扰时，极容易引发堆体垮塌、滑坡。传统煤矸石山堆体整形、整地治理设计过于强调人的意志，实施地面硬化和大面积造景，导致实践中煤矸石山堆体易受不均匀变形和沉降的影响，最终导致堆体局部断裂、垮塌甚至整体滑坡。如图 5.4 和图 5.5 所示，刚性的浆砌石坡脚和新栽植的植物被破坏殆尽。破损的刚性排水设施导致煤矸石山堆体表层侵蚀，形成裂缝，为煤矸石山堆体水解吸氧埋下隐患。

图 5.4　煤矸石山堆体刚性排水垮塌图

（4）传统煤矸石山整形、整地设计过度强调厚覆黄土工艺，实践效果差。传统煤矸石山堆体整形、整地工程主张在煤矸石山堆体表层厚覆黄土，一方面造成了土壤资源的破坏；另一方面，厚覆的黄土表层植被层覆盖不完善也会引发堆体水土流失及隔氧层破坏。煤矸石山堆体形成后，随着排矸进程的持续，煤矸石山堆体坡度、坡长不断提升，

图 5.5　刚性浆砌石护坡示意图

简单碾压厚覆黄土的现象十分普遍。由于煤矸石山堆体表层立地条件差，植被覆盖率低，在外力干扰条件下易产生不同形式的侵蚀，如图 5.6 所示，从而导致煤矸石山堆体隔氧层的破损，为煤矸石山堆体自燃埋下隐患。表 5.1 列举了影响煤矸石山堆体表层侵蚀的各类因素。

图 5.6　煤矸石山堆体表层土壤侵蚀图

表 5.1　影响煤矸石山堆体表层侵蚀因子表

影响因子	主要内容
地形因子	地形、坡位、海拔、坡向、坡度和小地形等
土壤因子	土壤种类、土层厚度、腐殖质层厚度及含量，土壤水分含量及肥力、质地、结构及石砾含量、盐碱含量、酸碱度，基岩和成土母质的种类与性质，土壤侵蚀或沙化程度等
水文因子	地下水矿化程度及其盐分组成、土地被淹没的可能性，地下水位深度及季节变化等
生物因子	植物群落名称、组成、盖度、年龄、高度、分布及其生长情况，森林植物的病虫害情况等
人为活动	采矿等

如图 5.7 所示，经过厚覆土的煤矸石山，外观上看自燃并不严重，有毒有害气体污染物的排放量也有限，但事实上厚覆土下的整座煤矸石山都处于自燃状态，一旦有氧气供应，整座煤矸石山都将快速燃烧。类似情形在国内煤矸石山综合治理项目中十分普遍。

图 5.7　煤矸石山堆体厚覆土后自燃图 1

如图 5.8 所示，经过分层碾压覆盖的煤矸石山堆体，由于表层覆土较厚，表观上看植被长势较好，但事实上煤矸石山堆体内部火情仍在蔓延，若有持续空气供应则会发生自燃。类似现象在我国自燃煤矸石山综合治理工程中较为常见。

图 5.8　煤矸石山堆体厚覆土后自燃图 2

5.1.2 煤矸石山堆体整形、整地基本原则

为了保证煤矸石山山体稳定，需解决的关键问题是防止滑坡。造成滑坡的原因很多：一方面是地理条件，包括地质构造条件、岩土类型（结构松散程度、抗剪切强度、抗风化能力、在水的作用下性质的改变等）、地形地貌条件、水文地质条件（水是导致滑坡的主要因素，对坡体稳定性的不利影响在于：①软化岩土、降低岩土体强度；②产生孔隙水压力和动水压力；③潜蚀岩土；④增大岩土容重；⑤对透水岩层产生浮托力，如果让水顺裂隙通道渗入滑动面，上述作用尤强）；另一方面是诱发滑坡的因素，包括地壳运动、人类工程活动、水等，具体包括地震、降雨、融雪、矿山开采、地表水冲刷、浸泡、水库蓄（泄）水、冻融、河湖对河岸坡脚冲刷；除此之外，导致滑坡的因素还有坡度、高差等。

综上所述，影响煤矸石山山体稳定性的主要因素为地质因素、水的因素、山体整形因素（坡度、坡高、高差、沉降、裂隙）三个环节。煤矸石山山体的安全稳定首先取决于彻底灭火防复燃，防止山体沉降、产生裂隙及爆炸等；其次也需要稳定健康的坡面生态系统，防止水土流失，防止岩土体软化等。

煤矸石山山体整形的基本原则：构建多级隔坡反台山体整形、柔性护坡、马道柔性挡土墙、山脚复合式拦矸坝、微地形整治等稳定煤矸石堆体。

构建煤矸石山堆体截、排水设施：平台柔性截水沟、蓄水池、急流槽、路侧排水沟及马道柔性排水沟等设施，并把以上截、排水设施按照节水、集水、排水的思路全部联通，共同组成一个完整的节、集、排水系统，平时中小降雨时可利用微地形及蓄水池节水、集水，遇短时瞬间强降雨形成地表径流时，通过各级截排水设施顺利排出场外，既保证生态系统重建用水需求，也避免降水冲刷破坏山体稳定。

5.2 煤矸石山堆体稳定性影响机制分析

自然堆积的煤矸石山堆体在煤矸石自燃、坡度、地形、降水等因素的影响下，极易发生侵蚀、沉降、滑坡及垮塌等地质危害。因此，分析煤矸石山堆体危害的产生机理及其影响因素，是煤矸石山堆体稳定性评价的基础。

5.2.1 沉降、变形影响因素及机制

1. 煤矸石山堆体在荷载条件下沉降、变形

煤矸石山堆体在荷载作用下的压缩沉降程度受堆积沟谷形状、煤矸石散体变形模量和堆体高度等因素影响。由于煤矸石山堆体压缩变形与上部应力和自身可压缩层厚呈正比，煤矸石山堆体总压缩量是堆高平方的函数。煤矸石山堆体总压缩量和变形模量呈反

比，级配、散体强度、颗粒形状、密实等因素都对煤矸石山的压缩量产生影响。除此以外，对压缩变形产生影响的还有堆积处的沟谷形状，煤矸石山堆积在陡窄的沟谷中，因成拱作用影响，前期变形小，随时间增长变形将有所增加。

另外，煤矸石山堆体的变形包括荷载作用以后立即发生和在较长时间内持续发展两种，这反映出煤矸石山堆体变形的性质，具有应变滞后性和蠕变性，因此，煤矸石山堆体的压缩变形主要包括瞬时变形和蠕变变形两种。

2. 物理、化学作用导致的沉降、变形

煤矸石山堆体经物理、化学作用而导致压缩变形，矿物构成、煤矸石岩性、堆积时间长短、化学组成等因素都对煤矸石山堆体的沉降、变形产生影响。煤矸石山堆体由不同粒径大小的岩石碎块构成，并含有特殊物质，如硫分、有机质、煤等，其稳定性较差，极易发生物理、化学作用。

（1）温度变化。煤矸石色泽大多呈黑褐色，吸热能力极强，煤矸石遇热或受冷会使矿物颗粒间的联结力受损，产生裂隙甚至崩解、分离。

（2）盐类结晶的胀裂作用。煤矸石中的水溶性盐分吸湿性极强，从空气中吸收大量的水分从而发生潮解。环境温度升高时水分蒸发，盐分结晶膨胀析出促使煤矸石胀裂。

（3）颗粒级配产生变化是由煤矸石风化所致，大颗粒风化为小颗粒或粉末状物质，使煤矸石山散体的密实度产生变化。经过荷载和活动地下水的作用，空隙由变小的煤矸石颗粒填满，骨架体积占比下降，最终产生压缩、变形。

3. 煤矸石自燃作用导致的沉降、变形

煤矸石中的有机质“灰化”、硫分分解或氧化，煤矸石中残留煤在高温、高压、具备氧化条件时燃烧，在煤矸石山中生成“空洞”，改变了煤矸石散体的结构状态、颗粒大小、成分和密度，在自重作用下继续压缩变形，如图 5.9 所示。

（a）坡面下移

（b）排水渠断裂

图 5.9　煤矸石山沉降对工程质量的影响图

5.2.2　滑坡影响因素及机制

煤矸石山堆体的颗粒不均匀，属于散粒体，其临空面通过边坡的形式呈现。因煤矸石散体颗粒流动性较强，所以只能在一定范围内保持原有形状，当新开采煤矸石山堆体的自由斜面角度比自然临界坡角小时，即能保持临界平衡状态。在外力干扰和自组织作用下，临界状态受到干扰时，散粒体能量耗尽，出现滑坡、局部坍塌等现象。散粒体系统中各种要素经过不稳定的时间、空间、结构和功能的自组织过程，最终导致煤矸石山堆体滑坡的发生。

煤矸石山堆体随时间推移，其规模、组构特征不断发生改变，由于外部荷载、风化、降水等外力干扰，系统原有的平衡可能会被打破，即原有的临界状态消失，发展过渡到另一个自组织临界状态。但根据不同情况的组构特征变化和扰动程度，煤矸石山堆体发生形变的规模和机理也不尽相同，主要受下列因素影响。

1. 煤矸石山堆体堆积方式

煤矸石山堆体主要由自然下落的方式堆积，其表面煤矸石颗粒周围有临空面，处于比较简单的应力状态，经过微小的干扰极易失去稳定性，该层称作散粒层。由于堆体下部的煤矸石散体颗粒和周围颗粒的围绕，邻近颗粒制约该颗粒的运动，即形成颗粒之间应力传递的组织结构，处于相对复杂的应力状态，该层称作摩阻层。摩阻层结构颗粒的抗扰能力增强，只当扰动强度破坏这种组织结构时，此部分颗粒才会发生深层剪切滑移现象。

另外，在堆砌过程中，坡面最不稳定的颗粒决定煤矸石山堆体的临界角，因此当该部分颗粒达到临界态时，坡面整体结构的稳定程度由未达到临界态的区域所占的比例决定，即局部稳定性的总和组成总体稳定性。当煤矸石山堆砌于临界角时，坡面各个区域如果都达到临界态，则其整体稳定性低，即抗扰储备能力弱，易于产生链式放大。由于部分不稳定区域的时间分布、空间分布、下落煤矸石的空间运动路径和比例都是随机的，所以在理论上任何规模的崩塌都可能发生。

2. 气候及降水

煤矸石山堆体失稳与日降雨强度、降雨持续时间的长短和降雨总量的大小等相关。研究结果表明，一次降雨总量达到 150～300 mm 易导致煤矸石山堆体滑坡现象。无论煤矸石山堆体是整体失稳，还是局部滑坡，一般都发生在雨季，而对煤矸石山堆体稳定性产生重要影响的是降雨量多少。由 Fredlund 非饱和土抗剪强度公式可知

$$\tau_f = c' + (\sigma + \mu_a) + \tan\varphi' + (\mu_a - \mu_w)\tan\varphi^b \tag{5.1}$$

式中：τ_f 为土的抗剪强度；c' 为有效黏聚力；σ 为总应力；μ_a 为孔隙气压力；μ_w 为孔隙水压力；φ' 为与净法向应力状态变量 $(\sigma + \mu_a)$ 有关的内摩擦角；φ^b 表示抗剪强度随基质吸力 $(\mu_a - \mu_w)$ 变化速率。

随地表水渗入转变为孔隙水，孔隙水压力增加，松散物料抗剪强度降低，大气降水导致煤矸石山堆体表层侵蚀。水浸煤矸石，一是煤矸石质量密度增加，自重力加大，沉

降速度随之加快；二是水的渗入不仅导致孔隙水压力上升，产生动、静水压力，而且使基质吸力丧失或减小，进而导致非饱和煤矸石抗剪强度降低，边坡稳定程度降低。因此，降水汇集起来的地表水渗入煤矸石山堆体底部，使地基和煤矸石山堆体间形成持续的低抗剪强度带，是发生滑坡现象的内在基础。

3. 煤矸石山堆体自燃、爆燃

煤矸石山堆体的自燃尤其是爆燃危害较大。此现象形成机制是由于气体超负荷积累与突然释放和煤矸石自燃产生的热能，即由于加热、通风等燃烧条件的改善，自燃的煤矸石山堆体一定层位的煤矸石自燃加剧。当散热速度小于燃烧放热反应速度时，煤矸石山内部温度迅速升高，进一步加快燃烧反应速度。其生成的气体和热能在比较密封的煤矸石山内部迅速聚集，导致煤矸石发生爆燃，高压气体携带高温煤矸石，冲破煤矸石山表面的约束，朝自由空间喷出。

4. 排矸强度

在排矸过程中，煤矸石持续堆积叠加，煤矸石山堆体的荷载加大，因此排矸强度会对煤矸石山堆体变形、破坏产生重要的影响。新堆置煤矸石的变形主要在外载荷和自重作用下压密沉降，随着时间及压力变化，煤矸石山堆体沉降变形过程也发生变化。排矸前期，煤矸石山堆体沉降速度较快，随着弹性变形和压密，沉降逐渐减缓。一般第一年沉降变形为 50%～70%。煤矸石山堆体正常沉降时变形较大，但不会发生滑坡现象，仅当变形超过极限值时才会导致滑坡，当煤矸石山位移速度为 0～0.25 m/d 时，属于压缩沉降过程，而超过 0.25～0.5 m/d 时便可能发生滑坡。

5.3　煤矸石山多级隔坡反台山体整形、整地的原则与关键技术

5.3.1　整形、整地的原则

通过煤矸石山堆体稳定性影响机制分析可以得出以下结论。

（1）滑坡潜在原因主要是排矸强度、煤矸石的物理力学性质、堆积地点的地形地貌、煤矸石山堆积方式；滑坡的主要诱因是长期降水；滑坡的主要外部激发因素是煤矸石山的剧烈自燃爆炸。

（2）煤矸石山的自燃现象直接威胁其安全，自燃沉降变形可能会引起坡体失稳，破坏煤矸石山的稳定性。

（3）降雨是对坡体表面造成侵蚀的主要原因，雨水入渗后将降低煤矸石山安全性，应保证排防洪系统的可靠性，并尽可能减少降水对煤矸石山的侵蚀。

综上，煤矸石山堆体整形、整地的基本原则包括以下几个方面。

（1）灭火防复燃技术应用初期，系统综合应用整形、整地技术，避免土壤侵蚀、滑坡等危害；煤矸石山整形的关键在于治水，雨水冲刷是造成滑坡、地表侵蚀、水土流失的主要原因，通过削坡整形技术，将坡体分成多级，通过降坡度、减坡长等措施尽可能减少煤矸石山堆体表层水土流失。

（2）针对性构建适合煤矸石山堆体的柔性截、排水系统以应对煤矸石山堆体非均匀性沉降、变形，持久发挥其隔氧、防洪、节水及稳定山体的功能。

（3）因地制宜，就地取材。治理后的煤矸石山堆体，应保证中小雨水能够被植物完全利用，大雨时可以顺利排出，最终帮助煤矸石堆体植物生长层实现水分的供需平衡，保证煤矸石山堆体的长期稳定。

5.3.2 整形、整地的关键技术

煤矸石山堆体自然堆积坡度大，坡长长，是导致堆体侵蚀、沉降变形及滑坡的重要原因。因此，在堆体整形、整地过程中，将反坡梯田和柔性覆盖工艺融入，顺应地形的同时对微地形进行改造，即根据不同坡度的坡体情况，应用不同的隔坡反台山体整形、整地技术，主要内容包括柔性坡脚、反台设置、多级隔坡和防洪系统。

1. 多级隔坡反台山体整形、整地技术

多级隔坡反台山体整形、整地主要技术参数包括：边坡角 α、坡长 h、反台宽度 l（表5.2）。煤矸石的岩石力学性质是边坡角大小的主要考虑条件，以保持边坡稳定性为准。如边坡角过小，煤矸石堆体占地面积大，则整形工程量大；边坡角太大，边坡稳定性差。各级坡体落差的大小由整形后煤矸石山设计抗侵蚀能力、生态恢复的需要和占地面积等因素决定。选择适宜的坡度、坡长和反台宽度，不仅可以减少水土流失等危害，也可以减少山体整形的工程量。

表5.2 根据坡度分类的山体整形技术措施一览表

煤矸石山坡度山体整形技术			按坡度（α）分类		
			≤10°	10°～30°	30°～33°
多级隔坡反台	隔坡坡长 h/m	3～6			√
		6～9		√	
		9～12	√		
	反台宽度 l/m	≤4	√		
		4～6		√	√
防洪系统	柔性排水渠		√	√	√
	急流槽				√
柔性坡脚			√	√	√

1）煤矸石山堆体多级分坡技术

煤矸石山堆体按坡面高度 1∶1.5 进行坡面整形（长度一般不超过 12 m），根据滑动面位置分析，为减轻可能引起滑动的土体载荷，在距边坡边缘 4 m 处进行削坡处理，然后对坡面回填处进行分层夯实，夯实系数不低于 0.90，煤矸石山坡面整平达到设计要求后，将黄土和煤矸石按一定比例混合覆盖，如图 5.10 和图 5.11 所示。在经济、地形等条件允许的情况下，设计和施工时尽量减缓坡度，降低坡长，可以更好地减少侵蚀，稳固山体；同时减缓坡面水流速度，充分运用降雨，为生态重建涵养水分。

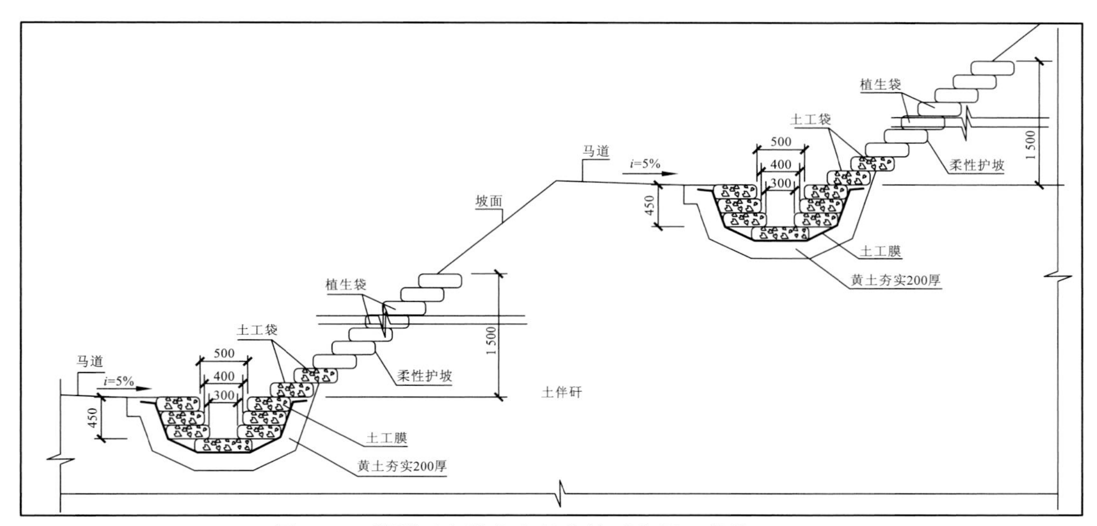

图 5.10　煤矸石山堆体多级分坡示意图（单位：cm）

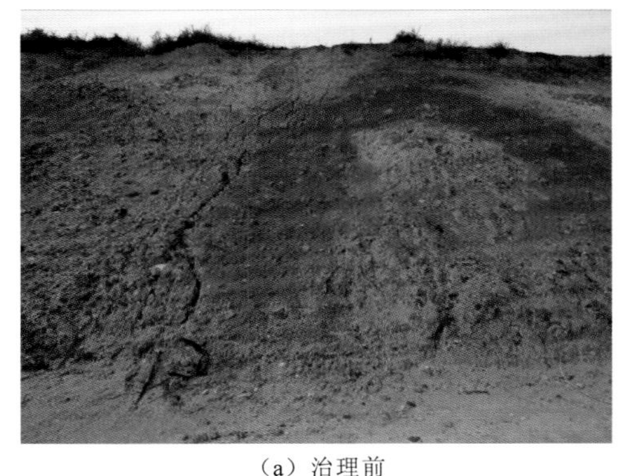

（a）治理前　（b）治理后

图 5.11　煤矸石山堆体多级分坡效果图

2）煤矸石山堆体反台、微地形构建技术

根据项目区地形（等高线）进行反台及微地形设置（图 5.12 和图 5.13），可以有效降低坡度。反台宽度一般为 4～6 m，用作护林防火的马道和后期管理（如施肥、修剪等）。在道路内侧设置柔性排水渠，道路外高内低，坡度为 2%，起排除路面和路堑雨水的作用。条件允许的情况下，为更好地利用降水，在每级坡面设置微地形，见图 5.14 和图 5.15。

微地形设置应保证坡顶及每级马道外高内低，然后修筑排水系统，形成环状连通式截排水系统。坡面构筑微地形利于植被生长，微地形修整在坡体分级后完成，见图 5.16 和图 5.17。

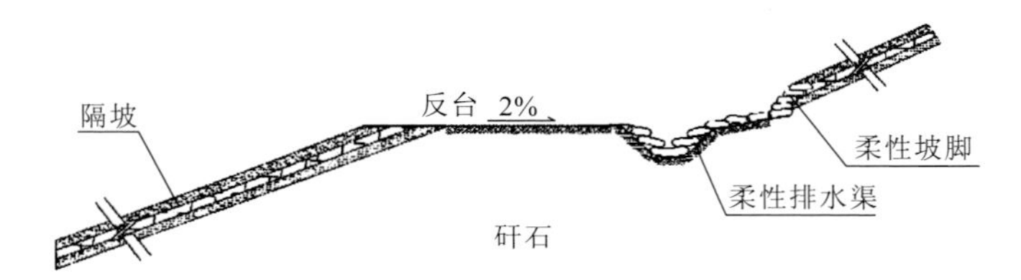

图 5.12　隔坡反台设置示意图

（a）施工前

（b）施工后

图 5.13　隔坡反台技术应用前后对比图

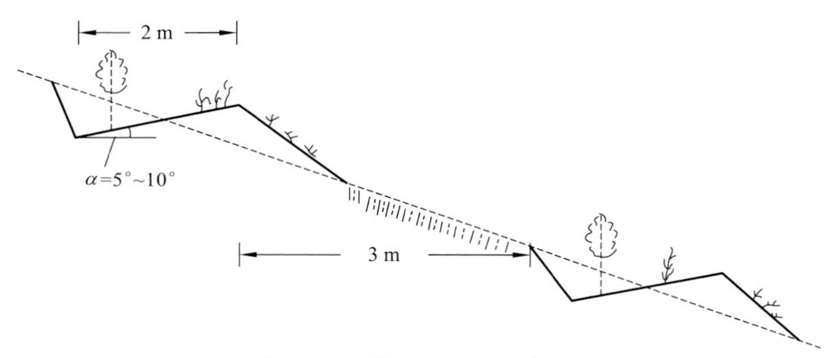

图 5.14　微地形整形示意图

（a）施工前

（b）施工后

图 5.15　微地形效果图

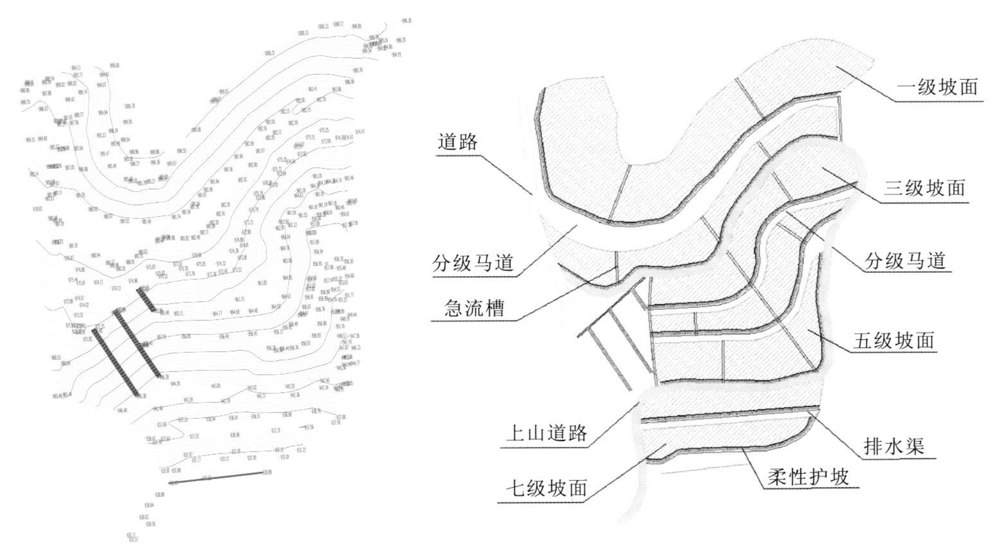

（a）治理前地形图（原图比例1∶1 000）　（b）治理后地形图（原图比例1∶1 000）

图 5.16　某矿煤矸石山堆体整形、整地前后地形图 1

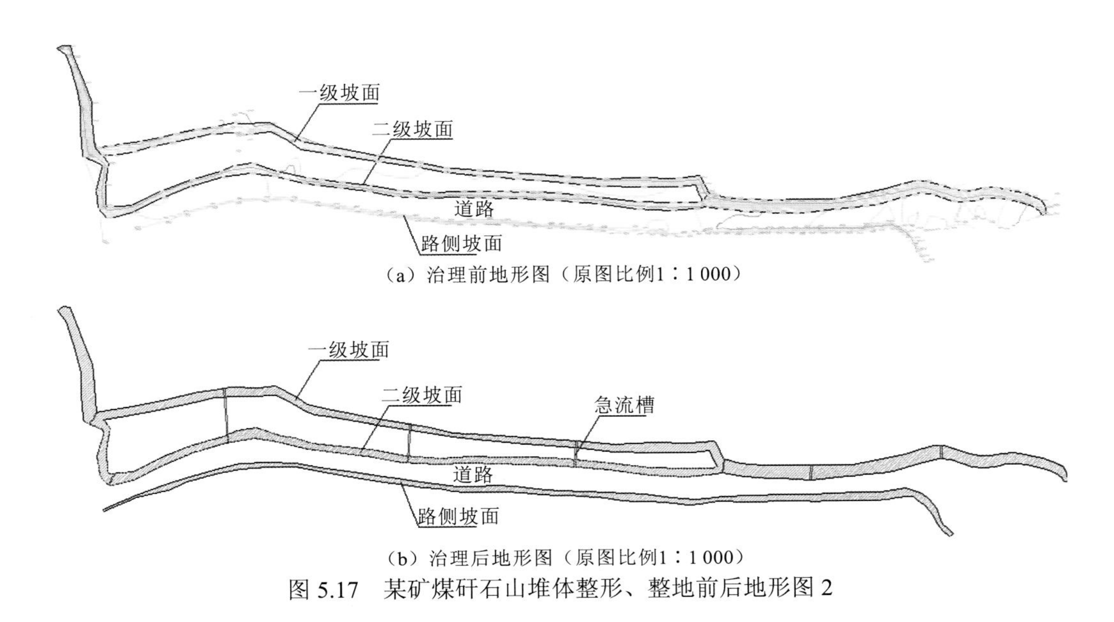

（a）治理前地形图（原图比例1∶1 000）

（b）治理后地形图（原图比例1∶1 000）

图 5.17　某矿煤矸石山堆体整形、整地前后地形图 2

2. 煤矸石山堆体截、排水及灌溉系统

排水工程设计应结合工程地质、地下水及降雨条件，研究地表排水、地下排水及其二者相结合的方法。结合边坡特点，在周围布设截水沟、排水渠和坡体排水系统，形成空间立体排水系统。

本工艺把平台柔性截水沟、蓄水池、急流槽、路侧排水沟及马道柔性排水沟等设施按照节水、集水、排水的思路全部连通，共同组成一个完整的排水系统，平时中小降雨时可利用微地形及蓄水池节水、集水，遇短时强降雨形成地表径流时，通过各级截排水设施顺利排出场外。既保证了生态系统重建用水需求，也降低了降水冲刷山体的风险。煤矸石山截、排水系统主要由以下结构组成。

（1）横向柔性排水渠，采用土工膜加土工袋构筑，如图 5.18 所示。

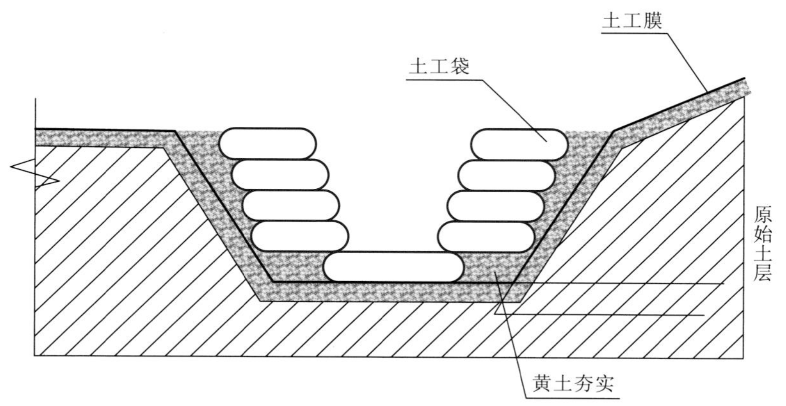

图 5.18　柔性排水渠剖面图

柔性排水渠施工及参数设置如下。

开沟：下窄上宽，成规则梯形状（底部宽度 30 cm，上口宽度 60 cm，渠深 40 cm，可根据地形略微调整）。

平整：使渠底平整，修整为弧状后使用夯机夯实。

填土夯实：将黄土粉碎，填在平整后的渠底，填土时要夯机夯实，填土夯实后厚度为 10 cm，为防止土工膜破碎，平整渠底。

土工膜布设：将人工裁剪好且符合要求的土工膜平铺在水渠挖除处，平均每米铺设 1.02 m^2。

基质层营养土配置：按配比混合营养土（图 5.19），材料及用量见表 5.3。

图 5.19　营养土配置图

表 5.3　营养土所用材料及用量配比表

材料	每平方米用量
草炭土/kg	9.109
核心基材/kg	0.455
木纤维/kg	4.554
有机肥/kg	6.376
蛭石/kg	5.1
黄土/m^3	0.137

营养土装袋：将混合营养土装袋，要求一墩八分实装袋自然满。

土工袋封口：提起拉直再缝合。

土工袋转运：不扔不摔，顺势借力。

土工袋码放：底部平码好后渠底保持宽度 30 cm 进行第一层码放，然后以错落 5 cm 逐层进行放置，放置要求平起平落，不瘪嘴不鼓肚且错缝压茬。

土工袋码放整体效果：正看每层级叠放成直线，侧看顺坡流畅不长牙不鼓肚，如图 5.20 所示。

图 5.20　柔性排水渠效果图

（2）急流槽。坡面>33° 时水流速度较大，容易对坡面形成侵蚀，不利于山体稳定，影响植被恢复。在 30°～33° 的坡面设立纵向急流槽，及时排出洪水。急流槽采用土工膜加土工袋构筑（做法同柔性排水渠），如图 5.21 所示。

图 5.21　急流槽效果图

（3）柔性坡脚。在排水沟倾斜斜坡之间及坡脚设置柔性坡脚，对减少雨水冲刷和应对煤矸石山沉降、稳固坡面有很好的效果。柔性坡脚的设计方法是：在每个坡脚上放置两层土工袋并在坡体上放置高度为 1 m 的植生袋。

柔性坡脚施工程序如下。

材料配置：主要材料及用量见表 5.4。

表 5.4　柔性坡脚所用材料及用量表

材料	每平方米用量
草炭土/kg	5
木纤维/kg	7
有机肥/kg	0.2
保水剂/kg	0.5
蛭石/m^3	0.27
黄土/m^3	0.137
土工袋/个	4

装袋：装袋自然满，一墩八分实。

封口：提起拉直再缝合，缝线走锁袋口。

转运：不扔不摔，顺势借力。

码放：平起平落，错缝压茬，不瘪嘴不鼓肚。

整体效果：正看层层叠叠线线直，侧看顺坡流畅不长牙不鼓肚，如图 5.22 和图 5.23 所示。

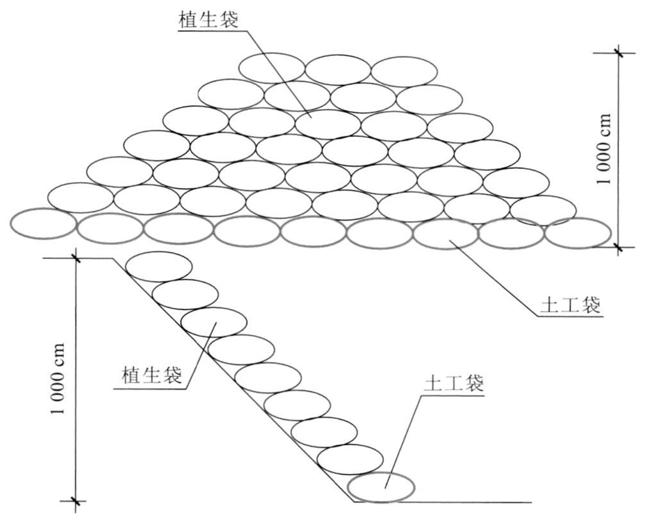

图 5.22　柔性坡脚施工示意图

图 5.23　柔性坡脚所用的土工袋装填场地示意图

柔性坡脚植被的垂直根系穿过坡面风化层，锚固到深层大的岩土层中起到类似预应力锚杆的作用。草、豆科植物和灌木可在 0.75～1.5 m 的深度处加固土壤。植草等根系在土壤中盘结，使边坡土体变成一种由土壤和草根组成的材料。草根可视为一种有预应力的加固材料，可以提高土壤强度。

在到达坡面之前，植被就将部分雨水截留，雨水之后蒸发到空气中或落到坡面上。植被能拦截高速下落的雨滴，减少水体入渗速度及土粒的飞溅。

地表径流将被滴溅分离的土粒带走，导致沟蚀、片蚀。植被能减少雨滴溅蚀并抑制地表径流，进而控制土粒流失。

在顺应地形的基础上，采用多级隔坡反台山体整形技术，对煤矸石山进行科学合理的改造，根据坡体的不同角度，布设不同的反台宽度和隔坡长度，既节省人力物力，也达到稳定山体的目标，山体不会发生沉降、变形及产生裂缝，防止山体表面受到侵蚀。同时，反台与柔性排水渠的设置涵养了水源，为后期自然生态系统重建提供了适宜的水分条件。

（4）复合式挡墙技术分析。为加强煤矸石山堆体稳定性，防止降水冲刷煤矸石山堆体山脚，常见工艺为设置挡矸墙。如果在挡矸墙上密集布设泄水孔，会导致氧气入渗引发煤矸石山堆体自燃；如果为阻止氧气入渗不布设泄水孔，则遇持续降雨时，煤矸石山堆体吸水饱和易发生溃坝、山体滑坡等地质灾害。如图 5.24 所示，复合式挡墙技术既能防止氧气入渗，又能顺利泄水，防止煤矸石山堆体吸水饱和，更具可行性、合理性。

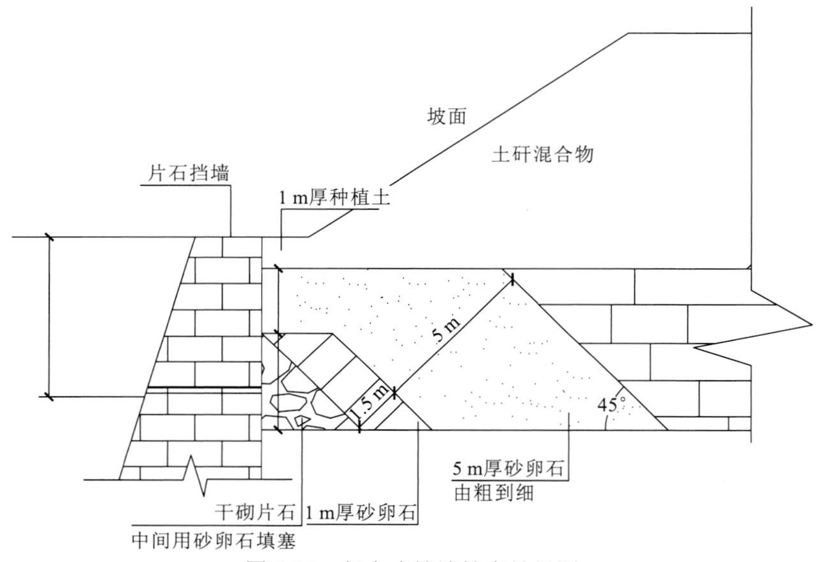

图 5.24　复合式挡墙技术效果图

（5）配套灌溉系统。煤矸石山的生态重建有着十分重要的作用，不仅调节空气湿度、美化环境，而且改变煤矸石山环境、净化空气等。绿化与灌溉息息相关，所以通过人工浇水的方法补充植物的水分。灌溉系统由输配水管网、水泵、水源等部分组成。水源由煤矿提供。

蓄水池：根据煤矸石山的植物措施和其他管理方面的用水需求规律，再修建 2 个 20 m×10 m 的蓄水池（图 5.25）。如果发生暴雨，或者发生地表洪水，将会把水收集在蓄水池中，用于日常灌溉用水，使水得以充分利用。

输配水管网：由干管、支管、软管等不同管径的管道组成，起到输送压力水并将其分到需要灌溉的绿地区域的作用。灌溉系统管材采用不同管径塑料管，主管半径 25 mm，支管半径 15 mm。

图 5.25　蓄水池示意图

第 6 章　煤矸石山灭火技术

自燃煤矸石山治理是煤矸石山生态修复的一大难题，其中灭火是自燃煤矸石山生态治理的关键。在自燃煤矸石山灭火方面，国内外进行了多层面的探索研究，但是仍然存在修复后复燃的问题。要想彻底解决煤矸石山自燃问题，需要全面了解煤矸石山发生自燃的原因，系统地运用自燃煤矸石山灭火技术方法，建立灭火防复燃技术体系和动态管理方法，将自燃煤矸石山治理工程和管理工程进行耦合，为自燃煤矸石山生态修复奠定基础。

6.1　概　　述

6.1.1　国内外主要灭火技术

国内外一直非常重视煤矸石山自燃带来的环境污染问题，针对煤矸石山灭火治理进行了大量的尝试与研究。目前被各大煤矿区采用的有以下几种灭火方法。

1. 挖除火源

通过机器现场检测找到自热区，将已经发热的煤矸石挖出，浇水冷却或自然冷却后，再将其回填后进行治理。这种灭火方法只适用于自燃初期的煤矸石山，在火势蔓延前将火源切断，达到灭火的目的。

2. 水力灭火法

水本身具有吸热降温的特性，是灭火中最常用到的灭火剂。用水进行灭火主要有以下三种方法。

（1）在煤矸石山表面找到一块适宜（有空隙可以注入冷水）的区域，取土后将水通过空隙渗透到煤矸石山内部，一段时间后再覆土碾压，达到降温灭火的目的。

（2）采用钻孔机钻孔后，用泥浆泵将水注入孔内。

（3）直接对煤矸石山发热表面区喷水降温。

用水灭火的方法简单易操作，成本低，但其治理效果不明显，只能暂时达到灭火目的。治理后内部空隙会变大，加大空气的流通性，复燃概率大。一般和其他灭火方法结合共同达到灭火治理的目的。

3. 覆盖与压实灭火法

覆盖与压实灭火法是指在煤矸石山表面覆盖阻燃物质，隔绝空气的进入，从而达到灭火的目的。这种方法的成功率较低，只能达到 40%左右。覆盖的阻燃物质密封性越好，灭火效果越好，如果自燃的煤矸石山温度太高，阻燃层会变的干裂，导致密封效果下降，煤矸石山将有可能再次发生复燃。

4. 打孔注浆灭火法

打孔注浆灭火法的原理是使煤矸石山不再具备燃烧条件，将可燃物与助燃物分开。主要是利用灭火浆液包裹含硫可燃物，隔绝空气，阻止燃烧从而达到灭火效果。灭火浆液主要成分为碱性溶液，能与煤矸石燃烧后释放出的酸性气体反应形成硫酸钙、碳酸钙和铝硅酸盐等。反应生成的物质不仅可以填充空隙，隔绝空气，包裹在煤矸石上还能降低煤矸石的可燃性。同时，煤矸石在碱性环境下，硫杆菌类细菌很难生长，可以有效降低煤矸石中黄铁矿的氧化反应速率，抑制煤矸石山的自燃。方法步骤为：在煤矸石山自燃区表面钻孔，用泥浆泵将灭火浆液打入煤矸石山，经过一定时间的渗透，形成严密的封层，阻隔氧气，实现灭火。

这种方法的不足之处在于钻孔过程存在较大的危险性，施工难度大。一些大型煤矸石山斜坡长，有时需要用手持式凿岩机钻孔，在钻孔注浆时，灭火浆液液化后的蒸气会从注浆孔内喷出，甚至还会有蒸气爆炸的危险，对施工人员的人身安全造成危害。所以，在用此法进行灭火时，一定要解决好以上的问题，才能实现良好的灭火效果。

5. 控制燃烧法

控制燃烧法的主要原理是控制煤矸石山的燃烧，利用燃烧过程中生成的热量，将其产生的污染气体净化后再排放。这种方法在实际操作中存在许多问题，自燃煤矸石山不能彻底治理；产生的污染气体净化处理困难；设备材质要求严格，成本高，难度大。

6. 泡沫法

泡沫法是先对煤矸石山火区注浆，再加入泡沫灭火剂。泡沫灭火剂的成分为惰性气体和水，占比分别为 95%和 5%。惰性气体可以隔绝氧气与煤矸石接触，水可以吸热降温。这种方法的关键是保持泡沫能在煤矸石山内稳定存在。

7. 低温惰性气体法

低温惰性气体法是将液氮或固体二氧化碳等惰性气体注入煤矸石山自燃区，液氮或固体二氧化碳遇高温后将转化成气体，体积变大形成冷高压波，气体弥漫到煤矸石山的空隙中，将原有的气体挤出煤矸石山，并带走部分热量，达到降温隔氧气的目的。低温惰性气体法的一大优点是降温效果好持续时间长，最低可降到−100 ℃以下，并能长时间保持。另外可以对整个自燃煤矸石山进行降温，影响面积大，注浆和浇水法由于重力因素，很难做到全面影响。

6.1.2 煤矸石山灭火与防复燃问题分析

通过自燃煤矸石山灭火与防复燃问题树分析（图 6.1），可以看出传统的煤矸石山灭火过程存在以下 5 个关键问题。

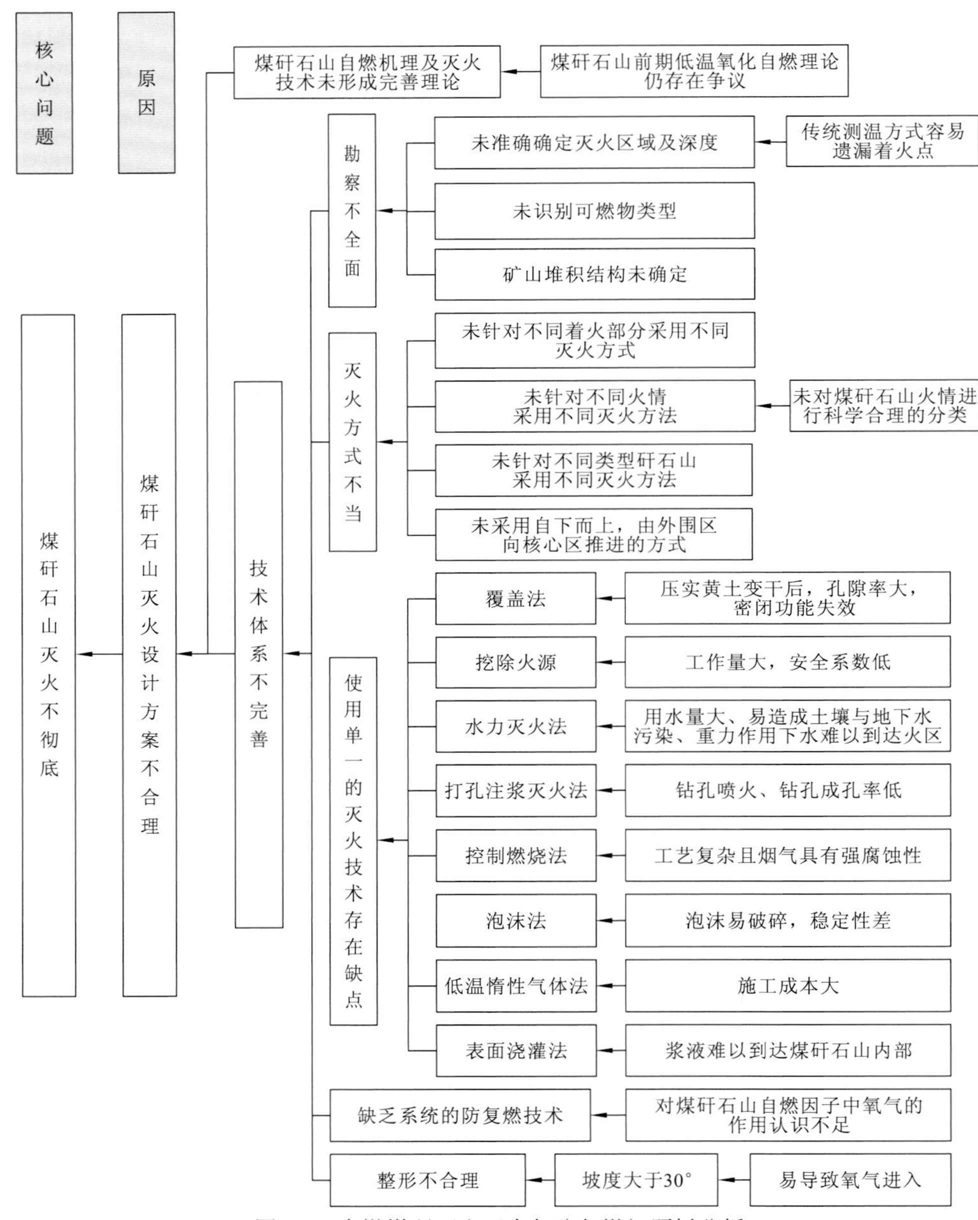

图 6.1　自燃煤矸石山灭火与防复燃问题树分析

（1）对煤矸石山自燃机理缺乏全面深入的了解。煤矸石山之所以能够自燃形成火源，就是因为它具备了物质能够燃烧的三个必备条件：有可燃物质、有空气流通通道、有蓄热能力和高于燃烧的温度。对煤矸石自燃前期是怎样开始的，其低温氧化自燃机理是什么，目前还存在许多争议。

（2）灭火方式单一且没有针对性。采用单一的灭火方式或不科学的技术组合，易造成煤矸石山灭火不彻底和复燃率较高。以注浆法为例，虽然对自燃煤矸石山的灭火较为彻底，但也存在钻孔喷火和钻孔成孔率低的问题。而且不同的灭火方法有自己的适用条件，不同的煤矸石山类型有不同的着火原因，不同的着火部位有不同的着火特点，未在因地制宜的思想与系统工程理论的指导下，实施堵天窗、找火源、堵风口等工作，极易导致灭火不彻底。

（3）对煤矸石山火情分布规律缺乏科学分类。常规的煤矸石山灭火方式，在施工前期未仔细进行现场观察、燃烧点诊断、高温点识别、可燃物辨别及煤矸石山堆积结构的认定。因此，缺乏对煤矸石山火情分布规律的科学分类。

（4）重灭火，缺乏防复燃措施。常规煤矸石山治理中，单纯地采用灭火技术，缺乏系统配套的防复燃技术。经过实践证明，这不能从根本上解决煤矸石山灭火的问题，只是暂时起到压制火势的作用，后期极易产生复燃现象。

（5）未将生态系统重建与灭火相结合。常规煤矸石山灭火过程中，未充分认识到“烟囱效应”的危害性，没有把煤矸石山作为一个系统，将保持山体稳定性、生态系统重建和防火措施相结合进行系统性防火，因此复燃因素未得到控制。

为此，本书针对以上问题，采用产学研相结合的机制、煤矸石山施工与科学研究相结合的方式及定性与定量研究相结合的研究方法与思路，从理论、方法与实践等层面探讨煤矸石山灭火防复燃的关键技术，并提炼出施工过程中的技术要点，从而达到全面掌握煤矸石山火情与自燃煤矸石山彻底灭火不复燃的目的。

6.1.3 自燃煤矸石山堆体治理的难点

（1）煤矸石山自燃影响因素较多，火情复杂。大量的前人研究表明，影响煤矸石山自燃的因素既有煤矸石堆体成分、煤矸石理化性质等内部因素，也包括温度、水分等外部环境因素，既有微观因素也有自然环境、堆积方式等宏观因素，影响因素十分复杂，引起的煤矸石山火情也呈现出不同的时空分布格局。

煤矸石山的火情十分复杂。探明火区状况是进行灭火防复燃的首要前提。煤矸石山火情的诊断主要是针对温度场进行探测和模拟，划分不同的着火区域和确定着火深度。自燃煤矸石山的表面测温相对容易，常常利用红外测温仪及红外成像技术，确定表面高温区的分布。而表面温度分布与内部温度分布差异很大，难以准确找到着火点的位置。由于靠近煤矸石山自燃中心的温度往往很高，甚至超过测温仪的极限值，有些情况下可以利用钻孔测温确定着火深度，有些情况下则很难探测，需综合其他间接测定方法和数学模型进行估计，比如采用红外测温、多参数气体检测和钻孔测温相结合的综合探测技术进行探测。目前，关于自燃煤矸石山温度场的探讨虽有很多，但缺乏统一和系统的火情诊断方法，对于自燃煤矸石山也未形成区域性的火情分类体系。

（2）煤矸石山堆体自燃初期，隐蔽性强。由于煤矸石山堆体自燃开始的初级阶段，包括表面吸氧和氧化自热阶段，物理和化学吸附产生的热量释放较慢，煤矸石山表面与周围环境的温差较小，升温缓慢，没有明显的烟雾产生，温度较高的区域存在于较深的堆积物中，因此隐蔽性较强，不易察觉，如果没有适当的监测措施，容易延误最容易治理的时期，而发现明显的自燃现象后则加大了治理的范围和难度。

（3）不合理堆矸、不科学覆土工艺加速煤矸石山自燃。国内外很多研究不但提出了自下而上的分层堆矸，分层碾压覆盖，削坡升级减缓坡度的方式，而且制订了严格的堆矸标准。但是由于监管不严，企业为了降低治理成本，随意堆放，往往采用倒坡式堆矸，未进行分层碾压堆放或堆积过高，导致“烟囱效应”明显增强，使得煤矸石山火情发展迅速，而过厚的覆土不但不能有效抑制火情，反而在发生自燃后，将气体闷在煤矸石山堆体内部，促使其在内部横向扩散，加大了过火的面积，当能够觉察到时往往燃烧程度剧烈，火区范围较大，加大了治理的难度。

6.1.4 自燃煤矸石山堆体治理的误区

1. 观念误区

（1）煤矸石山灭火常常用水灭火，这是误区，往往越灭越着，容易发生汽爆。

（2）煤矸石山自燃治理重视灭火，对防火的重视不足且防火措施不当。在煤矸石山自燃机理的认识中，尽管对自燃的发生和发展过程具有不同的假说，但是对自燃煤矸石山“烟囱效应”的存在一致认同，在自燃煤矸石山灭火防自燃的治理中，防止形成“烟囱效应”也成为重要抓手，比减少可燃物更具有可实施性。但是灭火防复燃治理中往往简化了煤矸石山自燃的复杂性，以及不同类型煤矸石山内部孔隙网络的连通性和复杂性，认为表面覆土就能彻底封堵烟囱的进风口，忽略了不规则沉降导致的山体表面和刚性治理措施产生的裂缝的作用，以及燃烧后孔隙结构的变化。

（3）对煤矸石山的治理理念缺乏，没有认识到煤矸石山的系统性和整体性，没有认识到煤矸石山的稳定性、植被重建及灭火防自燃是一个整体体系，哪个环节的失败都会导致灭火防自燃措施的效果难以持续，加之“头疼医头，脚疼医脚”的治理方法，往往导致某处的火情虽得到了短暂控制，却又蔓延至其他区域，重新复燃，从而导致灭火的失败。

2. 工艺误区

自燃煤矸石山堆体的治理主要目的就是灭火防复燃，它的成败决定了是否能够顺利进行生态重建。主要治理工艺误区如下。

（1）科学诊断火情是制订有效灭火措施的前提。但是由于对火区空间分布认识的不同，确定火区分布范围和着火点深度的标准不一和人们对火情的认识不充分导致不能制订出针对性强的治理措施。

（2）以往的自燃煤矸石山灭火工艺中往往采用注浆灭火、挖除灭火和客土覆盖灭火。对于注浆灭火措施，一方面浆液灌入注浆孔后，高温下浆液中的水分迅速汽化膨胀，产生的压力十分强劲，如果注浆工艺中忽略了这种情况，没有提前设置好泄压孔，极易产生喷爆现象，十分危险；另一方面煤矸石燃烧后变成了特别细小的颗粒，随浆液向下淋溶后聚集，导致渗透性降低，浆液不易进一步下渗至设计的深度，达不到预期的灭火效果。

（3）挖除灭火比较容易实施，但是挖除的深度没有一个科学的衡量标准，导致挖除灭火的效果不理想。

（4）在已经自燃的煤矸石山上直接客土覆盖施工方式十分简单，但是往往效果很差。因为虽然厚厚的土壤覆盖上去之后，表面火势出现了短暂的下降，但是煤矸石山堆体内部的气体流通的通道十分复杂，内部的空气和燃烧后气体及携带的大量热量无法从原通道顺利通过，则改由其他路径流出煤矸石山堆体表面，形成新的“烟囱”，反而促进了火势的蔓延。

（5）防复燃的措施主要是针对灭火区小范围进行分层回填后客土覆盖，没有在彻底整形的基础上采取防复燃措施，往往会因为水土流失和封闭不全面而导致复燃。

综上所述，煤矸石山自燃火情复杂，机理还不是十分完善，从灭火的角度认识煤矸石山自燃的差异性和宏观机制，可以为提出针对性强和经济有效的煤矸石山自燃防治措施提供重要依据。从已有的理论和实践经验总结可以得出，煤矸石山灭火防自燃是一个系统工程，煤矸石山火情的复杂性使我们需要在认识主要规律的基础上，结合各自的实际情况和山体整形、稳定山体、植被重建等工程，形成有针对性的组合措施。使其相辅相成，协同作用，从而达到有效灭火防自燃的目的。

6.2　煤矸石山灭火防复燃技术体系

6.2.1　煤矸石山灭火防复燃技术体系基础

煤矸石山综合整治理念运用系列化的系统集成技术达到山体生态修复的目的。其技术体系包括系统灭火防复燃、山体整形截排水、生态恢复三个步骤，各步骤相互耦合，缺一不可。煤矸石山综合治理具体实践中，前期设计和后期施工需始终考虑环节之间的具体联系，将其作为一个整体系统对待。

基于系统论的煤矸石山综合治理作为一种崭新的综合性治理理论，其体系特点可从以下几个方面进行阐述。

（1）整体性。即灭火防复燃（系统）、山体整形（要素）和近自然生态修复之间的辩证统一。首先，灭火防复燃与山体整形、山体整形与近自然生态恢复、灭火防复燃与近自然生态修复之间存在着有机的联系，它们彼此间紧密联系，是一个不可分割的整体。其次，煤矸石山的综合整治效果，只有灭火防复燃、山体整形与近自然生态修复等系统化综合治理后才能显示出来，系统整体不是各部分功能的简单相加，综合治理体系也不仅仅是灭火防复燃、山体整形与近自然生态修复工程的简单的线性相加。

（2）相互联系性。煤矸石山综合治理过程中，要实现煤矸石山堆体近自然生态恢复目标，需要将灭火防复燃、山体整形、生态修复的各项工艺进行有机耦合，及时反馈不同工艺措施的相互作用效果。

（3）有序性。系统都是有序的、分层次的和开放的。煤矸石山整治体系是一个有序的整治体系。彻底灭火防自燃是基础，在此基础上采用不同手段进行山体整形，建立山体的各项截排水措施，最后实施煤矸石山堆体的近自然生态修复工程。

（4）目的性。煤矸石山综合治理的最终目标是实现煤矸石山体的生态恢复。在具体实施过程中，要建立实时的山体温度的监测反馈机制，即各项灭火防复燃措施及山体整形措施都是在动态测温的背景下开展的，需保证灭火防复燃与山体整形工艺的有效性和针对性，见图 6.2。这种贯穿工程治理全过程的测温结果实时反馈机制对煤矸石山的持续有效治理至关重要。

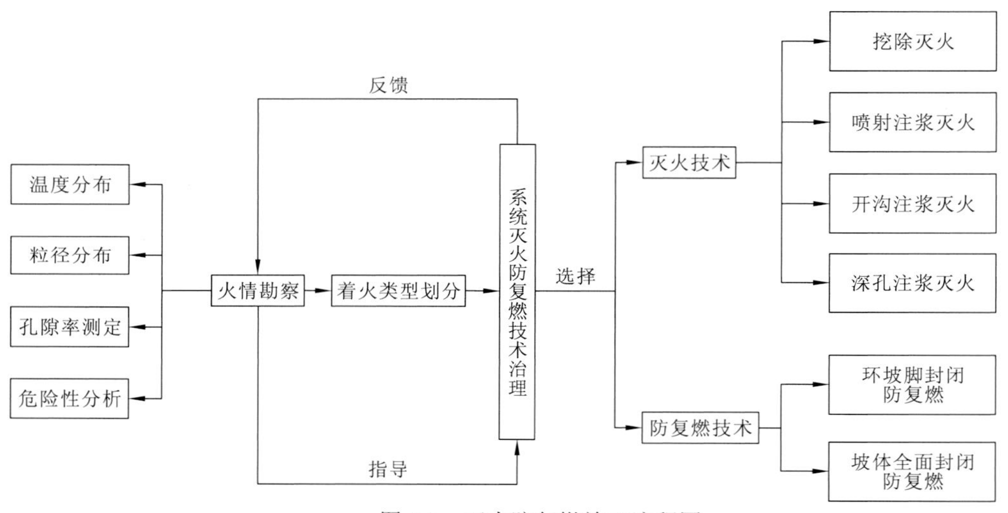

图 6.2　灭火防复燃施工流程图

（5）动态性。煤矸石山治理过程中，应根据测温反馈结果实时、动态地调整灭火与山体整形各项工艺实施标准。保证灭火与山体整形的各项措施是在科学有效的背景下开展和实施的。既要保证煤矸石山堆体的彻底灭火防复燃效果，还要考虑山体整形与近自然生态恢复各项措施的可实施性与经济性。

6.2.2　动态开放适应性管理理论体系

煤矸石山动态开放适应性管理主要体现在以下几个方面。

在灭火防复燃环节表现为：①施工前、中、后全程测温指导并检验施工，根据测温诊断结果动态调整灭火施工方案；②科学分类，针对具体情况采用相应工艺，一个部位一个方案；③现场调试灭火材料混合比，材料配比与着火部位一一对应。

山体整形及截排水方面表现为：①坡脚控制、坡面坡度、分级层高、马道宽度等参数联动；②汇水面积、降水量、水渠长度、水渠规格、横向、纵向排水布置等联动。

生态系统恢复方面表现为：①先锋品种、过渡品种、目标品种联动；②同生态位品种、不同生态位品种联动；③生产型品种、消费型品种、分解型品种、微生物品种联动。

6.3　系统灭火技术

6.3.1　改良挖除技术

根据山体的自燃情况，当着火区域温度高、范围大、深度深时，采取其他的技术方法很难彻底灭火，费时费工，灭火效果不理想，采用挖除法（见图 6.3）将燃烧的煤矸石挖出，自然冷却后再将其回填，此方法简单易行，效果显著。

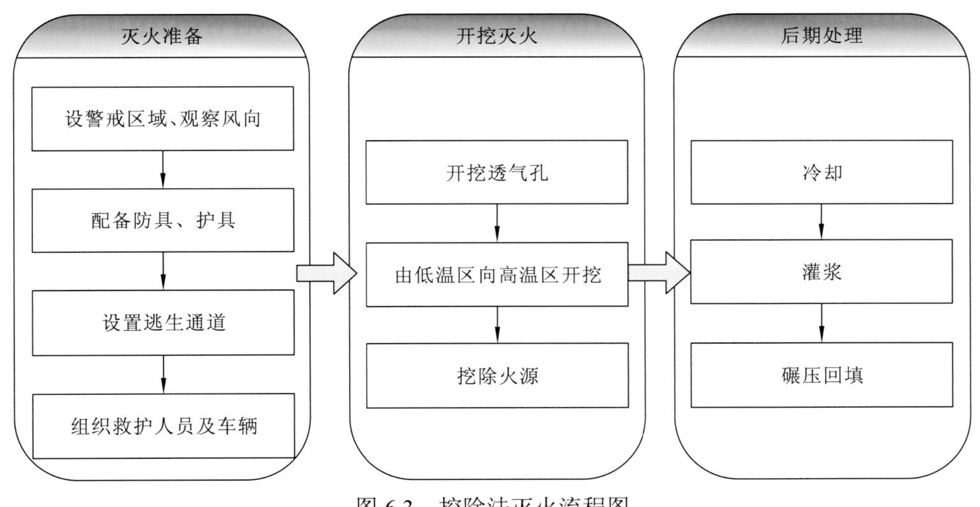

图 6.3　挖除法灭火流程图

在实际情况下，若煤矸石山坡面复燃，可以对坡面的集中发火区和蓄热区应用挖除冷却灭火法（图 6.4）。挖除灭火工艺是最直接的灭火方法，快速消除火源；施工危险性大，施工安全要求高。关键技术指标如下。

（1）安全平台区。将挖出的煤矸石堆放在此区域表面铺设的黄土上，避免使堆放部位燃烧。

（2）保障安全。自燃区存在大量有害气体，喷浆封闭，降低有害气体浓度，保障了施工人员的安全。

（3）降温。对挖出高温煤矸石的降温有两种方式，分别是喷水降温和自然冷却。

（4）挖除火源要求：开挖深度 8 m，由外围向核心区推进。在该区域完成灭火后，对其进行灌浆，浆液配比见表 6.1，灌浆量约 1 m^3/m^2。

图 6.4　挖除灭火施工图

挖除高温矸石、自然冷却、灌浆、喷浆降温

表 6.1　灌浆（喷浆）浆液配比

项目	水/m^3	黄土/m^3	石灰/m^3	阻燃剂/m^3	凝固剂/m^3
用量	93	5.80	0.7	0.22	0.28

（5）挖除区域的外围温度监测。对挖出区域外围进行温度检测，温度不达标不能回填。

（6）回填方式。挖出冷却煤矸石混入黄土、粉煤灰、阻燃剂等分层碾压回填，碾压厚度分别为 2 m、3 m、2 m、1 m，各层回填材料配比详见表 6.2。回填分为四层，分别为：冷却煤矸石与黄土、粉煤灰、阻燃剂混合；冷却煤矸石与黄土和石灰混合；土矸混合；混拌基质层混合。回填深度分别为 2 m、3 m、2 m、1 m。

表 6.2　回填材料配比

回填材料（第一层）		回填材料（第二层）		回填材料（第三层）		回填材料（第四层）	
材料	比例/%	材料	比例/%	材料	比例/%	材料	比例/%
冷却煤矸石/m^3	75	冷却煤矸石	75	冷却煤矸石	70	冷却煤矸石	70
黄土/m^3	25	黄土	25	黄土	30	黄土	25
粉煤灰、阻燃剂和石灰	少量	石灰	少量	—	—	改良土	5

6.3.2　喷浆与注浆相结合的灭火技术

1. 喷射注浆灭火

喷射注浆法在国内外都有很广泛的运用，是通过降温和隔氧共同达到灭火的目的。工艺过程是将灭火浆液喷射在高温煤矸石上，浆液水分蒸发并且带走大量热量，起到降温作用。浆液中的固体也能附在煤矸石表面隔绝空气的进入。同时浆液中也含有大量碱性物质，这些物质能够吸收煤矸石燃烧产生的 SO_2，减轻煤矸石山的污染程度。煤矸石山内部环境从酸性变为碱性，就能减少黄铁矿的氧化速率，减小煤矸石山发生自燃的可能性。喷射注浆可降低有害气体及粉尘浓度，在保证灭火人员施工安全的同时达到初步灭火降温的效果（图 6.5）。

图 6.5　喷射注浆施工图

粗砾堆积区孔隙会形成风门，使大量氧气进入，就会增加硫铁矿石的氧化放热。为了施工人员的安全，在挖除灭火及开沟注浆灭火施工时，一般先对挖方底部和侧部裸露的粗矸石进行喷射注浆灭火。

2. 开沟注浆灭火

在灭火时根据煤矸石山自燃的情况采取措施，当测出火区温度高于 200℃、着火范围很大、着火深度深时，采用开沟注浆灭火，其原理是将灭火浆液喷射在着火区，浆液水分蒸发带走热量，从而降低矸石温度，使其在自然环境中冷却后回填。浆液中的惰性成分会生成隔氧层，防止煤矸石的进一步氧化（图 6.6）。

这种办法效果良好，需要注意施工中做好安全防护措施。

施工流程：①开挖→②配置浆液→③沟底注浆至水不下渗→④分层碾压回填。

开挖尺寸：上口宽 2.0 m，下口宽 1.4 m，深度 2.0 m。注入固体含量为 5%～15%的水、石灰、阻燃剂、黄土等特制的混合防火泥浆（浆液配备：水 1 m^3；石灰 12.5 kg；

图 6.6 开沟注浆灭火施工图

阻燃剂 2.5 kg；黄土 0.1 m^3，配备情况根据现场情况做部分微整），使煤矸石山高温区、燃烧区迅速降温。开挖需要分阶段来进行，开挖沟槽后进行注浆施工，注浆到浆液不再下渗，当温度达标就完成注浆。再将灰土和阻燃剂等进行回填，接着回填煤矸石与土的混合物，表层覆盖黄土形成隔离带。

3. 深孔注浆灭火

深孔注浆点、线、面选择要探明、选准燃烧或高温核心点，充分考虑渗透深度，确定钻孔尺度和布局，注浆要有阻隔连续性（图 6.7）。

图 6.7 深孔注浆灭火施工图

钻孔采用 YQ100E-70 型气动潜孔钻，孔径 85 mm，钻孔深度 250~600 cm；注浆管采用 80 mm 钢管，管长 300～600 cm，前端密布间距 50 mm 出浆孔，孔径 8 mm，梅花状分布。采用“品”字形，连续埋管同时注浆，形成连续的封堵墙。以自流方式注浆，渗流半径约 50 cm，注浆管间距 100 cm。灭火材料过筛后加入浆池中，搅拌成均匀的浓度为 5%～15%的特制防火浆液，用泥浆泵通过分流器输送到各个注浆管中，依靠支管阀门调节流量防止溢流。灭火材料组成与用量见表 6.3。

表 6.3　灭火材料组成与用量表

灭火材料	每平方米材料用量
阻燃剂/kg	0.22
石灰/kg	22.94
注浆管/m	0.05

灭火机械：液力喷播机、空压机、气动潜孔钻。

安全防护材料：滤毒罐、防火靴等。

移动式泥浆搅拌喷射机可以搅拌高浓度灭火浆，浆泵出口压力 8 kg，渗流半径约 100 cm，注浆管间距 200 cm，采用移动式泥浆搅拌喷射机可将浓度为 5%～15%的浆液进行喷射。将喷射管与分流器用快速接头连接，逐步加大油门保持适当的注浆压力和流量完成一组批次注浆。

注浆完成后待热蒸汽逐步消散气压减弱后封堵管孔，回填土层压实，防止形成隐性天窗。

注浆施工技术要求如下。

（1）每次同时注浆面积不得小于 10 m^2。可按注浆要求的孔距和行间距进行连续注浆。

（2）注浆范围为着火区、高温区及外围温度大于临界温度范围的区域。

（3）注浆的顺序由下往上、由外围区向核心区（低温区向高温区）逐渐推进。

（4）注浆时预留排气孔排热排气，测温完成后在高温点预先打入排气管 5~10 个，注浆时平均 10 个注浆孔中预留 2 个排气孔。避免汽爆及火情蔓延。

（5）注入完成后将注浆孔填平压实。

对项目区顶部平台采用“田”字形开沟灌浆法封闭隔氧灭火防复燃。该工艺的特点是：针对平台等特定部位，节约投资，灭火防复燃效果好；施工过程需温度监测验证效果。采用分段开挖的方式，开挖沟槽后马上进行灌浆施工，防止火情蔓延。灌浆到浆液不再下渗，测温达标即完成灌浆，浆液配比同表 6.1。降温后分层回填并碾压夯实，回填方法同表 6.2，回填后剩余混合物回填于坡面或平台。开沟施工如图 6.8 所示。温度监测：沟内持续测温，监测时长 3～5 天，根据监测情况确定总体回填或缩小网格间距降温封闭。

图 6.8　堆体开沟施工示意图

第 7 章　煤矸石山防火技术

煤矸石山在堆储过程中，当达到一定温度并伴随有充足的氧气时，极易发生自燃，对周边环境造成危害。因此，从抑制氧化和隔氧防火等方面进行分析研究和技术探讨，将不同技术方法应用于煤矸石山的防灭火工程中，会大大减少煤矸石山的自燃，对煤矸石山的生态重建和矿区生态环境改善有着重要的意义。

7.1　防火技术原理

7.1.1　自燃的原因

煤矸石山自燃是一个极其复杂的物理化学过程。煤矸石山自燃的原因主要可以分为外因和内因两方面：外因包括煤矸石的岩相组成、煤矸石山的堆置方式、山体的孔隙率、含水率、比表面积、空隙率及自然环境等；内因是煤矸石山中有硫铁矿、煤等易氧化发热的物质（王建杰 等，2019），氧化是自燃的主要驱动力。因此，应根据煤矸石山的内外因条件，采取综合措施防治煤矸石山的自燃。

7.1.2　煤矸石山抑制氧化原理

1. 抑制化学氧化

由煤矸石的氧化机理可以看出，氧气、水分等都是控制氧化的重要因素。煤矸石山燃烧过程中的氧气，是通过煤矸石颗粒间的孔隙提供的，气流速度决定了煤矸石自燃的强度。煤矸石山堆积方式是影响煤矸石山内部氧气流通的主要因素，因此建议正在堆积煤矸石的煤矿，采用分层堆放碾压、分层覆土的堆放方式来阻断煤矸石山内部的空气流通，从而防止煤矸石山自燃。

除氧气以外，水也是煤矸石发生化学反应的重要因子。在已经自燃产生高温的条件下，水又可以分解为氧气和氢气，起到助燃的效果。因此，控制水分进入煤矸石山内部是降低煤矸石山氧化概率的重要途径。通过限制氧气和水分的接触，可以抑制氧化，进而能够抑制或减少煤矸石山自燃。如在尾矿上覆盖黏土、塑料、粉煤灰和水泥浆等物质，可使煤矸石山表层形成包被层，防止氧气和水进入尾矿内部，进而阻止其氧化反应的进行。

2. 抑制微生物催化氧化

煤矸石的氧化反应包括直接化学氧化、间接化学氧化和微生物催化氧化。在没有微生物催化作用下，化学氧化反应十分缓慢。随着氧化反应的进行，环境酸度的增加，氧化亚铁硫杆菌（*Thiobacillus ferroxidans*，简称 *T.f* 菌）开始生长并参与氧化反应体系，显著加速了 Fe^{2+}向 Fe^{3+}的转化，使化学反应速率提高 106 倍。因此，微生物的催化对煤矸石山的酸化氧化起到了很重要的影响。

国内外许多学者对酸性煤矸石山进行了理论和实践研究，在煤矸石山的治理中使用杀菌剂技术、还原菌和添加碱性材料等进行源头控制，已经发现了杀菌剂十二烷基亚硝酸盐（sodium dodecyl sulfate，SDS）和苯甲酸钠（sodium benzoate，SBZ）等可以杀灭或抑制产酸菌。

高吸水树脂（super absorbent polymer，SAP）和放电等离子烧结（spark plasma sintering，SPS）为酸性防腐剂，具有较高的抗菌性能，并且能够抑制氧化亚铁硫杆菌的生长繁殖，其主要是通过抑制体内的脱氢酶系统，从而达到抑制氧化亚铁硫杆菌的作用。双乙酸钠（sodium hydrogen dicacetate，SDA）与类脂化合物的溶性良好，可透过细胞壁深入氧化亚铁硫杆菌组织的细胞中，干扰细胞间酶的相互作用，促使氧化亚铁硫杆菌体蛋白质变性，即通过改变细胞的形态和结构，使菌体脱水死亡而起到杀菌的作用。

7.1.3　煤矸石山覆盖阻隔原理

根据煤矸石山自燃条件分析可知，其发生自燃的内因是煤矸石山中含有的大量可燃物，外因则是煤矸石山的供氧与蓄热条件。良好的通风条件可以使煤矸石在氧化时得到充分的供氧，但同时也会把煤矸石山自热阶段产生的热量带走。反之，若处于封闭环境中的煤矸石，虽有良好的蓄热条件，但得不到充分的氧气供应，煤矸石不会进一步氧化，自燃也无从谈起。因此，阻断煤矸石山良好的供氧条件，是防止煤矸石山自燃的有效途径。

1. 煤矸石山不同区域的供氧条件

根据供氧蓄热条件的好坏，煤矸石山从表面到内部可分为三个区域（图 7.1）：不自燃区、自热区（可能自燃区）、窒息区。

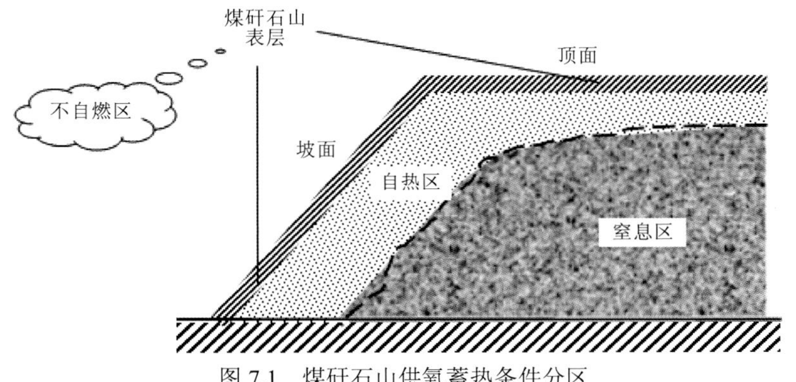

图 7.1　煤矸石山供氧蓄热条件分区

如图 7.1 所示，在煤矸石山堆场表面，虽然可以获得足够的供氧，但氧化反应产生的热量会流失到周围环境中，不足以引起自燃，此即为不自燃区。在煤矸石山内部，大部分的氧气已经在表面消耗，气流中的氧气浓度很低，煤矸石氧化反应产生的热量很小，不足以进一步升温，在这个区域不会发生自燃，称为窒息区。在不自燃区和窒息区之间有供氧并且产生的热量不会被完全带走，热量足以使煤矸石山升温，该区域称为自热区（也称为可能自燃区）。

2. 孔隙率对氧气传输的影响

煤矸石山具有一定的孔隙率，煤矸石山的孔隙率对其氧气传输有很大影响，表现在对煤矸石堆体透气性的影响（一般用渗透率 K 表征）。通过对煤矸石山氧气传输途径的研究表明，空气在煤矸石山中的流动一定程度上取决于风压（自热前是自然风压，温度升高后主要是热风压）。另外，煤矸石山渗透率的大小能够体现煤矸石堆体供氧条件的好坏。

实验表明，煤矸石山堆体的渗透率 K（m^2 或 darcy）与堆积煤矸石的孔隙率 ε（%）及它的平均有效直径 d（m）有密切关系（常建华，2006；武旭秀，2004；唐沛 等，2001）：

$$K = 2.95 \times 10^{-3} \times \varepsilon^{2.31} \times d^2 \tag{7.1}$$

由上式可知，由于煤矸石的风化作用，煤矸石的粒径减小，煤矸石山堆体的透气性降低。因此，如果煤矸石山表层覆盖不同粒径的土质材料，也会改变煤矸石山中的空气的渗透能力，覆盖小粒径的土质材料，将有效阻隔氧气，达到阻燃目的。

综上所述，通过改变煤矸石山堆体的孔隙率或降低表面覆盖材料的渗透性，改变煤矸石山堆体的供氧条件，可以防止煤矸石山自燃。

3. 煤矸石山发生自燃的临界风速

煤矸石氧化需要氧气，只有当外部供氧量大于某一临界值，氧化反应释放的热量速率大于散热速率时，热量累积使温度升高。如果未达到临界值，反应释放的热量将通过传导、对流等方式进入环境而损失，便不会发生自燃。如果反应释放的热量速率低于散热速率，煤矸石将逐渐降温。这一临界值为临界风速。

临界风速与可燃物的物理化学性质及周围环境条件密切相关。该物理量对煤矸石山构建有效隔氧阻燃的覆盖层具有重要的理论指导意义。

尽管煤矸石山自燃是一种比较特殊的燃烧系统，影响其自燃的因素比较多，但是针对煤矸石山自燃的特点和过程，只要阻断煤矸石山维持自燃过程的任意一条链条，都可以达到预防和灭火的目的。对于已经堆存至一定规模且含有大量可燃物的煤矸石山，防止自燃最好的方法是全面覆盖封闭，阻隔空气进入煤矸石山内部。

从煤矸石山自燃发生的模式来看，煤矸石山自燃需要有氧气渗入煤矸石山内部参与氧化反应，因此阻断氧气渗入煤矸石山是防止自燃的有效措施。但在实际条件下，要完全阻断空气进入煤矸石山的通道、完全隔绝氧气几乎是不可能的。通过对煤矸石山氧气传递方式和临界风速的分析，采取措施降低煤矸石山的空气流量和氧气浓度，防止煤矸石山自燃。为此，采取在煤矸石山表面构建覆盖层、进行全面封闭的做法，可以有效防止自燃的发生。

7.1.4　煤矸石山防火管理

煤矸石山综合治理应从防止煤矸石山发生自燃入手，从生产阶段、堆放阶段、产后阶段三个阶段，采取有效的措施阻止煤矸石山的自燃。

（1）生产阶段：即在堆放煤矸石之前采取一定的预防措施，如将煤矸石中的残存煤及黄铁矿分离出来，减少煤矸石中硫铁矿及碳物质含量；改变传统堆放方式，将松散的煤矸石山改变为采用分层压实并辅以周边覆土的方式来堆存煤矸石。这种方法对煤矸石山自燃起到了有效的预防效果（王晓琴，2018）。

（2）堆放阶段：利用阶梯倾倒、分层平整的堆积方式，使煤矸石面保持一定的层次和高度，每层采用黄土覆盖、压实工艺进行封闭处理。通过规范煤矸石堆放方式，既能杜绝因不合理堆放而给环境带来的污染，又能有效切断煤矸石氧气供应，防止煤矸石山自燃（张伟，2013）。

（3）产后阶段：一方面，隔离开新煤矸石山和燃烧后的老煤矸石山，保证新煤矸石不被燃烧中的煤矸石引燃（霍志国，2019）。另一方面，煤矸石山表面及边坡应该及时进行覆土和植树绿化，恢复生态环境，防止煤矸石山的自燃。通过在山西潞安王庄煤矿进行煤矸石山植被恢复，从煤矸石山包括整形整地、覆土、绿化栽植、后期管理等方面提出一套在半干旱、低温等恶劣环境下煤矸石山绿化的治理方法。

7.2　抑制氧化防火技术

7.2.1　杀菌剂的筛选

1. 杀菌剂种类的选择

20 世纪 80 年代以来，国外学者已经开始研究如何使用杀菌剂技术在煤矸石山的治理中来抑制氧化和酸性的产生，获得了一定的研究成果。近年来，国内许多学者为从源头治理酸性煤矸石山，以原位污染控制为目的开展了大量研究。

胡振琪等（2008）分别利用十二烷基硫酸钠（SDS）和苯甲酸钠（SBZ）进行了从源头防止煤矸石山酸化污染的实验，以菌液的酸碱性（pH 值）、氧化还原电位（Eh）、Fe^{2+}的氧化程度为指标，进行抑制嗜酸性氧化亚铁硫杆菌（*A.f* 菌）氧化作用的因素的探讨。结果表明：当十二烷基硫酸钠质量浓度为 10 mg/L 时，Fe^{2+}氧化抑制率为 75.69%；当苯甲酸钠质量浓度为 30 mg/L 时，Fe^{2+}氧化抑制率为 75.89%（图 7.2）。

以 Fe^{2+}的氧化速率为指标，将温度、酸碱度和十二烷基硫酸钠的浓度进行了三种因素正交实验，结果表明：抑制 *A.f* 菌的最佳效果条件为 25 ℃条件下、pH 值为 3，且 SDS 质量浓度为 7.5 mg/L。钟慧芳等（1987）通过研究硫铁矿氧化的机理发现，该过程受到特定微生物的催化后可加快 50～60 倍。

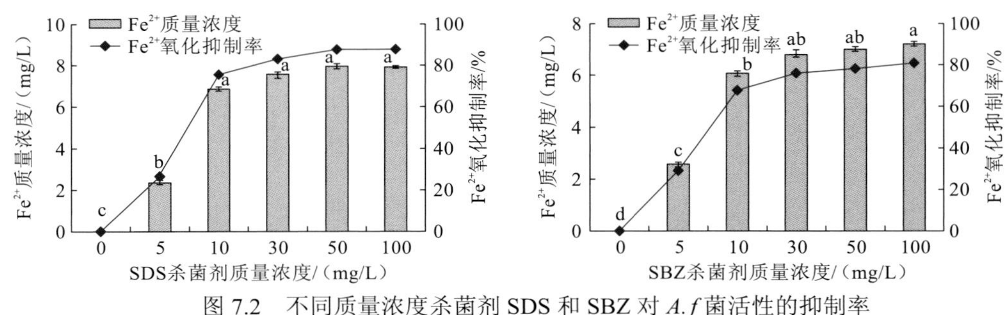

图 7.2　不同质量浓度杀菌剂 SDS 和 SBZ 对 *A.f* 菌活性的抑制率

5%水平下的 Duncan 新复极差法显著性检验；不同符号代表差异显著

因此，以 10 mg/L 的十二烷基硫酸钠（SDS）和 30 mg/L 的苯甲酸钠作为杀菌剂，将煤矸石用喷洒或浸润的方式进行处理，对 Fe^{2+}的氧化抑制率可达 75%以上，能够对含硫煤矸石的氧化产酸和污染物释放有着极为显著地抑制作用。

2. 杀菌剂的不同作用效果

将嗜酸性氧化亚铁硫杆菌（*A.f* 菌）从煤矸石样品中分离纯化，并进行实验，选用十二烷基硫酸钠（SDS）、三氯生、卡松（异噻唑啉酮 *isothiazolinone*）作为杀菌剂，测定了多种处理方式下的 pH 值、氧化还原电位 Eh、Fe^{2+}氧化抑制率，并将杀菌剂对 *A.f* 菌活性的抑制效果、最佳使用浓度及在不同环境中的稳定性进行分析。结果表明：加入杀菌剂能有效抑制 Fe^{2+}氧化，从而防止溶液 pH 值降低和 EC 升高。卡松质量浓度为 30 mg/L 时，Fe^{2+}的氧化抑制率可达 74.25%（图 7.3）；三氯生质量浓度为 16 mg/L 时，Fe^{2+}的氧化抑制率可达 83.48%（图 7.4）；SDS 质量浓度为 10 mg/L 时，Fe^{2+}的氧化抑制率可达到 83.76；在 pH 值为 1.00～5.00、温度为-10～30℃的条件下，三种杀菌剂都能保持 80%以上的抑菌率（表 7.1 与表 7.2）（徐晶晶 等，2014）。

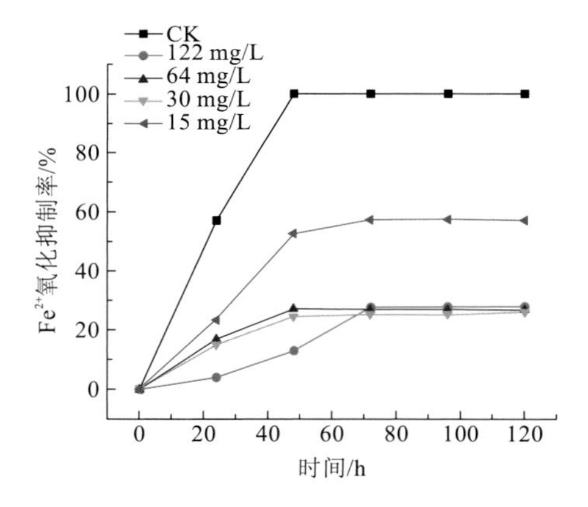

图 7.3　不同质量浓度卡松菌液对 Fe^{2+}氧化抑制率的影响

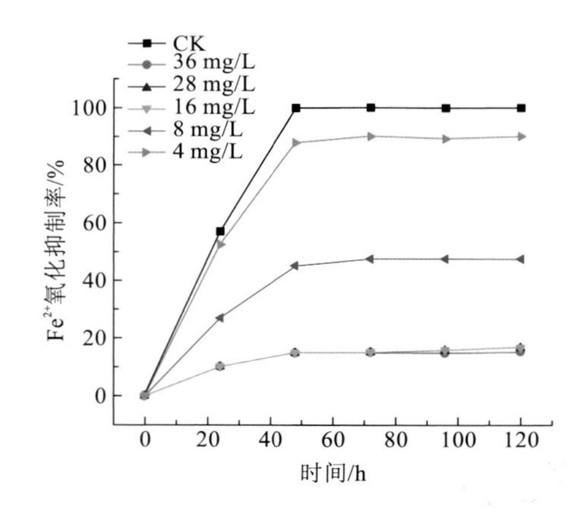

图 7.4　不同质量浓度三氯生菌液对 Fe^{2+}氧化抑制率的影响

表 7.1　不同温度下杀菌剂的抑菌率

温度/℃	杀菌剂抑菌率/%		
	SDS	卡松	三氯生
-10	99.0	99.3	99.5
0	96.7	98.4	98.1
10	82.0	83.5	87.0
20	84.1	82.2	87.5
30	83.9	83.0	87.6
35	83.8	78.5	86.3

表 7.2　不同 pH 值条件下杀菌剂的抑菌率

pH 值	杀菌剂抑菌率/%		
	SDS	卡松	三氯生
1.00	90.1	89.3	92.4
2.00	83.7	83.2	86.9
3.00	85.2	84.5	87.7
4.00	83.0	85.6	84.6
5.00	89.0	88.3	86.9

研究发现三种杀菌剂均在不同作用点、不同程度上能够有效地抑制 *A.f* 菌活性而使其失活。其中，卡松可以导致 *A.f* 菌（图 7.5）溢出少量蛋白和脂质，作用 3 h 会使 *A.f* 菌体表面出现明显裂纹和皱缩（图 7.6）；三氯生可以令 *A.f* 菌脂质少量外溢，作用 3 h 会使 *A.f* 菌表面发生皱缩和破损，大量原生质流出（图 7.7）；SDS 可以导致 *A.f* 菌发生大量蛋白和脂质溢出，作用 3 h 即能够破坏 *A. f* 菌表面结构，使得菌体形态扭曲变形（图 7.8）（徐晶晶 等，2014）。

图 7.5　正常 *A. f* 菌形态

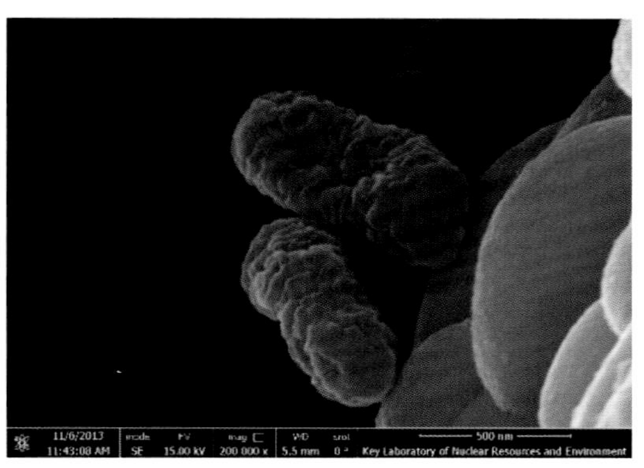

图 7.6　卡松作用 3 h 后的 *A. f* 菌

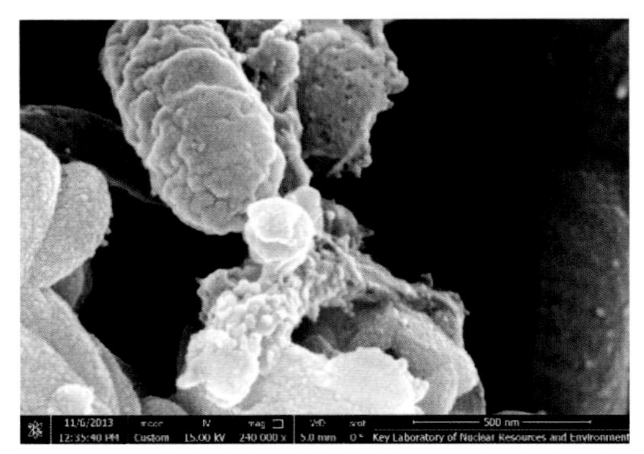

图 7.7　三氯生作用 3 h 后的 *A.f* 菌

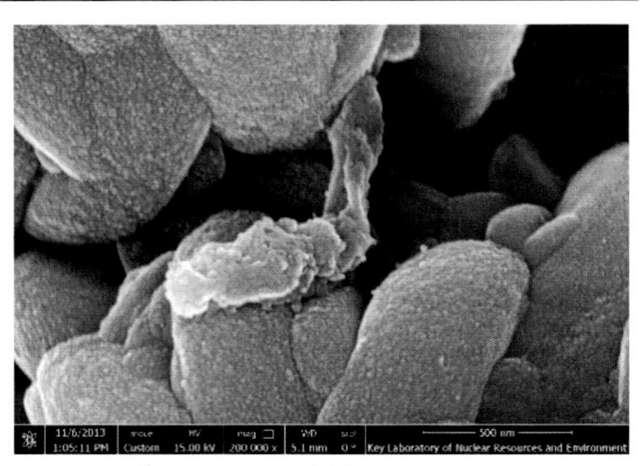

图 7.8　SDS 作用 3 h 后的 *A.f* 菌

在此研究基础上，将卡松、三氯生、SDS 等多种杀菌剂按特定比例混合成复配杀菌剂，可以进一步提高对氧化亚铁硫杆菌的抑制率，并且可添加保水剂作为载体制成缓释剂，从而极大地延长杀菌剂的有效时间。

综上研究，*A.f* 菌能够被杀菌剂有效杀灭，达到抑氧、固硫和降温的作用，而煤矸石中硫化物的氧化是酸性煤矸石山污染和环境灾害的主要来源，其中微生物（*A.f* 菌）的催化氧化是主要原因之一。因此，该研究对减少酸性水产生、降低自燃风险、控制污染扩散及促进植被恢复具有重要意义。

7.2.2　还原菌的筛选

1. 还原菌研究现状

在煤矸石堆放初期，环境酸碱度呈现碱性或中性，氧化反应速率非常缓慢；随着氧化反应进行，当堆体 pH 值降低至 4.5 以下时，反应即进入持续自我氧化的高速循环反应阶段。因此，通过调控堆体 pH 值能够将煤矸石氧化速率抑制在较低的水平。

利用硫酸盐还原菌（SRB）处理矿区废石堆场酸化污染是当前国际上最具有应用前景的方法之一。该方法属于微生物法，其基本原理是 SRB 在厌氧条件下转化硫酸盐，催化氧化有机碳和提高 pH 值，同时溶液中的重金属离子可被产生的 S^{2-}沉淀。将酸性矿山废水（acid mine drainage，AMD）用该方法进行处理，具有经济适用、无二次污染等优势。

马保国等（2008）先后从山西、湖南等地的煤矸石山土壤样品中将硫酸盐还原菌进行分离。实验表明，煤矸石浸出液中 SO_4^{2-} 在 SRB 的作用下，去除率可达 90%以上，浸出液的酸性和重金属离子含量能够显著降低（图 7.9 与图 7.10）。

2. 还原菌的提取与实验

采用好氧-厌氧交替分离方法，从煤矸石堆体酸化土壤中分离、纯化出一株兼性厌氧的硫酸盐还原菌，分析菌株的 16S rRNA 基因序列、形态和生理生化特性，并利用柱状淋溶实验测定该菌株对煤矸石酸化污染的修复效果。结果表明：该菌株与枯草芽孢杆菌

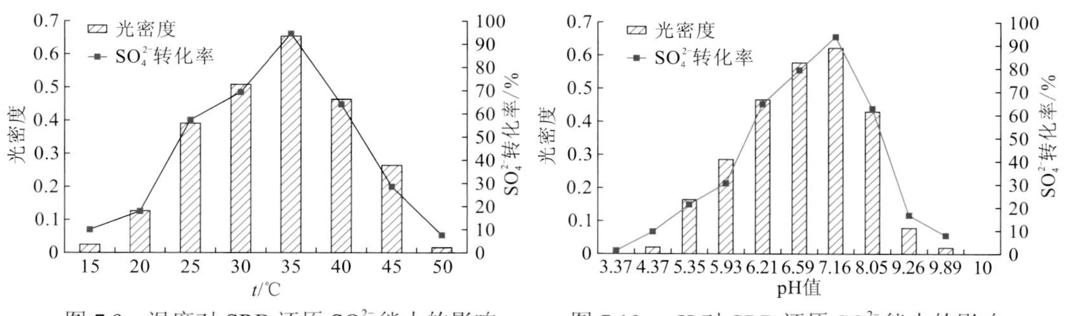

图 7.9　温度对 SRB 还原 SO_4^{2-} 能力的影响　　图 7.10　pH 对 SRB 还原 SO_4^{2-} 能力的影响

（*Bacillus subtilis*）具有 99.93%同源性，命名为 *bacillus subtilis* S-19（图 7.11）。外形为杆状，大小（0.4～0.6）μm×0.2 μm，最适生长温度范围为 25～35 ℃，在 pH 值为 4～8 的环境中均生长良好。在无任何外加碳源的条件下，接种该菌株 18 d 后，可将已酸化煤矸石的 pH 值由 3.09 提升至 4.62[图 7.12(a)]，同时去除 48.25%的硫酸盐离子[图 7.12(b)]，有效控制煤矸石堆场高盐酸性废水的产生（Zhu et al.，2020）。

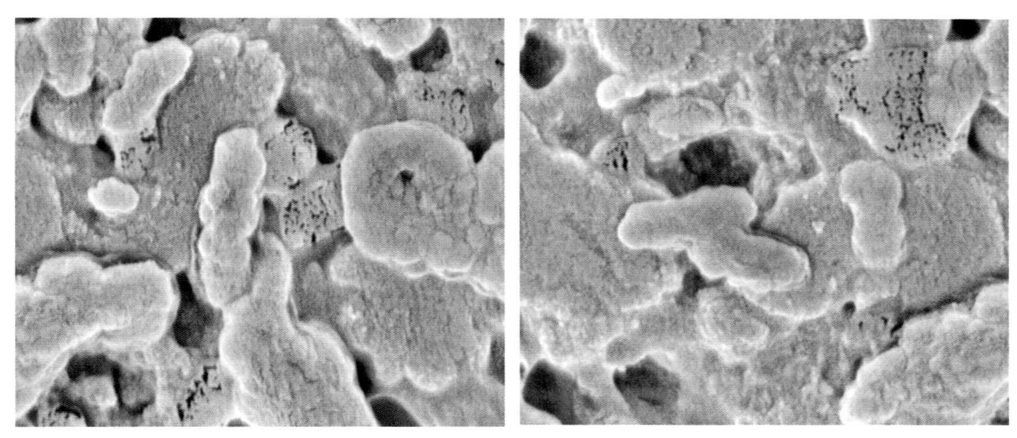

图 7.11　菌株 S-19 的透射电镜照片

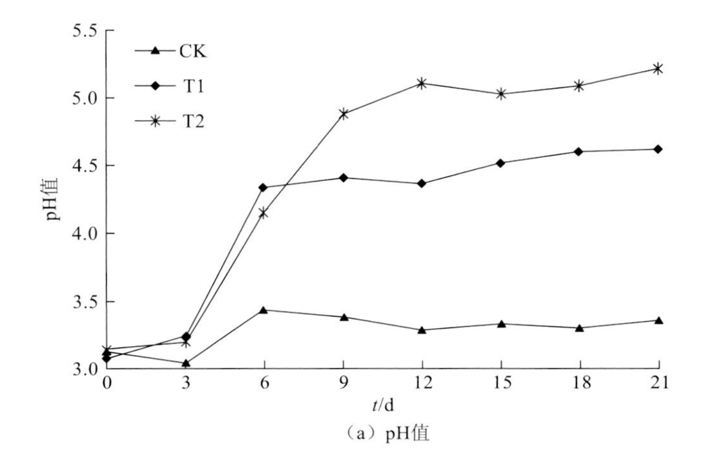

（a）pH值

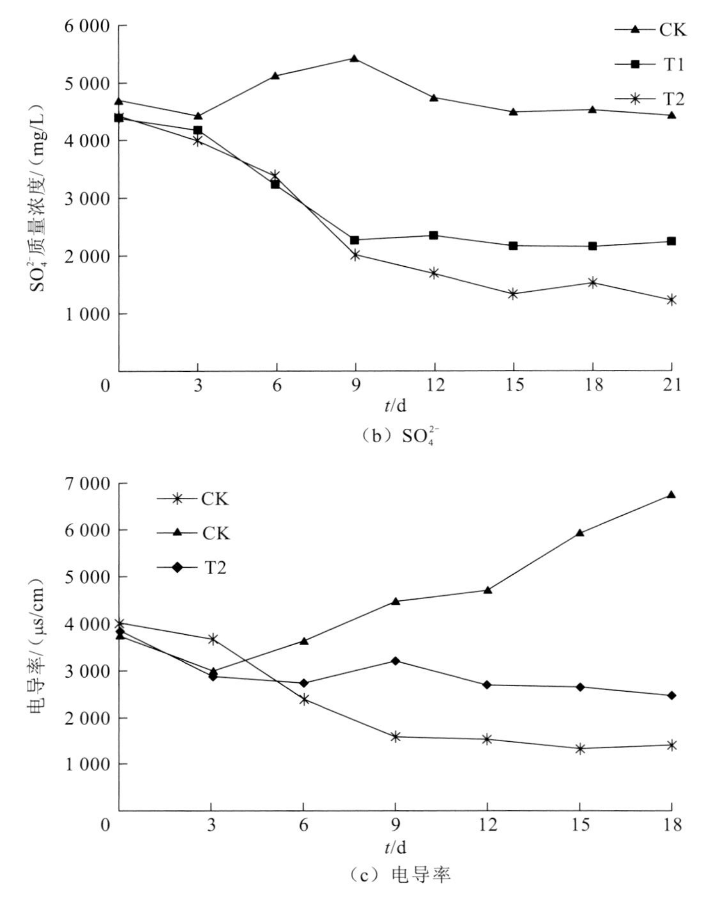

（b）SO_4^{2-}

（c）电导率

图 7.12　不同处理对风化煤矸石 pH 值、SO_4^{2-} 浓度和电导率的影响

CK 组不做处理，T1 组加入 10 mL 对数期菌液，T2 组加入 10 mL 对数期菌液和 100 mL 质量浓度为 50 mg/L 的 SDS 溶液

在煤矸石山防污染治理的过程中，可以将用于处理酸性废水的硫酸盐还原菌应用于煤矸石山酸化污染控制领域，提高环境 pH 值以减缓硫铁矿氧化速率。将该 SRB 菌株应用于煤矿酸性废石堆的酸化污染修复中，外加少量碳源的条件下经过 21 d 培养后，可将煤矸石浸出液的 pH 值提升至 7.02；温度和碳源量是限制 SRB 活性的主要因子，在 30℃好氧培养条件下，接菌 6 d 后可将培养液 pH 值提升至 7.86，硫酸盐去除率达到 66.68%。在无任何外加碳源的条件下，向酸化煤矸石中接种该菌株 18 d 后，可将煤矸石的 pH 值由 3.09 提升至 4.62，抑制煤矸石氧化循环反应；淋溶液中硫酸盐质量浓度由 4 399.28 mg/L 下降至 2 276.47 mg/L，去除率为 48.25%，可有效防止高盐淋溶水污染堆场周边土壤和水体。

7.2.3 杀菌剂与还原菌的耦合及其施用

1. 杀菌剂与还原剂的耦合

利用实验室前期分离的硫酸盐还原菌 *Bacillus subtilis* S-19，以及从十二烷基硫酸钠（SDS）、卡松和三氯生等有机杀菌剂中筛选出能与 S-19 协同使用的杀菌剂，分析 S-19 对有机杀菌剂的降解率，并利用柱状淋溶实验测定有机杀菌剂与 S-19 协同使用对煤矸石酸化污染的修复效果（Zhu et al.，2020）。

结果表明：①在抑制 *A. f* 菌的最小抑菌浓度下，只有 SDS 对 S-19 生长无抑制效果，S-19 可利用 SDS 作为唯一碳源，7 d 后 SDS 降解率为 86.90%（图 7.13 与图 7.14）；②向风化煤矸石填充柱内加入 50 mg/L 的 SDS 和 S-19 菌株 21 d 后，淋溶液中 SO_4^{2-} 降低 72.19%，pH 值由 3.15 上升至 5.21，效果显著高于单独使用 S-19 的处理（图 7.12）；③接种 S-19 能够降低新排煤矸石淋溶液中的 SO_4^{2-} 和可溶性盐浓度，但不会提高 pH 值，SDS 协同 S-19 使用与单独使用 S-19 的处理效果没有明显差别（图 7.15）。

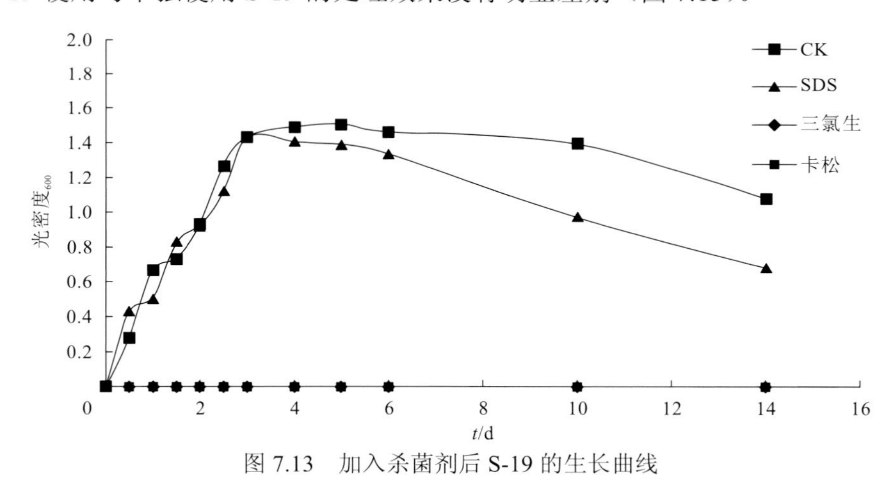

图 7.13　加入杀菌剂后 S-19 的生长曲线

图 7.14　S-19 对 SDS 降解率变化曲线

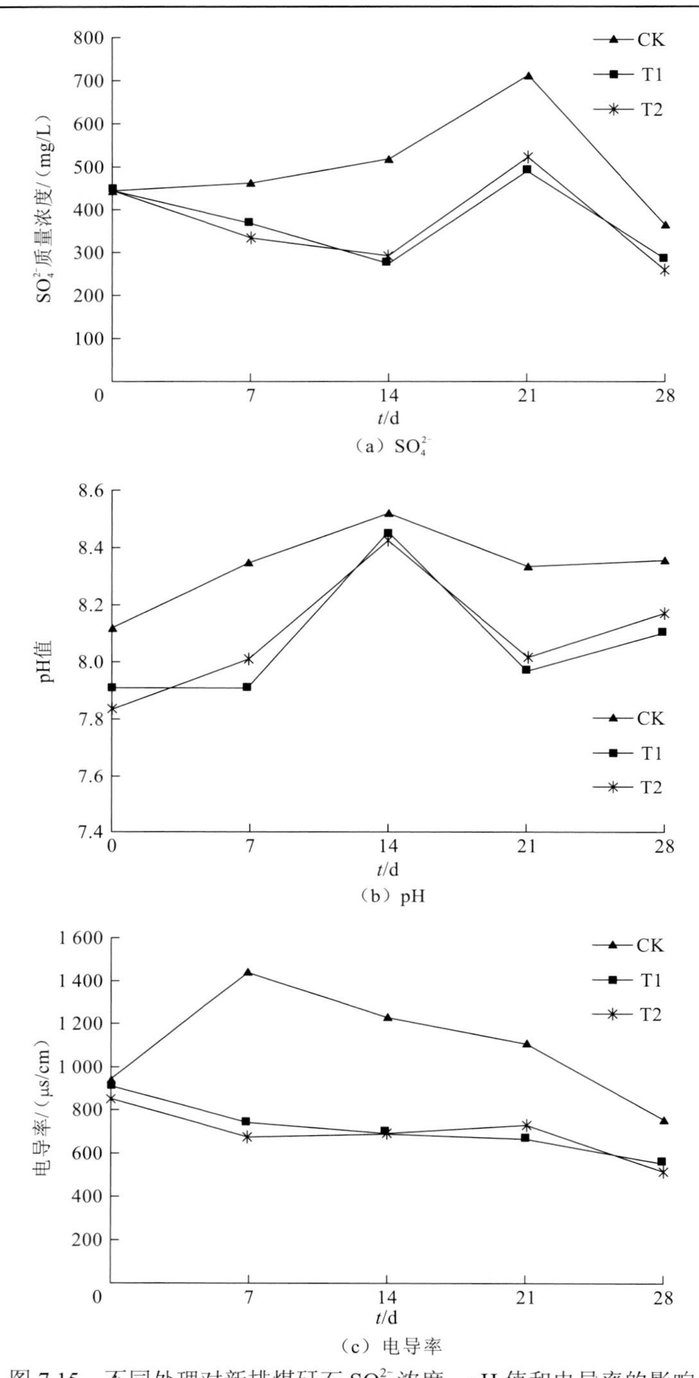

（a）SO_4^{2-}

（b）pH

（c）电导率

图 7.15　不同处理对新排煤矸石 SO_4^{2-} 浓度、pH 值和电导率的影响

CK 组不做处理，T1 组加入 5 mL 对数期菌液，T2 组加入 5 mL 对数期菌液和 50 mL 质量浓度为 50 mg/L 的 SDS 溶液

由实验结果可看出，SRB 对杀菌剂有耐受性较好的特点，因此 SRB 与复合杀菌剂能够联合施用于煤矸石表面，SRB 可将杀菌剂作为自身碳源，达到最大化抑制硫铁矿氧

化的效果。

2. 杀菌剂与还原剂的施用

煤矸石自燃的驱动力是氧化。在整形、整地之后，应立即对裸露煤矸石喷洒氧化抑制剂，达到抑制氧化、防止燃烧的目的。该药剂是针对催化煤矸石氧化反应的嗜酸氧化亚铁硫杆菌（*A.f* 菌）所开发的专性杀菌剂，可实现对氧化亚铁硫杆菌活性的完全抑制。具体使用方法如下。

1）SDS 与三氯生复合杀菌剂

将阴离子表面活性剂与非离子的高效广谱抗微生物剂进行物理混合，阴离子表面活性剂采用 8～15 mg/L 的十二烷基硫酸钠，所述非离子的高效广谱抗微生物剂采用 10～18 mg/L 的三氯生。十二烷基硫酸钠与三氯生的体积比为 1∶4～1∶6。采用机械设备将该复合氧化抑制剂向煤矸石表面进行喷洒，具体施用量为 3.5～5 L/m^2[铁法煤业（集团）有限责任公司小康矿矸石山治理方案]。

2）SDS 与卡松复合杀菌剂

将 5～15 mg/L 的 SDS 与 20～35 mg/L 的异噻唑啉酮进行物理混合制成复合杀菌剂，所述 SDS 与异噻唑啉酮的体积比为 1∶1～1∶3 将高吸水性树脂三号絮凝剂浸入足够量的复合杀菌剂中，使高吸水性树脂在复合杀菌剂中达到饱和状态，至有渗出为止，吸附成为最小杀菌浓度的饱和凝胶。每千克煤矸石中缓释复合杀菌剂的施用量为 0.03～0.05 kg。

3）还原菌

结合杀菌剂，硫酸盐还原菌（SRB）可与其联合施用以达到耦合作用的最好效果，SRB 用量为 1～4 L/m^2，溶液浓度为 0.3%～0.5%。

7.3　隔氧防火技术

7.3.1　概述

1. 防控火浅层喷射注浆技术

1）技术原理

注浆法是直接向煤矸石山表面喷射浆液，浅层煤矸石间隙被泥浆高速冲击后堵塞，泥浆凝固后，大部分气流和水渗透通道被封堵。该方法通过控制煤矸石的燃烧条件，达到防火的目的。

2）注浆配方

碱性胶体纤维泥浆主要用于防控火注浆。在原有惰性注浆灭火剂配方的基础上，保留了碱性物质并加入了增稠剂和纤维成分，提高了脱水后浆液的韧性和抗裂性能，使包裹封口效果更持久。由于专业机械装备有良好的搅拌和喷射性能作技术支撑，浅层喷射注浆可以将煤矸石山灭火泥浆固体含量由传统的15%中等浓度提高到30%～50%的高浓度，渗透和覆盖效果都将优于传统的注浆法和覆盖法。

针对煤矸石山燃烧状况的不同和施工位置特点，采用不同的注浆工艺配方，相应调整各种防火材料的比例。

（1）石灰。石灰的基本成分是CaO。生石灰加水消解，形成石灰浆，其成分是$Ca(OH)_2$。$Ca(OH)_2$与矸石燃烧释放出的SO_2、SO_3、CO_2可发生如下反应：

$$SO_2+Ca(OH)_2 = CaSO_3+H_2O \tag{7.2}$$

$$SO_3+Ca(OH)_2 = CaSO_4+H_2O \tag{7.3}$$

$$CO_2+Ca(OH)_2 = CaCO_3+H_2O \tag{7.4}$$

反应中和掉大量酸性有害气体；生成产物$CaSO_3$、$CaSO_4$和$CaCO_3$沉淀附着在煤矸石表面起到阻燃作用，还可进一步填充燃烧区域的通道阻断氧气的流通；所生成的H_2O蒸发带走大量热量，使煤矸石迅速降温。

（2）黄土。黄土属黏土的一种，黄土中含有一定量的活性SiO_2与Al_2O_3。活性SiO_2与Al_2O_3可与$Ca(OH)_2$发生反应，生成水化硅酸钙与水化铝酸钙。

$$\text{活性 } SiO_2+x Ca(OH)_2(aq) = x CaO\cdot SiO_2(aq) \tag{7.5}$$

$$\text{活性 } Al_2O_3+y Ca(OH)_2(aq) = y CaO\cdot Al_2O_3(aq) \tag{7.6}$$

水化硅酸钙与水化铝酸钙均是水泥凝结硬化过程中的产物，具有水硬性、耐水性和抗渗能力，可起到阻燃作用。

（3）粉煤灰。粉煤灰的化学成分类似黄土，含有一定量的活性SiO_2与Al_2O_3，可与石灰起化学反应，生成具有胶凝性能的水化硅酸钙与水化铝酸钙。粉煤灰中由于燃烧不完全残留部分碳粒，含碳量高对注浆灭火不利。

（4）玻璃纤维。玻璃纤维是一种性能优良的无机非金属材料，具有拉伸强度高、耐高温、不燃和很好的化学稳定性等特性。在防火浆中加入玻璃纤维，可以提高泥浆脱水后的韧性和抗开裂性能，使防火浆对煤矸石山表面的包裹、封堵效果更持久。

（5）阻燃剂。阻燃剂具有减少或抑制氧气与煤矸石的接触和吸附的作用。在防火浆中加入一定比例的阻燃剂可以增强防灭火效果。

3）浅层喷射注浆施工技术

浅层喷射注浆法是浇灌法的现代技术模式，采用大功率泥浆喷射机向煤矸石山坡面强力喷射，实现泥浆浇灌施工。其特点是：作业危险性小，施工效率高，浆液覆盖均匀，渗透封堵效果好。浅层喷射注浆法把封堵煤矸石山缝隙、减少水流入渗和空气进入作为煤矸石山防火、控火、灭火治理的首要措施。

2. 环坡脚封闭技术

为确保防复燃彻底，隔绝空气流通，防止产生“烟囱效应”，对治理区坡面坡脚处进行封闭防复燃，封堵坡脚进风口。施工流程：坡脚开沟→降温→分层碾压回填→上层用沙子、粉煤灰、渣石等混合材料密实。

环坡脚封闭防复燃开挖尺寸：宽 3.5 m，平均深度 3.5 m（根据现场测温情况调整），如图 7.16 所示。

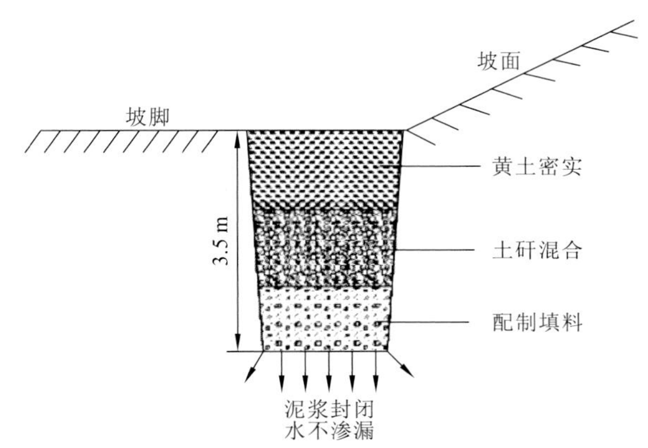

图 7.16　环坡脚封闭技术防复燃示意图

3. 全坡面封闭防火技术

抑氧措施通常仅作为临时措施，最终整地和灭火措施后，应在煤矸石山表面覆盖惰性材料以构建隔氧层。目前，在自燃煤矸石山治理中最常用的覆盖材料是黄土，某些矿区也曾自发性地尝试使用粉煤灰、石灰石、污泥等（如阳泉、晋城）直接覆于煤矸石山表面，但实践中存在许多问题。譬如，施工中对覆盖材料的选择、覆盖厚度的设计，缺乏可靠的、有针对性的研究成果做指导，给出的施工方案往往借鉴的是其他工程的参数或以经验值做参考，使得自燃煤矸石山治理效果及成本难以把握，甚至达不到预期的治理目标。通过改良优化覆盖层的材料、厚度、含水率、压实功等工程参数，在覆盖碾压法的基础上提出煤矸石山坡面封闭防火技术，具体做法如下。

（1）覆盖材料：构建煤矸石山隔氧覆盖层的最佳材料为粉土或者粉黏土。为节约土源、利用废物，可向其中添加一定比例的粉煤灰，配制成混合材料。粉煤灰添加比例根据土壤类型不同而有所区别，粉土为 50%，粉质黏土为 20%～30%。

（2）覆盖厚度：为保证覆盖层对空气的阻隔性能，粉质黏土的理想覆盖厚度为 15～20 cm，粉土的理想覆盖厚度为 70 cm。

（3）最优含水率：通过分析粉土和粉质黏土的天然含水率、风干含水率及其轻型击实条件下的最优含水率，最终得出实际施工中覆盖材料的最优含水率为 15%，即在该含水率下覆盖材料的压实性能最佳。

（4）压实功：根据实际施工经验与力学实验结果相结合，得出最经济有效的压实功大致在 100～150 kJ/m^3。一定的碾压遍数可满足轻度压实的要求（质量标准为压实度 86%），在覆盖材料含水率接近最优含水率（相差不超过±2%）的条件下，每次松铺厚度 20～40 cm，反复碾压 3～5 遍。

4. 自燃煤矸石山覆盖阻燃技术

目前我国治理自燃煤矸石山，最常采用的阻隔空气的封闭方法是黄土覆盖。但黄土只有在保持一定含水量的状态下，才能保证理想的密实度，具备一定的低渗透性，植被覆盖率低的黄土会逐渐变干、松散甚至出现裂缝，利于空气贯入和水的渗入，从而使得煤矸石中硫铁矿氧化蓄积热量并引起煤矸石自燃。

煤矸石山实施综合治理，对于着火区灭火后应及时实施合理有效地全面覆盖措施，选择合适的覆盖材料及覆盖工艺，保证覆盖层的空气阻隔性可以满足煤矸石山防止自燃的要求，防止自燃煤矸石山在治理后发生复燃，从而实现矿区自燃煤矸石山生态重建的目标。

7.3.2 覆盖阻燃技术

1. 覆盖阻燃效果的影响因素

根据达西定律（Darcy's law），多孔介质中，空气的渗透速度与材料的渗透率、覆盖厚度及气压差有关，即

$$v=\frac{K}{\mu}\cdot\frac{\mathrm{d}P}{\mathrm{d}L} \tag{7.7}$$

式中：K 为煤矸石山覆盖层的渗透率，m^2 或 darcy；为气体的动力黏度，Pa·s；L 为覆盖层厚度，m；v 为气体在覆盖层中的渗透速度，m/s；P 为自燃时煤矸石山内外压差，Pa。

基于煤矸石山治理防自燃的目标，借用空气渗流速度评价覆盖层的阻燃效果，分析式（7.7）可知，覆盖层阻燃效果主要受以下几方面因素的影响。

1）覆盖材料渗透率的影响

覆盖材料宜选择低渗透率的材料，以保障覆盖层的隔离效果。渗透率的大小与覆盖材料的粒径分布、粒度及其形状有关，粒度组成在一定程度上决定了孔隙率的大小，因此是主要因素；而颗粒大小和形状则决定了空气流通通道的大小和粗糙度。

自然界中，许多土壤天然具有相对的低渗透性，如黏土状的土壤就是天然的低渗透材料。这是由于黏土矿物的微小颗粒和表面化学特性，环境里的黏土堆积物极大地限制了流体分子迁移的速率。在垃圾卫生填埋中，天然的黏土堆积物常被用作防渗层，但对于多数废弃物的填埋场，黏土覆盖层的构建，尚需要通过掺加水分并机械压实以改变黏土孔隙结构，以实现黏土的最佳工程特性，发挥其最优隔离性能。

在煤矸石山治理中，常见的用来大面积隔离煤矸石山堆体和外界的覆盖材料，主要是黄土，也有用粉煤灰、石灰石等碱性材料包裹高温矸石，进行灭火的实践记载，但大都依靠经验进行现场操作，无理论研究做指导，所以处置效果欠佳（张克恭 等，2001）。

2）覆盖层厚度的影响

一定条件下，覆盖层厚度影响空气渗透速度的大小，对于透气性好的覆盖材料，宜

增加覆盖层厚度，以确保覆盖层中的空气渗流速度低于临界流速；对于透气性弱即阻隔性好的覆盖材料，可相对减小覆盖厚度，以降低治理成本。

一般来讲，选择覆盖材料的基本原则是因地制宜，而覆盖厚度设计的基本原则既要考虑对阻燃效果的影响，又要考虑治理成本，覆盖厚度的增加将大大增加治理的经济成本及环境成本。因此，需要研究不同覆盖材料适宜的覆盖厚度。

3）煤矸石山内外压差的影响

覆盖层的空气渗透速度受煤矸石山内外压差的影响，煤矸石山内外压差并不是一个稳定值，在煤矸石山露天堆积时间过长时，其内外压差会有所变化。煤矸石山堆积初期孔隙度大，无氧化反应，内外压差几乎为零；随着早期进入煤矸石山内部的空气供氧，内部煤矸石耗氧发生反应，煤矸石孔隙间储存空气逐渐稀薄，内部压力逐渐减小，形成煤矸石山内外正压差，空气逐渐入渗；随着空气入渗，煤矸石山内部矸石的氧化反应逐渐活跃，并释放热量，慢慢会产生热气压，从而在煤矸石山内外产生负压差，即内部压力较大，热空气逐渐向外散发；一段时间后，又趋向于内外压差相等值。

在煤矸石山尚未自燃时，空气在煤矸石山中的流动主要取决于自然风压。

另外，煤矸石山内外压差还受外界气候环境等因素的影响，如气温、风速、降水等。

综上所述，在治理煤矸石山的实践中，其外界条件是非可变因子。因此，为了保障覆盖层的阻燃效果，覆盖材料的选择及覆盖厚度的设计尤为重要。

2. 覆盖阻燃效果的评价指标

为了防止煤矸石山自燃，要求覆盖层具备一定的空气阻隔作用，减少空气渗入量，以阻断煤矸石山内部供氧途径。空气渗透量与渗透速率的关系如下：

$$v = \frac{Q}{A} \tag{7.8}$$

式中：Q 为空气渗透量，m^3/s；A 为空气渗透的截面面积，m^2；v 为空气渗流速度，m/s。

因此，覆盖层的阻燃效果可借助煤矸石山自燃的临界空气渗透速率进行评价。

以阳泉煤矸石山治理为例，沿用阳泉煤矸石山自燃风速的临界值作为覆盖层的基本性能指标，要求有效覆盖层中的空气渗流速度小于 4.4×10^{-5} m/s，以满足自燃煤矸石山治理的基本目标。

3. 覆盖材料与覆盖厚度的选择

在煤矸石山构建有效隔氧阻燃的覆盖层，需要综合考虑各个影响因素，最终目的是使覆盖层满足设计要求，具备有效的隔离空气效果。

煤矸石山的内外压差属自然条件几乎无法控制，那么构造覆盖层其隔氧阻燃效果的影响因素，就应该考虑覆盖材料的空气阻隔性及一定厚度覆盖层的阻燃效果。从保证阻燃效果的角度来看，覆盖材料应尽可能地选择具备一定隔离性的防渗材料；而材料选定之后，保证一定的覆盖厚度即可达到自燃煤矸石山对覆盖层的要求，而且覆盖厚度越厚，保证系数越高。

而另一方面，覆盖材料的选择及覆盖厚度应顾及可行性及治理成本。煤矸石山治理面积大，覆盖阻燃需要大量惰性材料，传统方法一般取当地土壤覆盖然后碾压，如阳泉，治理煤矸石山用于征地取土的费用占工程总投入的 1/3，且征地费用逐年提高。同时，征地大多为矿区农村废弃地甚至耕地，取土导致的植被破坏、土地减产、水土流失等一系列环境问题不可忽视，也与保护环境治理煤矸石山的目标相违背，国家有关保护耕地及土地资源的政策也不允许大量取土治理煤矸石山。因此，土源问题在很大程度上限制了煤矸石山大量覆盖土壤的治理实践。

粉煤灰是煤矿区常见的、堆存量大的工业废弃物，粒径小，以粉土粒为主要组成部分，其工程性质可表现出与粉土相近的一些特性（章梦涛 等，1995），未经分选的粉煤灰粒径较粉土大，阻隔性较差，但经压实后渗透率减小。有研究表明，当密实度达到 95%时，粉煤灰的渗透量将提高一个数量级，介于粉质砂土和亚黏土之间，原状粉煤灰经过粉磨技术处理后，将大大改善其颗粒级配，细度大大提高，阻隔性增加。另外有研究表明，粉煤灰覆盖可以明显地抑制煤矸石中微生物（硫杆菌）对黄铁矿氧化的催化作用并提高煤矸石淋溶液的 pH 值，这对煤矸石山防止自燃及减少环境危害有积极作用。同时，随着电力工业的迅速发展，火电厂排放的粉煤灰越来越多，对其储藏需花费巨额资金，并且占用土地对环境与生态都有不利影响。

表面喷射、封堵隔离的“双层”防火技术即先喷射以耐火纤维为主的阻燃材料构成封堵层（3 cm），再喷射以黄土为主的阻燃材料构成隔离层，达到“双层”隔氧防火目的。表面喷射的阻燃材料以纤维、阻燃剂和灰分（石灰、黄土和粉煤灰）等组成，喷射的隔离层以黄土为主，辅以土壤黏结剂、粉煤灰等。

综合分析，煤矸石山构建覆盖层，选择材料应因地制宜、顾及经济环境成本，尽可能减小土壤用量。另外，覆盖厚度增加，导致覆土压实功需要增加，工程成本增加，同时，煤矸石山坡面的施工条件较差，碾压作业较困难。因此，在进行覆盖材料及厚度的选择时，应综合考虑选择最优。

4. 压实效果与阻隔性

土质材料的压实，是通过外力加压于土体上，以增加其密实度的一种物理作业方法。工程中，常通过压实操作改变土质材料的工程特性。土质材料的这种可被压实的特性，就叫作压实性。

研究表明，土质材料压实程度越高，则土质材料的容重越大、孔隙度越小，阻隔性提高。这是因为压实将使土质材料的容重、硬度、孔隙度等性状发生明显变化。压实土体时，导致土质材料的密度增大，孔隙率减小，流体通过土质材料的平均孔隙尺寸就越小，从而导致其渗透系数减小，相应地，土质材料的阻隔性因压实而增强。压实导致土质材料中的自然大孔隙及充气孔隙减少，团聚体相互靠近并摩擦，从而使得土质材料持水能力降低，渗透率下降，阻隔性提高。在土质材料被严重压实时，其通气大孔隙甚至会降到 3%以下。

对于煤矸石，通过碾压也可降低其渗透率。有实验证明，煤矸石经压路机的反复碾压，密实度会逐渐增加，渗透率逐渐减小，当碾压遍数到一定值后，即使再反复碾压也不会明显提高煤矸石的密实度，并且煤矸石的渗透率减小缓慢。有研究在阳泉某煤矸石山现场进行试验，测定了煤矸石山在压实过程中渗透率的变化情况，测试结果如表 7.3 所示。

表 7.3　煤矸石山压实条件与渗透率的关系

参数	煤矸石山堆积条件				
	自燃堆积	碾压 1 遍	碾压 3 遍	碾压 7 遍	覆盖 20 cm 厚黄土并碾压
渗透率 K	1.4	0.81	0.26	0.15	0.051

可以看出，在反复碾压作用下，煤矸石堆渗透率不断变小。黄土的密封效果尤为明显，覆盖 20 cm 左右的黄土，就使已压实的煤矸石渗透率减小 2/3。

对于自燃煤矸石山，覆土碾压构建覆盖层的目的，就是要得到一道可有效隔氧防渗的屏障，需要最大限度地增加压实度。因此压实作业在自燃煤矸石山治理中，是一项有效的工程措施。

5. 压实效果的影响因素

1）含水率的影响

对于同一土质，在一定条件下，含水量对压实度有很大的影响。以黏土为例，黏土颗粒细且比表面积大，需要较多的水分来形成水膜。另外，黏土的黏粒中含有亲水性较高的胶体物质，所以水分对黏土的密实度影响较大。当土质材料达到最大密度和最大干容重时，土壤的孔隙率和渗透率最小，具有最佳的密封效果。

2）压实方法的影响

土质材料的压实效果不仅与土料本身性质有关，也与压实方法有关。

压实方法按其作用原理，可归纳为三类（郭庆国，1998）：静压、冲击、振冲。采用不同的压实方法，所产生的压实效果也是不同的。如平碾碾压法，作用于土体的荷载是碾磙的重量；而振动碾碾压时，土体承受的除了碾磙重量，还要承受振动力。振动法压实效果好过平碾碾压。击实法作用于土体的荷载是冲击力，振动法施加给土体的是连续快速的冲击力，比较而言，前者次数少但每次冲击动能较大，后者作用的冲击次数多动能却较小，荷载快速作用又快速离开。对于黏性土，因为颗粒间有黏结力的作用，土颗粒受荷载作用后，发生位移的阻力较大，所以冲击力大的方法压实效果较好。

3）压实功的影响

作用于土体的压实功的大小影响土的干密度。试验表明，当压实功较小时，土的干密度随压实功增大而增大，但当压实功增加至某一个值以后，干密度的增长率会减小，压实效果降低（郭庆国，1998）。根据这个性质，可选择最优压实功，以此为依据选择合适的压实机具及压实方法。

6. 覆盖阻燃技术应用

自燃煤矸石山治理，可以在自燃煤矸石山表面构建有效覆盖层以隔氧阻燃，该覆盖层需要有一定的密实度，当其中水分含量散失或蒸发时，土层会松散甚至形成裂隙。因此有效覆盖层的上表面应该覆土进行绿化栽植，一方面可以为其蓄积水分，提高阻隔性；另一方面也是煤矸石山综合治理的基本要求。

阳煤集团三矿煤矸石山是一座老煤矸石山，总治理面积约 395 亩（1 亩≈666.67 m^2），排矸年限已经有 20 余年，自燃遍布整座煤矸石山。若采用降低煤矸石山的堆积高度和安息角或分层碾压等措施进行防灭火治理，必然导致投资费用的增加，所以治理该煤矸石山，采用了“表层覆盖、整体封闭、全面绿化”的治理措施。根据当地实际情况，并依据就地取材、废物利用、经济节约等原则，在选择覆盖层材料时，除当地黄土之外，考虑添加粉煤灰。设计的自燃煤矸石山绿化治理最终覆盖为分层结构，如图 7.17 所示。覆盖系统剖面从表层向内依次为植被层、表土层、覆盖层、煤矸石。

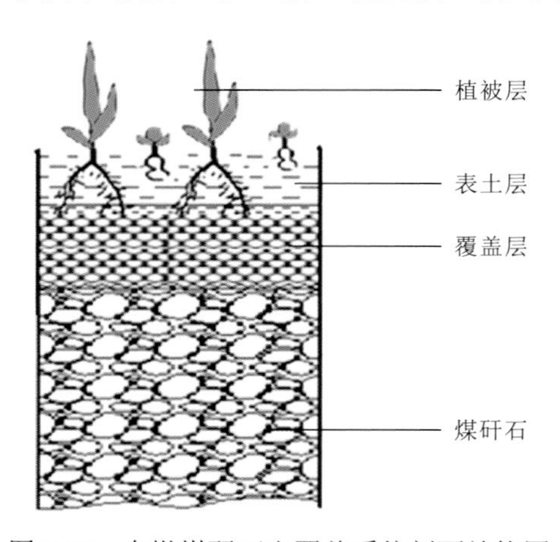

图 7.17　自燃煤矸石山覆盖系统剖面结构图

在现场施工过程中，先对煤矸石山表层进行碾压，煤矸石碾压一方面减小了煤矸石表层孔隙率，有助于防渗，另一方面可以改善松软基础以构建隔离层。有效覆盖层（简称覆盖层）的功能就是隔氧防燃，由惰性材料经碾压达一定密实度，从而保证一定的空气阻隔性，主要材料为当地黄土，也可在黄土中掺入经济而有效的其他材料，如粉煤灰，经试验设计按比例掺比，材料覆盖于煤矸石山坡面，经碾压达到一定的密实度（0.85），使之具备一定的空气隔离效果，从而阻断外界空气渗入煤矸石山内部，达到防止煤矸石山自燃的目的。在有效覆盖层之上再覆盖自然土或营养土（壤土），按具体情况选择表土层厚度（不低于 20 cm），在此基础上进行植被栽植。带有植被的表土层可有效防止下伏覆盖层因干燥脱水引起的干裂，从而保证维持其一定的空气阻隔性。另外，绿色植被层可有效防止风、雨对覆盖土的侵蚀，并减小外界温度对煤矸石山的影响。现场施工见图 7.18。

（a）初步整地　（b）覆盖惰性材料

（c）黄土中掺入粉煤灰　（d）坡面碾压

（e）施工现场用来构筑排水沟的生态袋　（f）治理一年后的绿化效果

图 7.18　覆盖系统施工现场

7.4　抑氧隔氧耦合防火技术

煤矸石山自燃的主要原因是硫铁矿的氧化产酸、产热，其中氧气的存在和氧化菌的催化氧化是硫铁矿发生氧化的最主要的驱动力，有效的煤矸石山防火措施是抑制硫铁矿氧化并隔绝氧气，这也是防止复燃的关键措施。

在煤矸石山堆放或治理过程中，对暴露在空气中的煤矸石，施用杀菌剂和还原菌以抑制其氧化过程，其时效一般为 1～3 个月。当煤矸石堆放达到一定高度要求或做最终治理时，需要采用粉煤灰与黄土混合覆盖碾压的隔氧技术。将两种技术方法相结合，形成抑氧隔氧耦合防火技术，可以有效防止硫铁矿的氧化，进而达到防止煤矸石山自燃的目的。

第 8 章　煤矸石山植被重建技术

煤矸石长期堆放，其表面会产生风化，被雨水淋洗后产生酸性废水，对地下土壤及地下水造成一定污染，并对人的生命及财产产生严重危害，因此煤矸石生态系统重建迫在眉睫。治理煤矸石山一方面修复了土地自身的生产力，同时又为人类的生产、生活及动植物、微生物的生存营造一个适宜的生态环境。煤矸石山废弃地的环境恢复必须遵循几个生态学原则：以群落为基本单位、生物多样性、景观多样性、适地适植物、生态演替、整体性和系统性。煤矸石山植被恢复的目标是在矿区内形成一个稳定、高效的煤矸石山人工植被可持续生态系统。煤矸石山的生态演替如果不受干扰破坏，就会沿着自然演替序列不断进化，在经历相当长的历史过程，甚至一万年的时间最终形成，但是如果能通过人工干预，人为地营造植物群落生长所需的必要条件，就有可能大大缩短演替时间，在短期内建立起能适应煤矸石山环境条件的植物群落类型，从而实现矿区生态环境的改善。

8.1　煤矸石山植被重建问题分析

8.1.1　煤矸石山植被重建问题树

在分析煤矸石山植被重建时，分别从煤矸石山的立地条件、煤矸石山的基质改良、植物的类型选择、植物的栽植技术、植物的空间配置、植物的培育管理及煤矸石山生态系统的修复监测和评价等方面来进行综合分析，建立问题树（图 8.1）。

根据对问题树的分析，得出常规的煤矸石山在植被重建方面主要有以下三处不足。

（1）没有全面地了解煤矸石山的立地条件，导致对煤矸石的治理没有针对性。常规的煤矸石山治理只是简单地去借鉴园林造林方面的经验，没有针对煤矸石山特殊的立地景观条件做出相应的植物规划方案，使得植被重建效果不好，景观效益差，生态可持续性不强。

（2）没有科学的理论支撑以及专业的指导，尚未形成体系。首先，在植被重建过程中，几乎没有考虑修复周围的自然环境，使其恢复到自然状态。其次，修复生态的过程不系统，没有科学的设计理念和全面总结。最后，人工痕迹太严重，与周围的自然景观形成强烈对比，使得总体景观不和谐。

（3）植物的选择不科学，空间配置不合理。常规煤矸石山生态修复重建时盲目地选择植物品种，没有考虑其是否能稳定地生长、对当地环境的适应性等问题。植物不能正常地生长将直接影响植被重建的生态效益。

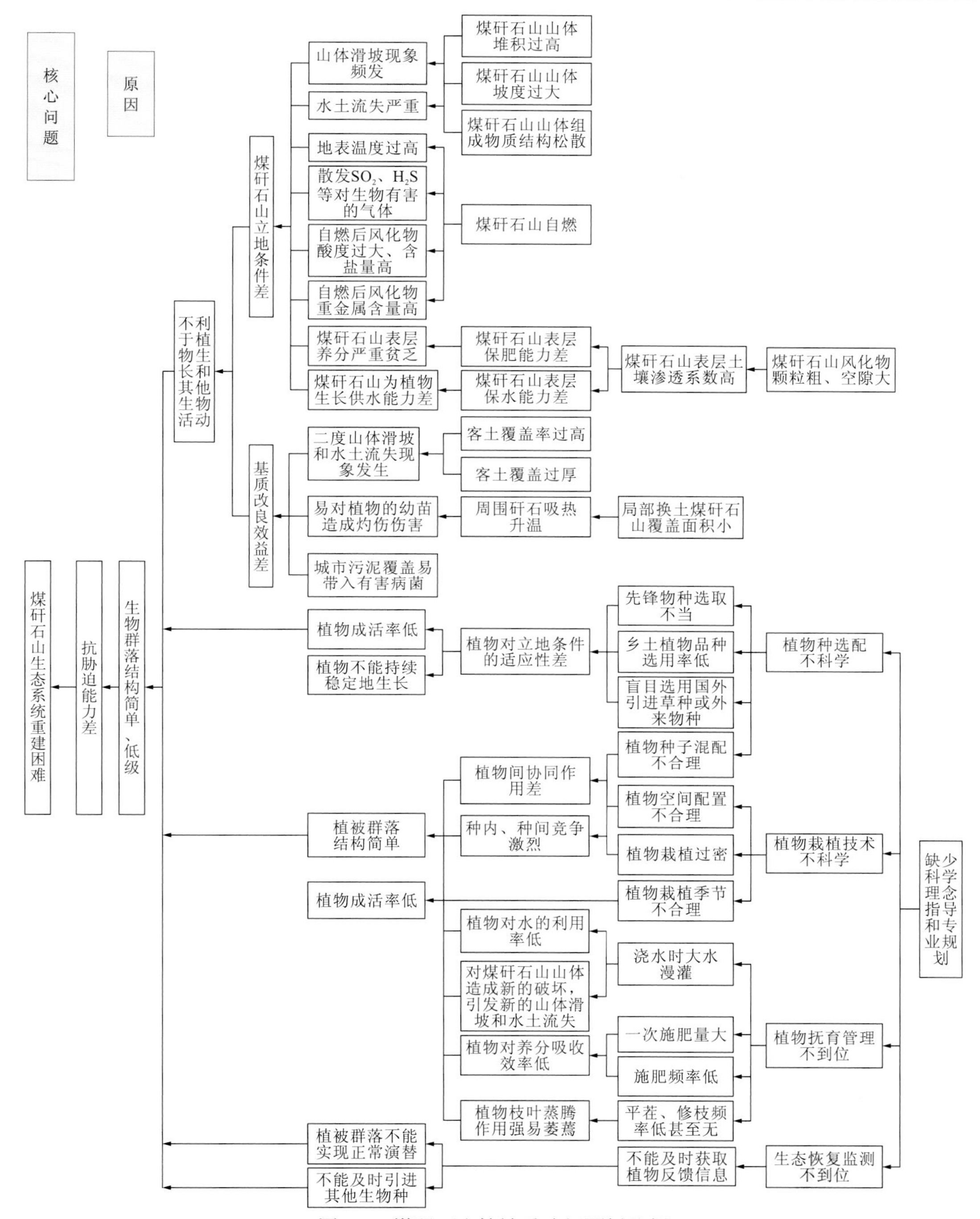

图 8.1　煤矸石山植被重建问题树分析

8.1.2　煤矸石山植被重建的关键因子分析

从生态学的观点及近自然治理理念的关键点来看，煤矸石山的生态修复不仅仅是种植花草树木，而是要形成一个能够自我维护、运行良好的生态服务系统。近自然生态治理理念就是根据地理分布情况和区域差异规律，遵循生物生态地带性、限制性、物种多样性、生态与生物互补性、植物适宜性、生态系统稳定性、种群空间分布格局、能量流动物质循环、生态系统演替、景观生态学以及美学的原则，模拟当地良好的生态系统，全面考虑非生物环境、生物（生产者、消费者、分解者）及景观等各项生态系统要素，确定主导生态因子。

在煤矸石山应采用土矸混合法敷设坡面土壤基质，植被方面主要选用适宜的乡土乔、灌、草作为植物材料，利用各物种间互利、竞争和共生关系及植物特性、群落演替规律，在空间上合理配置，在同时期栽植或点播、撒播。通过 3 年高强度人工干预和管护，使坡面 1 年内形成以草本枯落物为主的腐殖质层，3 年内形成稳定的灌木层，5 年内乔木层基本稳定；同时在场地内放置枯木和鸟巢等，引进周边动物和微生物，从而实现人工干预下的煤矸石山生态系统快速重建，为煤矸石山生物多样性、稳定性的形成打下基础。

基于煤矸石山的生态重建模式，煤矸石山近自然生态重建的关键因子如下：

（1）煤矸石山土壤基质的改良，使之接近植物生长的自然条件。

（2）植物物种选择应包括乔灌草多种类型，选择乡土树种或引进能在本地生长良好的外来树种。

（3）乔灌草应同时栽植，高强度管护。

8.1.3 煤矸石山植被重建关键技术

通过对“煤矸石山生态系统重建困难”这一核心问题的分析，本书提出以下煤矸石山植被快速重建关键技术（表 8.1）。

表 8.1 煤矸石山植被快速重建关键技术

关键技术	技术要点	技术指向
考察、分析、评价当地生态系统	实地调查、分析与评价	全面了解当地生态系统概况，为煤矸石山近自然生态修复重建提供参照
物种筛选技术	以乡土物种为主，适当地选择能在本地生长良好的外来物种	成活率高，能稳定持续生长
植物栽植与物种引进技术	①采用合理的植物栽播技术对草、灌、乔同时期栽播：草、灌，远程喷射播种；乔，穴栽、扦插、压条 ②乔、灌、草植物在栽播时要做好合理的空间布局：阴坡和阳坡，反坡平台和隔坡上要选择不同的植物种，且栽播密度要合理 ③放置枯木与鸟巢	防止水土流失，进行土壤改良，增加生物多样性、景观异质性与可观赏性，提高生态系统稳定性

续表

关键技术	技术要点	技术指向
群落演替控制管理技术	①1～3 年内进行高强度抚育管理：浇灌、喷水或滴灌，追肥，平茬，修枝 ②动态观察、记录植物群落的演替情况，适当引进其他生物种	生物群落正常演替，1 年成草—3 年成灌—5 年成乔，煤矸石山生态系统得以快速重建
多功能生态景观结构构建技术	生态景观合理规划	提高生态系统服务功能，使生态系统重建后的煤矸石山潜在的美学价值与旅游价值得以发挥，改善生态环境促进经济发展与社会稳定

8.2　煤矸石山基质层土壤改良与重构技术

8.2.1　近自然生态系统重建技术方法与步骤

在短时间内形成能适应煤矸石山恶劣的环境条件，且生长状况良好的植物群落，进行人工促进植被快速恢复的方法和步骤如下，见图 8.2。

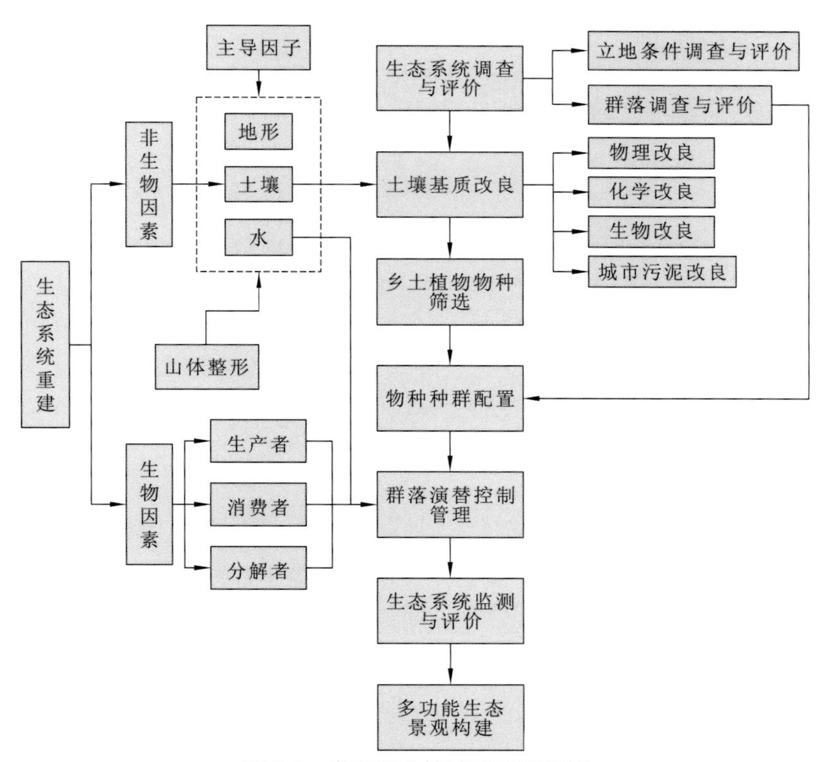

图 8.2　煤矸石山植被重建流程图

（1）生态系统调查与评价。实地调研煤矸石山及其周围地区的地形情况、土壤环境、气候类型及现存的群落类型等，确定影响煤矸石山生态重建的主导生态因子和潜在优势物种。

（2）煤矸石山土壤基质改良。采用物理、化学、生物、城市污泥 4 种改良方式促进土壤熟化，形成接近自然状态的土壤结构。

（3）乡土植物物种筛选。结合适宜性、限制性的原则，对煤矸石山周边物种及物种入侵状况进行调查，了解当地乡土树种和活动状况，确定优势物种。

（4）物种种群配置。考虑生物多样性、种群密度制约性、能量流动与物质循环，以及景观美学的原则，合理配置构建乔灌草、动物、微生物共生的多物种种群结构。

（5）群落演替控制管理。将草本、乔木、灌木同时播种，注重植物间的空间搭配和物种间的相互协作关系。采用浇灌喷水或滴灌、追肥、平茬、修枝和群落演替控制与恢复等技术，精心管护，加强综合管理，搞好除草与病虫害防治，促进苗木健康生长。

（6）生态系统的监测与评价。对植被的生长情况及物种丰富度的监测，是评价煤矸石山生态系统重建成败的重要步骤。

8.2.2 土壤基质改良

煤矸石山的土层比较薄，储水能力和肥力差，植物生长不良难以成活，且成活后的管理也比较难。因此对煤矸石山进行生态修复必须要对煤矸石山的土壤进行基质改良，只有达到一定的土壤厚度，具备一定的保水、保肥能力才能达到植物生长的基本条件，同时又要经得起自然降水的冲刷而不脱落。主要应用物理、化学、生物、城市污泥等土壤基质改良技术。

1. 物理改良

物理改良包括改善山体形状和改善土壤物理结构两方面。一是整理煤矸石山的山体，减缓山体的坡度，增加山体的稳定性，避免发生滑坡等灾害。二是改善土壤环境，将黄土与煤矸石进行配比混合后覆盖在煤矸石山坡面表层，根据种植植物对土壤厚度的要求来确定覆土厚度。这种土矸混合的措施在实践中已经应用很久，但是在文献研究中却很少报道，而这种方法能够有效地改善煤矸石山土壤环境，促进植物生长（图 8.3）。

2. 化学改良

化学改良是指通过化学物质来改善煤矸石山的土壤环境。煤矸石山的土壤一般都缺少 N、P、K 元素，采用少量多次的施肥方法，并搭配 N、P、K 元素一起使用（图 8.4），效果良好。如果不是中性土壤，或是土壤的含盐量、重金属量过高，应先处理土壤再进行施肥。酸性土壤可以利用碱性物质（如石灰等）来中和，酸性高或者持续时间久则要多次加入少量的石灰。碱性土壤利用酸性物质（如硫石膏、硫酸等）来中和。重金属含量高的土壤可利用碳酸钙、硫酸钙等减轻金属毒性，乙二胺四乙酸（$C_{10}H_{16}N_2O_8$）能将重金属离子变成稳定的络合物，以此来减轻毒性。

图 8.3　土矸混合示意图

自燃煤矸石山被彻底扑灭后，土矸混合后敷设在山体表面，形成土壤基质

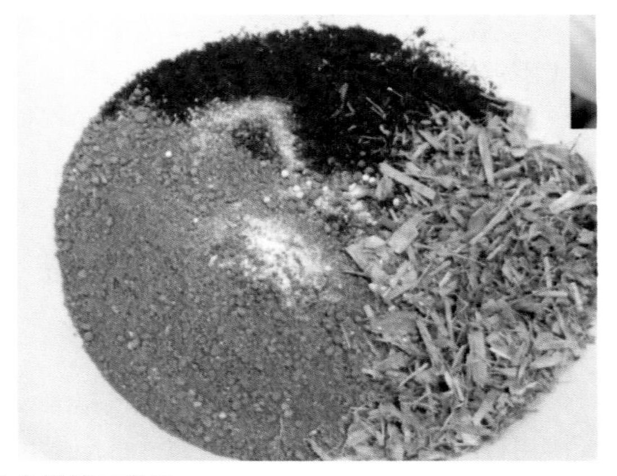

图 8.4　化学改良措施示意图

3. 生物改良

生物改良是指种植耐性强的植物，并使用微生物菌肥。如种植重金属富集植物、固氮植物（如胡枝子），施加固氮微生物（如苜蓿根瘤菌）、绿肥作物（如荞麦）；利用菌根、真菌等来修复煤矸石山土壤环境。针对该地区的植物生长限制因子，如干旱、缺氧、强酸性，分别选择耐旱、耐酸、耐贫瘠植物进行改良。

4. 城市污泥改良

城市污泥改良是指利用污泥中的N、P、K等养分及大量的微生物，来改善煤矸石山的土壤环境，提高肥力并增加微生物。在重金属含量不超标的情况下，污泥的施用量以135 t/hm^{2}为宜，施用污泥后，牧草产量比对照组提高3倍左右，阳离子代换量较种植前提高3%～36%，微生物总数将达到对照微生物总数的20倍左右。

8.3 植物物种筛选与配置

8.3.1 植被筛选原则

选择煤矸石山植物时要符合“生态适应性、相似性、先锋性、抗逆性、多样性、特异性、适地适植物”等原则，优先选择乡土植物，同时适当少量地选择引进多年并在当地生长良好的植物种类，以丰富植物景观多样性。其中，播种栽植成活率高、种源丰富，育苗简易且方法较多、发芽力强、繁殖力大、根系发达、适应性强的树种应优先选用。

植物配置要丰富且乔灌草搭配种植，可以使煤矸石山提早郁闭，加快绿化和生态恢复的速度，有效地改善煤矸石山的土壤环境，并具有保持水土的作用。阴坡和阳坡、坡上和坡下应选择不同的植物种。由于坡向的作用，阴坡土壤有机质、有效N、有效P含量大于阳坡，煤矸石山阳坡的气温温差、月平均气温、地温和风速均高于阴坡，总之阴坡比阳坡更利于植被的生长，建议植被恢复从阴坡开始实施，逐渐拓展到阳坡。目的是筛选适宜本区域生长的植物，进行大面积种植，通过植物根系及其强大的微生物工厂和季节性枯落物，增加土壤的蓄水量、改善土壤呼吸状况、增强土壤肥力，防止土地沙化、贫瘠化和盐碱化等。

8.3.2 植物物种种群配置

植物配置是指以生态学理论为依据来设计植物群落空间，形成良好的生长环境，减少植物种间竞争。煤矸石山植物种群应尽量做到乔、灌、草混合种植（图8.5），丰富植物层次结构，增加物种多样性和稳定性。结合当地气候条件，土壤状况，适当提高土壤肥力，选择抗性强的植物，形成乔灌草混合的景观。

重建的植被群落以天然植物群落为参考，采用乔、灌、草混交的结构模式。在进行群落规划与配置时要充分考虑植物种间关系，以效益最优为原则，合理布置种植密度，多树种搭配种植，使植被群落快速形成，发挥生态效益。通过一些人为措施吸引其他生物在这里栖息，如人为地放养蜜蜂、蝴蝶等来帮助植物授粉；在乔木树冠上筑巢，吸引鸟类；选择一些与植物为生的草食性动物，这样可以快速提高物种多样性和稳定性，从而实现植物群落自然演替的目标。

图8.5 乔、灌、草同时种植示意图

8.3.3 不同部位植物配置

此外，在煤矸石山堆体的不同地位应进行不同的植被物种配置。

（1）平台植被配置模式。平台植物配置能有效降尘，防止水土流失，同时优化景观空间。主要选择的乔木：沙棘、刺槐、侧柏、臭椿、紫穗槐等防护林树种；草本植物：草木樨、沙打旺、苜蓿等，并按一定的比例进行混播。配置模式：混合林、纯林。

（2）斜坡植被配置模式。斜坡植被应沿高线种植，在坡体中上部采用以灌木和草坪为主的配置模式，中下部采用以乔灌草混交为主的配置模式。北方煤矸石山常见植物材料见表8.2。

表 8.2 北方煤矸石山常见植物材料

种类	植物材料
乔木	油松、侧柏、臭椿、刺槐、白榆
灌木	山桃、沙棘、酸枣、黄栌、紫穗槐、野皂荚、山杏、胡枝子、绣线菊、荆条
草本	二月兰、黑心菊、紫花苜蓿、波斯菊、黑麦草、披碱草、高羊茅

8.4 植被种植与抚育技术

8.4.1 植被种植基本原则

（1）就地取材，加速土壤立地条件改良。为达到山体稳定及符合植被生长条件等目标，植被种植土以当地土源为基土，混合配置能大量地增加持水、保水能力，增加孔隙度和有机质、微生物等活性改良物质，以利于土壤熟化。一方面会进一步增强坡山坡面的封闭效果，另一方面为目标植被的发育生长、迅速覆盖郁闭和形成稳定灌丛群落创造了良好的生存基础条件。通过增施土壤有机肥等，可以一定程度上对土壤表层特性进行改变，为植物提供良好的生长环境。加快山体坡面的自然绿化速度，形成稳定的坡面植被层。在坡体表面的除马道、柔性排水渠和急流槽的范围内，通过远程喷射进行植被播种。

（2）综合利用多种播种方式构建植被。在播种方式的选择上，乔灌草均采用了多种种植方式结合的方法，如乔木和灌木可以采用穴栽、扦插、压枝相结合，草本植物的播种以人工播撒草籽为主，辅以自然风力和动物传播。初期植播由禾本科牧草、豆科牧草及前期生长较快的乔灌木，密度适当大些有利于坡面表层土壤的保护。中期开始补种大规格乔灌木，以后随着群落的自然演替，适时地通过人为措施对群落结构的模式进行控制。控制的目标是以上层植物不影响下层植物生长为宜，优先考虑下层植被，特别是冠层低于 50 cm 的植被层是保护坡面的主体，促进其健康生长是调控的目的。通过人为干扰向目标群落结构正向演替，最终实现由人工促进向自我维护的生态系统过渡。

8.4.2 植被层种植施工技术

煤矸石山植被层种植过程中，为提高植被覆盖率、增强植物多样性和提升景观效果，应在乔灌木间和坡体梯田间，撒播花种和混合草种，如图 8.6 所示。当幼苗达到 30～50 cm 高度时，将其移栽到经过精细整理的矸石山上。栽植时，先把苗木扶正，再向坑穴内填入湿润的表层土壤，约达穴深 1/2 时，轻轻向上提苗，使根系自然向下舒展，然后将土壤踩实。将土继续填满坑穴后，再踩实一次，最后覆盖一层土与地相平，填土与原根茎齐平或略高 3～5 cm。移栽幼苗完成后，各株间应覆盖地膜及秸秆，并及时灌溉。

图 8.6　煤矸石山堆体坡面植被种植对比区示意图

具体施工技术过程如下。

1. 坡面清理

对煤矸石山体坡面进行必要的修整，将不稳定的及明显凸出的石块清除，为喷播施工做准备。

2. 基质材料层喷射

坡面修整完成后，向坡面喷射已备好的基质材料，厚度达 3～5 cm，基质层材料为木纤维 1～2 份、草炭土 9～10 份、蛭石 1～2 份、黏合剂 0.01～0.03 份、核心基材 0.4～0.6 份、有机肥 2～3 份、保水剂 0.1～0.3 份和黄土 0.1～0.3 份。主要基质材料及用量见表 8.3。

表 8.3　基质材料组成与用量表

材料组成	喷射量/（kg/m^2）
木纤维	1.57
草炭土	9.17
蛭石	1.9
黏合剂	0.02
核心基材	0.53
有机肥	2.08
保水剂	0.2
黄土	0.2

用液力搅拌喷射机将之前按配方配好的各种基质材料进行搅拌混合后，均匀地喷射到修复面上（图 8.7）。在此之前应先向坡面喷水，将其湿润，方便后期基质材料能够与修复面更好地结合。在喷射时，喷枪的角度应与受喷面相互垂直，不得仰喷，并注意修复面上的死角和凸凹部分也要喷满。严格控制风量、风压，保证枪口风压 4 500～5 500 Pa。准确控制用水的线流量。

图 8.7 煤矸石山基质层喷射示意图

3. 种子层喷播

（1）喷射含灌木种子层。使用移动式液力搅拌喷射机，用鸭嘴喷枪直接喷射。在已喷射好的基质上喷播含有灌木种子配比的基质，要达到 2～3 cm 厚，才能更好地保证种子的发芽率。喷射的灌木种子基质的配比为：混合种子 0.04～0.06 份、木纤维 1～2 份、草炭土 3～5 份、蛭石 0.5～0.7 份和核心基材 0.07～0.09 份。主要材料组成及用量见表 8.4。

表 8.4 种子材料组成与用量表

材料组成	喷射量/（kg/m^2）
混合种子	0.05
木纤维	1.2
草炭土	4
蛭石	0.6
核心基材	0.08

（2）喷射含花、草种子木纤维覆盖物。含花、草种子的纤维浆覆盖层以特制木纤维喷播覆盖物为基础，在完成喷射播种的同时又能在作业面表面形成一个网状纤维覆盖保护层，不仅对植物种子的萌芽生长有利，同时能够减缓土壤水分蒸发，并减少雨水侵蚀。

花、草种子采用木纤维浆液力搅拌喷射播种工艺，采用移动式液力搅拌喷射机，用鸭嘴喷枪直接喷射，喷射草本种子的基材配比为：木纤维 0.1～0.2 份、黏合剂 0.002～0.004

份、核心基材 0.004～0.006 份和混合种子 0.04～0.06 份，技术示意图见图 8.8。主要材料组成及用量见表 8.5。

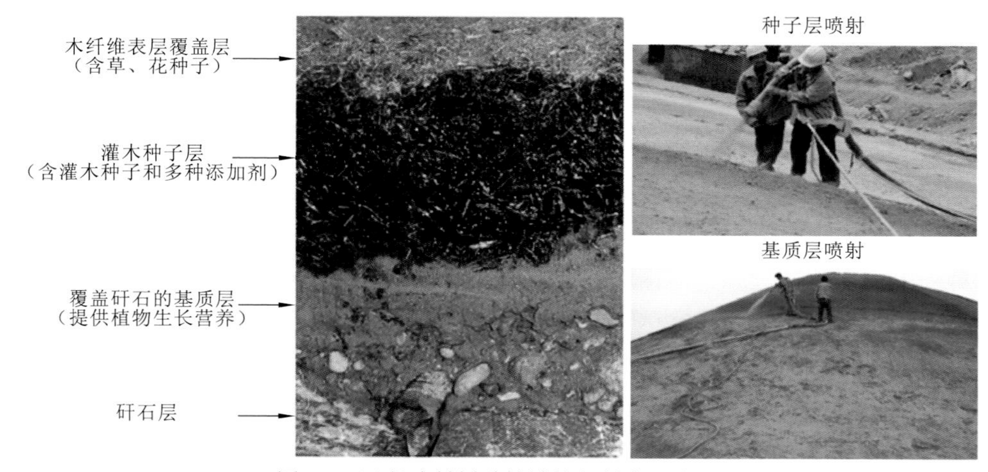

图 8.8　远程喷射播种植被恢复技术示意图

表 8.5　花草纤维层材料组成与用量表

材料组成	喷射量/（kg/m^2）
木纤维	0.15
黏合剂	0.003
核心基材	0.005
混合种子	0.05

（3）无纺布保护。从植物种子发芽前到生长发旺前的管理叫作苗期管理阶段，苗期管理主要内容是灌溉和无纺布保护，目的主要是提高种子的发芽率，增加苗木生长速率。

铺设无纺布：在远程喷射播种植被修复技术施工完成后，用无纺布将表面完全覆盖，平均每平方米需铺设 1.2 m^2 无纺布，用钢丝马丁固定接缝、周边及中间，防止风力损害（图 8.9）。

图 8.9　覆盖无纺布示意图

种子萌发、破土出芽前后，覆盖无纺布可以减少雨水冲刷、阳光曝晒和水分蒸发，保持土壤湿润度（保墒），夏季降低地表温度的作用，促进植物的萌芽生长。

8.4.3 植被抚育与管理技术

1. 植被群落演替控制管理

在煤矸石山的基础生态系统向目标生态系统的发展中，可增加人为干预，来起到加速演替过程的作用（图 8.10），而能够与当地的环境因子，如气候、地形、土壤等相适应的一种稳定的群落，则称之为顶极群落。前期群落在发展中对周边环境进行改造，这为后期不断进行群落演替并最终达到顶极群落创造了条件。这种由裸地开始进行自然演替的过程需要很长时间，甚至达到数百年，但人工干预为顶极群落优势种的形成提供所需的条件，可在极大程度上缩短演替时间。

图 8.10　植物的良性演替

通过基质改良，创造适宜植物生长的土壤母质，人工诱导植物群落向自然演替的过程推进。技术实施过程中将基质材料层、植物种子层及覆盖层通过液力搅拌喷射机进行输送。土壤层基质材料的配方根据植物生长特性的不同进行选择，满足修复植物生长所需的物质；植物种模拟草灌—乔灌—森林的自然演替规律进行选择；提倡由种子开展的自然育林，而非人工植树，这是因为播种苗主根十分发达，同时能在土地外表形成茂密的植物群落；另外，在坡体草本植物群落中放置一些腐木，促进菌类的生长；在项目区构建鸟巢，吸引鸟类的栖息，这样可以快速增加生态系统的物种丰富度，加大生态系统的稳定性，实现自然演替的目标。

煤矸石山的生态重建中群落演替的控制管理十分重要，由于含水量低、入渗快、地热高，生态重建后的矸石山，尤其是在保苗期和干旱、高温季节的管理中，应特别注重浇水。在相应的浇水设施条件满足的情况下，可采用胶管喷水或滴灌，做到多次少量；避免大水漫灌，导致水土流失。浇水一两天后，若出现裂缝、塌陷的状况，要及时覆盖泥土并踏实。浇水在春季浇约每周一次，夏季 5 天一次，秋季 20 天左右一次，冬季上冻前要普遍灌足越冬水并对树木进行整形修剪。移栽幼苗时应间隔覆盖地膜或秸秆，并做好防虫除草。苗木施肥以有机肥为主，化学肥料为辅。施肥方法以基肥为主，基肥与追肥兼施。肥料的施用数量及方法的选择根据植物种类、习性和特点判定，同时在综合管理方面进行加强，共同促进苗木健康成长。

在人工促进植被演替方面，随着植被演替的不断进行，应把初期人工管护的强度逐渐降低，直到植物群落能够完全依靠自然力保障生态系统的循环。初期是植物演替最为关键的时期，管护工作重点是必须保证充足的水源浇灌，促进植被的萌芽和迅速生长，提高灌木和乔木的成活率，适当对草本植物进行刈割，保证演替初期生物量的快速形成及植被覆盖度的迅速提高。

2. 植被层抚育管理技术

俗话说“三分栽植、七分管理”，可见抚育管理技术在植物栽培工作中的重要程度，尤其是在全球气候多变、极端天气多发的情况下，矸石山造林抚育管理以煤矸石山立地条件、植被修复与生态重建为目标，主要做好土壤管理（灌溉、施肥等）、植被管理（平茬、修枝等）、植被保护（防止病虫害、火灾和人畜的破坏）等工作，为植被的存活、生长、繁育、更新创造良好的生态环境，使其能够短时间快速成林，达到良性演替的目标，最终成为稳定的生态系统。煤矸石山植被的养护与管理，在种植后的第一年强度较高，需要做到灌溉、追肥、抚育等，但随着时间推移逐渐降低，至第三、四年便可令其自然生长，慢慢建立一个稳定的自维持生态系统。

植被的抚育管理在前期一般需要较高强度的人力和物力投入（图 8.11），种植后，视土壤墒情进行人工浇水。经常监测土壤水分，适时补充水分，保证植物的成活。草本植物在出苗后 2 周，撒施化肥，以后每隔 2～3 周撒一次，全年 3～5 次。也可结合喷水，将化肥溶于水池，与水一起喷洒。以后管理强度可以逐步降低直至让其自然生长，自行建立起稳定的、能够自我维持的生态系统。

煤矸石山的生态系统重建，初期应尽可能增加植被的覆盖度，乔木在高度 50 cm 时，将其顶梢割除，限制高生长，促进植株的分叉、分支，最大限度提高植被对地表的覆被作用。对于一些顶端优势强的树种在春季发芽前可在 10～20 cm 处平茬，使其灌丛化，扩大树冠覆盖度。同时降低树体高度，有利于坡面稳定。

图 8.11　人工管护示意图

3. 日常养护

（1）补植。植物一般在 3 月份中下旬萌芽，在对煤矸石山上的灌木稀疏区进行补植、事先挖坑时，要随挖、随运、随种、随浇水，来提高苗木成活率。一般补植小型灌木时，应避免树坑过大对其他植被造成破坏，其中部分补植植物应采用扦插法补植。

（2）寄生物种清除。若发现外来有害寄生物种，一定要迅速清除。寄生植物只以活的有机体为食，其所需的全部或大部分营养物质、水分，都将从被寄生植被进行获取，最终使被寄生体枯竭而亡。

（3）灌溉。分为春灌、夏季灌溉、灌冻水和日常浇水。

春灌：春季干旱多风，土壤蒸发量大，而煤矸石山的保水性又差，为防止春旱发生，要对煤矸石山进行春灌，以提高苗木的发芽率，加快植被群落向目标生态系统的自然演替。

夏季灌溉浇水及日常浇水：夏季温度较高，植物对水的需求量大，日常浇水要保证植物充足的水分供应。

灌冻水：到了晚秋植物开始休眠，土壤开始夜冻日化。在霜降以后、小雪以前，土地封冻前的时期，对干旱、板结的土壤进行浇灌，灌足一次冻水，以提高土壤的含水量，为第二年植物的生长提供保障。

（4）刈割。一年期养护中，为了加速植被演替进程，构筑煤矸石山自然生态系统，通过人工割草的方法，干预演替方向及进度。使用割草机将生长势强的草本植物割掉，利于灌木生长，使煤矸石山植物种类由草本向灌木演替。

（5）火灾防治。做好煤矸石山火灾防治，竖立警示牌。防火期，派出防火人员进行煤矸石山防火监管。

（6）机械、灌溉网及水池维护。做好养护管理工作中所需要的机械、车辆、工具检修，以备使用。

在坡体草本植物群落中放置一些腐木，促进菌类的生长；通过放养蜜蜂，在乔木树冠上人工构筑鸟巢，为鸟类提供栖息地，这样可以快速增加生态系统的物种丰富度，加大生态系统的稳定性，实现自然演替的目标。

演替初期的基本的植被覆盖形成后，由于草本植被根系的快速生长和大量枯落物的形成，促进了土壤微生物的生长和对枯落物的分解，进一步提高了土壤肥力，改善了土壤结构，这样就基本完成了它的使命；接下来就可以利用人工刈割和放牧的方法减少草本植物的地上生物量，促进灌木在与草本植物争夺阳光、水分和养分的过程中逐渐取得优势，从而对草本植物的生长进行抑制，达到灌木旺盛生长的时期，其覆盖度快速提高；在这一过程中还伴随着乔木的生长，由于种间竞争，乔灌草之间逐渐形成生物群落的垂直结构，这就是群落分层现象，其直接影响因素是对光的利用，使得森林中植物群落自上而下分别为乔木层、灌木层、草本植物层和苔藓等地被物层。这种现象是自然选择的结果，显著提高了植物对环境资源的利用能力。上层为可以充分利用阳光的乔木层，而树冠下则是能够有效利用弱光的灌木层。光照穿过乔木层后，有时会仅剩余十分之一，草本层则能够利用这些更为微弱的光，甚至往下还有更耐阴地被物层的生长。随着煤矸石山的演替，煤矸石地植物的总科数、总属数、总种数和禾本科、菊科、豆科、蔷薇科、蓼科、十字花科六科的属数均逐渐增加，当演替 30～40 年时，植物的总科数、总属数和六大科的属数达到最大值，在之后逐渐下降，并趋于稳定。

草本植物是率先进入煤矸石地的主要物种，其传播及定居的趋势是：1 年或 2 年生草本植物先从煤矸石山脚下沟谷地带，在苔藓植物群落中出现，并呈现出以单株或稀疏的状态以后，株数逐渐增多。有的植物种类形成种群，这些草本植物多是低矮且耐旱、耐碱的植物。如猪毛菜、藜、扫帚菜、苋等。随着 1～2 年生草本植物的数量及种类逐渐增多，多年生草本植物开始出现并逐渐增多，组成在数量上种类保持相对的稳定。草本植物群落的存在使原有的岩石环境有了很大改善，草丛的郁闭增加了遮阴，并且使得土壤层增厚，使水分蒸发减少，也对温度和湿度有一定调节，最终增加了土壤中菌类、昆虫、蛆躬等种类、数量，且相应活动有所增强。

通过煤矸石山生态系统重建技术，仅需 3～5 年就完成了从草本植物到乡土灌木的优势种过渡，即从草地生态系统到灌木林生态系统的演变，并最终形成以乔灌木为主的森林生态系统。随着植被演替的进行，一个由昆虫到食草、食肉动物，以及真菌等微生物的群落逐渐完善，呈现出一个拥有较高生物多样性和物种丰富度的、可自我更新和可持续的近自然生态系统。

8.5　煤矸石山生态系统监测与评价

煤矸石山生态系统重建是一项较为困难的工程，因此应注重生态系统监测的重要性。在生态系统重建早期，管理比较到位，能够对植物的实时生长信息有良好的回收和处理。但随着时间推移，人工管理逐渐减少直至停止，此时植被生长进入自维持状态，受管理强度及煤矸石山立地限制因子的相互叠加作用的影响，会导致重建后的植物群落在未来生长出现两种方向：一种情况是植物种类和数量逐渐减少、退化，最终所有修复植被完全消失；另一种情况是乡土树种入侵且生长良好，逐步将重建植被的先锋树种所替代。如图 8.12 所示，煤矸石山治理前后景观格局变化。对于第一种情况，应进行实时监测，对植被退化的原因进行评估，以及及时维护。第二种情况的出现，表明重建的植被进行着自我演替，并向着一个稳定的、自维持的生态系统不断进化。通过对不断进化的植被进行监测和评价，适时引入计划树种，使之能够按照人为期待的方向进行演替。

（a）治理前

（b）治理后

图 8.12 煤矸石山治理前后景观格局变化图

8.5.1 生态环境变化监测

在野外植物样方调查的基础上，运用数量生态分析方法，通过采样对土壤容重、土壤 pH 值、孔隙度、土壤养分及不同植被模式下土壤重金属含量进行检测，得出经过矸石山生态系统重建后生态环境、土壤的理化性质都有了明显的改善，为煤矸石山植被恢复提供物种多样性的科学意见。

在每种植被类型下各取 3 份土壤样品，通过采用环刀法取样来测定土壤容重和孔隙度，通过玻璃电极法测定土壤 pH 值。煤矸石风化物重金属总砷用国家标准《土壤质量 总汞、总砷、总铅的测定》（GB/T 22105.2—2008）土壤中总砷测定法。仪器用原子荧光光谱仪。Hg 使用硫酸—五氧化二钒消煮—冷原子吸收法测定。重金属 Cr、Cu、Zn、Cd 和 Pb 依照《电感耦合等离子体质谱分析方法通则》（DZ/T 0223—2001）测定。重金属含量的数据委托核工业北京地质研究院分析测定研究中心进行测定。

在每次降水后，先对集水桶中的径流深进行测定，得出径流量大小；之后对各试验小区集水桶进行搅拌，使径流和泥沙充分混合，取出 1 000 mL 的水样进行沉淀，得出泥沙含量。将两个数值按公式换算成径流总量。

煤矸石山的植被恢复会改变生物生存的环境条件、形成局部小气候，产生连锁生态环境效应。为全面掌握治理后矸石山小气候与生态环境变化趋势，可从以下方面进行监测：植被恢复后对温度影响调查，在生长季节（4 月、7 月、8 月、9 月）与在非生长季节（10 月底至翌年 3 月），对煤矸石山周边气温、土温、风速、空气相对湿度等指标进行监测（表 8.6）；从实践来看，进行植被恢复后的煤矸石山风速降低，空气相对湿度增加，气温、土温及空气相对湿度的日变幅和月变幅均有减小的趋势（表 8.7）。此外，随着生态系统重建年限越长，煤矸石周边各项气候指标的优化趋势会不断加强。

表 8.6　某煤矸石山植被恢复前后风速比较表

小环境	风速/（m/s）				
	7 月	8 月	9 月	10 月	4 月
矸石山植被重建后	0.51	0.41	0.20	0.29	1.05
裸露矸石山	2.39	2.00	1.85	2.05	3.25

表 8.7　某煤矸石山植被恢复前后空气相对湿度月变化表

小环境	空气相对湿度/%				
	7 月	8 月	9 月	10 月	4 月
矸石山植被重建后	76.65	87.45	69.25	63.88	61.69
裸露矸石山	68.25	84.25	59.05	56.47	55.57

8.5.2　煤矸石山的土壤状况

为全面掌握治理后的煤矸石土壤性质及变化趋势，可进行以下指标监测：土壤比重、毛管孔隙度、pH 值、持水性（物理指标），有机质、N、P、K 及 As、Cd 等重金属离子指标。具体以山西某矿区煤矸石山生态系统重建后土壤的理化性质变化为例进行介绍。

（1）土壤比重、毛管孔隙度增加，土壤容重降低。土壤容重，即土壤松紧度和对地表水的蓄积能力的表现，植被对于减低土壤容重的作用，比荒草裸地更为明显。随着土壤深度增加，土壤持水量会逐渐减少。乔木树冠对降雨有截留作用，可减少地表径流的产生，同时树冠能够遮挡太阳辐射，降低地表温度，减少水分蒸发，对于增加土壤持水量有重要作用。土壤孔隙度的大小，是土壤通透性的重要体现。植被重建后的土壤有机质、团聚体数量都有增加的趋势，随着土壤结构持续好转，土壤孔隙度也有明显改善（表 8.8）。

表 8.8　某煤矸石山植被恢复前后土壤物理性质对比表

立地类型	土壤比重/（g/cm³）	土壤容重/（g/cm³）	毛管孔隙度/%
裸露煤矸石山	2.34	1.47	16.54
煤矸石山刺槐林	2.64	1.03	25.36
煤矸石山侧柏林	2.76	0.87	28.51
煤矸石山火炬树林	2.60	0.66	30.27

（2）植被重建提高了煤矸石山土壤的有机质、全氮含量，降低了煤矸石山土壤中速效 P 和速效 K 的含量，降低了土壤的 pH 值。土壤养分含量受植被类型、水土流失因素的影响，实践发现乔木林下复垦土壤养分流失小，乔木林可以更有效地改善土壤有机质含量。复垦土壤呈碱性，而经过植被恢复的土壤 pH 值最大只有 8.6，由此可看出植被重建对降低复垦土壤 pH 值的作用效果（表 8.9）。

表 8.9　某煤矸石山植被恢复前后土壤化学性质对比表

立地类型	有机质含量/%	pH 值	速效 P 质量分数 /（mg/kg）	全氮质量分数 /%	速效 K 质量分数 /（mg/kg）
裸露煤矸石山	0.53	10.4	3.05	0.063 3	182
煤矸石山刺槐林	1.75	8.86	1.94	0.065 4	132
煤矸石山侧柏林	0.67	9.08	2.05	0.071 5	164
煤矸石山火炬树林	0.68	8.28	1.17	0.152 6	164

（3）煤矸石山土壤的持水性能有所改善，保水保土保肥能力增加。乔木植被，尤其是针阔混交林，对于土壤的质地和结构有着明显的改良效果，使得复垦土壤持水能力增强，土壤侵蚀减少（表 8.10）。

表 8.10　某煤矸石山植被恢复前后土壤渗透结果

测位	初渗率/（mm/s）	稳渗率/（mm/s）	入渗率模型/（mm/s）
裸露煤矸石山	0.192 7	0.004 4	$I = 0.176\,3t - 2.236\,4$
绿化煤矸石山	0.196 5	0.012 4	$I = 0.055\,t - 0.694\,3$

（4）减少土壤中重金属含量，研究表明侧柏和刺槐混交模式下植物吸收 As 元素的能力最好，榆树—紫穗槐复合林种植模式对重金属 Cd 含量有着最为明显的降低作用。此外，侧柏—刺槐混交林有利于速效 P 的积聚，榆树—紫穗槐混交林有利于速效 K 的积聚（表 8.11）。

表 8.11　某煤矸石山植被类型下土壤重金属质量分数　　（单位：mg/kg）

立地类型	Pb	Cu	Zn	Cr	Cd	Hg	As
裸露煤矸石山	16.85	64.2	86.82	62.71	0.81	0.055	43.55
榆树—紫穗槐	20.03	47.24	61.03	53.65	0.68	0.153	32.78
侧柏—刺槐	23.22	55.95	82.82	35.27	0.63	0.074	27.78

（5）煤矸石山不同植被模式对减少地表径流的效果都很明显，乔木林与乔灌混交林拦截径流量要比草本好很多，且不同植被种植对径流的减缓作用不同：刺槐—柠条＞榆树—紫穗槐，但是差别不明显（表 8.12）。

表 8.12　某煤矸石山不同植被恢复模式对土壤径流量的影响　（单位：m^3/km^2）

立地类型	土壤径流量		
	7 月	8 月	9 月
裸露煤矸石山	930.25	1 595.9	1 625.97
榆树—紫穗槐	454.48	557.73	582.10
柠条—刺槐	410.58	509.20	581.30
紫花苜蓿	596.83	774.32	750.17

8.5.3 煤矸石山物种多样性监测

经过营林绿化、复垦等人为干预影响的煤矸石山，改造了景观，增加了植被，生物生存环境得以恢复，动植物种类明显增加，生物多样性日趋丰富。

以山西某矿区煤矸石山为例，据统计，从裸地经过 36 个月后共出现高等植物 108 种，分属 31 科 94 属，其中菊科 12 属 19 种、禾本科 15 属 19 种、豆科 10 属 14 种。与植被恢复 3 个月的矸石山相比增加了 19 科 70 属 88 种。

（1）生态系统重建后恢复植被状况。受裸露煤矸石山的高温、自燃、有毒物质含量的影响，植被无法在其上生存，而生态系统重建后，煤矸石山的植被初步形成了相对稳定的植物群落，群落的垂直结构层次明显，乔木层以榆树为主，灌木层以紫穗槐、柠条为主，覆盖度达 70%，草本植物覆盖度为 90%以上。

对煤矸石山生态重建后植被不同演替阶段植物物种的动态变化进行监测（表 8.13），发现自播物种的种类会随着植被恢复时间的增长而不断增加。说明乡土物种会随着煤矸石山生态系统重建的过程而逐渐进入，与周围环境一起形成稳定的生态系统（图 8.13）。另外还有出现在其过去或现在的自然分布范围及扩散潜力以外的物种（如蒺藜、狼把草、反枝苋、绿穗苋、白草等）及在土壤基质改良过程中无意识带入的物种。

表 8.13　某煤矸石山植被不同演替阶段植物科物种来源统计动态变化

物种来源	起源物种数恢复时间		
	当年（3 个月）	12 个月	36 个月
植苗	0	15	14
播种	11	10	12
自播	3	23	45
无意识带入	10	22	32
扦插	1	1	1
外来物种	3	3	4

图 8.13　生态系统重建后植物种类增加图

（2）动物种类自然增加。煤矸石山的堆放破坏了原地貌和动物的生存环境，经过生态系统重建后的煤矸石山形成新的森林环境，且随着林地植被的不断演替，动物的种群和数量逐年增加（图 8.14），经调查，生态系统重建后的煤矸石山上动物近 30 种（表 8.14）。主要有麻雀、蝴蝶、蜘蛛、瓢虫、蜜蜂、蟋蟀、蚂蚁、蛇等。

图 8.14　生态系统重建后动物种类增加图

表 8.14　某煤矸石山植被恢复后动物种类统计表

恢复时间	科数	属数	种数
当年（3～12 月）	12	20	25
36 个月	20	30	38

（3）微生物群落。生态演替初期，以先锋植物为主的植被建成后，其生长过程中产生枯落物，会被土壤微生物和土壤动物分解，成为土壤有机质的来源，形成结构性的土壤性质改良系统。经过生态系统重建后，郁闭的树林内还发现白蘑菇等真菌（图 8.15）。

图 8.15　生态系统重建后微生物种类增加

矿区土壤微生物生态研究在土地复垦与生态恢复技术中有着很重要的位置。在矿区土壤中，一旦加剧重金属污染程度，土壤微生物的数量及类群所占比例会急剧变化，土壤微生物类群数量减少，酶活性减弱，并且生化作用强度降低，C、N 营养元素的循环速率和能量流动也不断减弱。

微生物能促进植被对营养物质和水分的吸收利用，提高作物抗逆性和抗病性，改善土壤结构，加强土体肥力，提高苗木移栽成活率，促进植被恢复，具有克服土壤 N、P、K 及有机质含量极低、土壤结构差、持水保肥能力差、极端 pH 值、干旱或盐分过高引起的生理干旱等的潜力。

微生物在生长过程中，能加快植物对 P 的吸收和运输速率，扩大宿主植物根的吸收范围，还能不断向根系分泌有机酸、酚酸等酸性物质和多糖类物质，改变根系周围土壤的 pH 值，产生土壤团聚体，改善土壤结构，因此对煤矸石山复垦土壤结构的改良具有重要意义。

8.5.4　煤矸石山温度与复燃监测

为了能够对治理后煤矸石山复燃的危险性进行简捷评估并实行高效防治，以煤矸石自燃倾向性、漏风供氧、聚热散热和外界条件为评价指标，建立煤矸石山温度及自燃火情系统评估检查表。该评价系统根据煤矸石山的可燃物含量、粒径、孔隙率等内在要素的自燃特征，以及氧气供给、水分条件、自然环境等外部要素，并参考不同时间序列下煤矸石堆体的温度变化趋势进行治理效果评价。

（1）对研究区局部治理区进行温度监测。全面监测区域：边坡和平台由坡脚向内 20 m（图 8.16）。

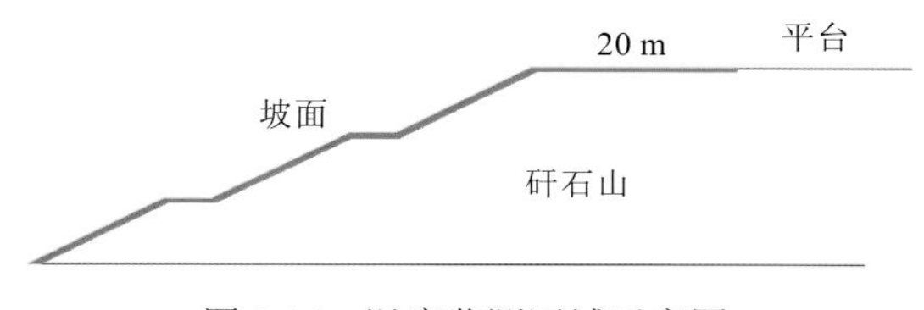

图 8.16　温度监测区域示意图

（2）重点监测区域。临时动土或山体变形部位为重点监测区，监测样点密度 6 m×6 m，监测深度 4 m。地温采用红外测温仪，深度监测采用热电偶。监测区监测样点密度 6 m×6 m。

（3）监测深度。人工 1 m、1.5 m；机械 3 m、6 m。

（4）监测时间。经过持续监测，项目区温度呈现稳定性状态时完成监测。

（5）监测点与钻探深度选择。根据实际监测温度变化情况选择：不再监测；持续监测；加密监测点、加深钻探深度。

（6）温度异常应急处置。根据不同诊断情况，按照设计有关理念、工艺，结合温度异常部位具体情况采取有针对性的应急处理措施。温度监测设备建议采用电子化监测设备分析监控。具体可参考表 8.15。

表 8.15　治理后煤矸石山复燃监测要素清单

分项工程	项目	检查内容	检查记录	结果判定
自燃煤矸石山灭火防复燃	外观	烟、明火、结晶硫	有	不合格
			无	初判合格
	空气	有刺鼻性气体（SO_2、H_2S、CH_4 等）	有	不合格
			无	初判合格
	温度	坡面平台外侧向内 12 m 平台外侧向内 12 m 以外	测量值≤环境温度	合格
			温度呈持续下降趋势	合格
			温度呈持续上升趋势	不合格
			温度不变	建议加深测温，延长持续测温时间，直至判定其温度
	渗滤液	有令人感官不快的色臭、味或浑浊的沉淀物、漂浮物等	有	不合格
			无	初判合格，必要的话做进一步的水样检测

第 9 章　煤矸石山边堆边治技术

煤炭资源开发过程中产生大量煤矸石，严重破坏了矿区及周边的生态环境。传统“末端治理”的方法虽然能对煤矸石山进行治理，达到改善其生态环境的效果，但这是一种不得已的先污染后治理的方法，并且需要大量人力物力的投入。在治理后，有些煤矸石山还会发生自燃，造成二次污染。“边堆边治”技术基于源头控制和过程控制的理念，在采矿排矸过程中，通过覆盖、碾压等抑氧隔氧的方法，使煤矸石山堆体得到有效的治理，避免对矿区环境的污染，达到科学治理、绿色治理的目标。

9.1　边堆边治的必要性

（1）国家对矿区固体废弃物的绿色治理提出了严格的要求。2017 年，国土资源部等 6 部门联合印发的《关于加快建设绿色矿山的实施意见》，指出在矿产资源开发全过程中，要对矿区及周边环境的扰动控制在环境可控制的范畴内，从严实施科学有序的开采。2019 年 1 月，国务院办公厅印发《“无废城市”建设试点工作方案》，进一步促进了矿山固废的处置利用。在环境法规日益严格的情况下，煤矸石已经不再允许像原先那样堆放，应该采取源头治理、边堆边治的新方法。2020 年 4 月，《中华人民共和国固体废物污染环境防治法》（简称《固废法》）通过修订，对矿山固废提出了更严格的要求，要求煤矿对煤矸石进行综合利用或绿色处置。

（2）“先破坏，后治理”的治理方式不仅对矿区环境造成危害，还存在一定的隐患。煤矿生产一般采用将煤矸石“由上向下”自然倾倒的堆积方式和处置方法，待煤矸石山堆放完后再进行治理，这种“先破坏，后治理”的末端治理方式，导致煤矸石山不仅占用土地，还污染环境。同时由于长期堆存、内部温度高、极易自燃，加大了后期治理的难度。治理后的煤矸石山由于堆体内部依然存在产生自燃的条件，一旦达到自燃条件，就会使煤矸石山复燃，因此先破坏后治理的方式存在不稳定的成分。

（3）边堆边治技术提高了土地恢复率，增加复垦效益，减少治理成本。边堆边治技术不仅有效地解决“末端治理”存在的复垦弹性差、复垦土地率低和效率低等问题，而且通过层层覆盖的方法，减少了煤矸石山自燃的隐患。表层覆土，减轻土地损伤、缩短复垦时间、保护土壤资源，对增加复垦效益和提高土地恢复率都具有重要意义，同时也在一定程度上减少了治理成本。

（4）边堆边治技术满足绿色治理、科学治理的要求。边堆边治的处理方式是在煤矸石堆放的过程中，通过覆盖碾压和添加抑氧隔氧的材料，使煤矸石不发生自燃，并且处于相对稳定的状态。这种方法相较之前的处理方式更加生态化，通过堆体表面的植被恢复，能够及时恢复、治理受损的生态环境，缓解煤炭资源开发利用与环境保护之间的矛盾，实现矿区土地资源的可持续利用及矿区社会经济的可持续发展，促使矿业活动朝着可持续、循环与绿色的方向发展。

9.2　边堆边治技术方法

边堆边治技术是基于“源头控制”与“过程治理”的理念，以自燃防治技术为核心，通过分层堆积与分层覆盖阻隔层，阻断煤矸石山内外空气的流动与循环，避免因煤矸石堆存期较长而氧化升温、自燃造成环境污染问题。因此，抑氧隔氧防火是边堆边治技术的核心与关键，可以有效解决煤矸石山防火和复燃率高的难题。

边堆边治的关键是将原有自然堆积方式改变为阶梯倾倒、分层平整的方式，将传统的由上向下自然倾倒的煤矸石变为自下而上分层碾压。沿荒沟从底部分层往上回填煤矸石，标高每上升 5～10 m 为排放过程中的一个阶段或台阶，并将煤矸石用推土机推平压实，即边填边压，压实后喷洒抑制氧化材料（如石灰水等）后覆盖黄土隔氧（李中南，2012）(具体覆土技术可参考上述分层碾压覆土技术，图 9.1)。通过规范煤矸石排放方式，杜绝因不合理排放对环境造成的污染。

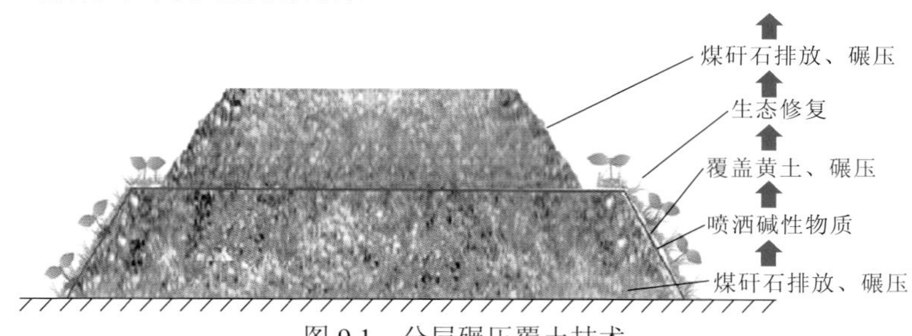

图 9.1　分层碾压覆土技术

在丘陵沟壑较多的矿区，选择充填山谷的方式进行矸石的堆放，煤矸石排放自下而上，可采用阶梯倾倒、分层平整技术。煤矸石排放过程中，每排放 2～3 m 厚煤矸石，覆盖 30～50 cm 厚的黄土，压实；当高度达到约 5～10 m 时，即排放 2～3 层，完成一个平台，覆 50～70 cm 厚的表土，开展生态修复；然后缩进至少 2 m 排放第 2 级平台，以此类推。每一级平台边坡坡度 30°～35°，坡长 12～15 m；当堆积高度和两侧山体基本一致时停止排放，覆 50～70 cm 厚的表土进行生态修复（胡振琪 等，2020）。

基于实践和以上防火技术的研究，提出新排矸石边堆边治的技术流程如下。

（1）煤矸石边堆边治场地底部处理。参考垃圾填埋场、尾矿库等技术标准，对拟煤矸石堆放场地进行底部表土剥离、隔水层的布设和排水设施的设计与构建。

考虑矿区获取表土普遍较为困难，在堆放煤矸石前应先剥离该区域表土及心土，挖掘深度 2～5 m，所剥离土壤分类堆放，心土可供覆盖隔氧使用，表土可供后续煤矸石山绿化种植使用。剥离土壤后，根据现场施工组织安排，采用渣车、挖掘机或压路机等夯实机械对原基础进行夯实碾压，夯实系数在 0.86 以上（夯实系数可根据项目区所采用回填材料的粒径大小进行调整），如果碾压后达不到底部隔水层的要求，可以添加黏土材料或增加土工布等措施实现底部处理。

（2）采用分层堆放碾压—抑制氧化材料—阶段覆土隔氧。根据煤矸石的特性，将煤矸石堆放 1～2 m 高时作为一个分层，每堆放煤矸石 6～8 m 高时作为一个阶段。要求每堆放 1～2 m 高时进行碾压隔氧，同时在煤矸石排放过程中及时对裸露的煤矸石喷洒杀菌剂和还原菌抑制氧化；当堆至 6～8 m 高时覆盖黄土或隔氧防火材料进行碾压，如此循环直到顶层（图 9.2）。

图 9.2　边堆边治分层碾压堆放施工示意图

（3）覆盖植物生长介质层。在煤矸石山体的最外层，包括坡面临空处、坡面台阶处、煤矸石山体上部采用覆土层作为植物生长介质层。

（4）配套设施。为了避免“烟囱效应”出现，在煤矸石山体中部和/或下部砌筑煤矸石山拦矸坝。同时在煤矸石山体表面设置系列排水装置防止水土流失，如煤矸石山上部的挡水墙、纵横向的排水系统等。

（5）表面植被恢复。在治理好的煤矸石山表面进行植被恢复。

第二篇

应 用 实 践 篇

第10章　海美斯矿煤矸石山生态修复实践

10.1　基本情况

10.1.1　内蒙古煤矿开采情况

内蒙古有着“东林西矿、南农北牧，遍地矿藏”之称，地质条件优越，矿产资源极为丰富，目前已发现矿产128种，探明储量的有78种，其中7种居全国首位、22种列前三位。有着丰富的石油、煤炭、稀土、锗、铀、铁、镍、铅、锌、银、铌、石墨等矿产资源，潜在经济价值达13.4万亿元。而且在中国获得国际承认的50多种矿物中，有10多种矿物位于内蒙古。

内蒙古还是世界最大的“露天煤矿”之乡，据统计中国前10名15座千万吨级煤矿中，有9座位于内蒙古，占比60%。内蒙古共有煤炭矿区42个，分别为纳林希里矿区、纳林河矿区、呼吉尔特矿区、台格庙矿区、新街矿区、准格尔矿区、准格尔中部矿区、神东矿区东胜区、万利矿区、高头窑矿区、塔然高勒矿区、上海庙矿区、五九矿区、扎赉诺尔矿区、胡列也吐矿区、宝日希勒矿区、伊敏矿区、五一牧场矿区、诺门罕矿区、准哈诺儿矿区、查干淖尔矿区、吉日嘎郎矿区、哈日高毕矿区、赛汗塔拉矿区、霍林河矿区、农乃庙矿区、贺斯格乌拉矿区、白音华矿区、高力罕矿区、道特淖尔矿区、乌尼特矿区、五间房矿区、巴彦胡硕矿区、巴其北矿区、吉林郭勒矿区、白音乌拉矿区、那仁宝力格矿区、胜利矿区、巴彦宝力格矿区、白彦花矿区、乌海矿区、绍根矿区。但粗放落后的开采方式遗留下大面积的采空区、塌陷区和火区，给人民群众生命财产安全带来威胁，随着煤炭资源的大规模开采，造成采空区塌陷，地下水位下降、大气污染、植被破坏、基础设施损坏等一系列问题，矿区群众的生产活动受到影响。

10.1.2　乌海矿区煤矿开采情况

乌海市属于典型的资源型经济。优质焦煤、煤系高岭土、石灰岩、铁矿石、石英砂、白云岩等矿产资源储量大，其中，优质焦煤占内蒙古已探明储量的75%，是国家重要的焦煤基地。

乌海市是典型的因煤而生的城市，煤炭资源相对丰富，分布范围广而集中、煤层厚、埋藏浅、易于开采。乌海市共有煤炭生产企业123家，年生产能力为1 100万t。其中，国有煤炭生产企业7家，地方煤炭生产企业116家。煤种主要有主焦煤、肥煤、气煤、瘦煤等，全部为冶金焦、化工焦用煤。现已探明储量为31.47亿t，潜在总经济价值为

1 400 亿元。

乌海市煤炭广泛分布于海勃湾、海南、乌达三区，黄河以东为桌子山煤田，黄河西以西为乌达煤田。

桌子山煤田，已探明储量 21.4 亿 t。除公乌素矿区为露头开采外，其余均为井下开采。乌达煤田，已探明储量 10.06 亿 t，均为井下开采。

10.1.3　乌海市煤炭资源开采带来的环境资源影响

乌海地区煤炭资源开发带来的地质环境破坏问题，有以下几点。

（1）诱发煤层自燃、透水、瓦斯爆炸。

（2）破坏了原本脆弱的生态环境。

（3）破坏了矿区地貌，使原本完善的区域地貌千疮百孔。

（4）侵占破坏了土地资源，加剧了水土流失和土地沙化。

（5）产生的尾煤和废水污染环境。

（6）引发多种地质灾害。

（7）矿区水均衡遭受破坏。

煤矸石作为煤炭资源开采的必然产物，在乌海市占地面积达 27 km^2，约占全市可利用土地面积的 4.7%，而且累积量还在逐年增加，消耗量仅占生产量的 12%。根据中央环境保护督察反馈意见第 41 项，乌海市煤矿（煤堆）火点 341 处，其中，洗选煤企业矸石堆场煤矸石自燃点 209 处，煤矿、铁矿及治理项目排土场自燃点 94 处，露天煤矿及煤矿采空区灾害治理项目煤层自燃点 38 处。

10.1.4　乌海市矿区治理情况

海勃湾区露天煤矿位于乌海市中心城区东部，桌子山脚，是市区重要的通风廊道，在南北长约 30 km 煤矿区，先后有近 20 个矿山在开采，矿山治理范围及位置见图 10.1，且露天和井工并行，分散着大量的排土场和煤矸石山或二者的混排，由于堆积的无序和存在大量硫铁矿，自燃点众多且自燃严重，呈现出烟雾缭绕、烽火四起的惨相，对周边生态环境造成了极大的破坏。

乌海市先后多次组织该区域的环境治理，尤其是市政府办公厅于 2010 年 9 月 27 日发文要求进行自燃治理——《乌海市煤炭露天开采和灭火工程二次扬尘及煤矸石自燃专项整治工作方案》（乌海政办发（2010）65 号）；2011 年 8 月 30 日乌海市政府办公厅又发布了关于《乌海市煤炭露天开采和灭火工程二次扬尘及煤矸石自燃专项整治工作方案》落实情况的通报：2014 年以来，乌海市加大对骆驼山矿区沿线露天开采企业的综合治理力度，沿京藏高速公路可视范围内的 20 多家排渣场按要求开展了边坡固化、绿化工作。乌海市加快煤矸石山着火点压覆治理，完成治理面积 35 万 m^3，并组织编制了《骆驼山矿区地质环境治理专项规划》，从整体上推进矿区环境治理。尽管乌海市已经做了大量

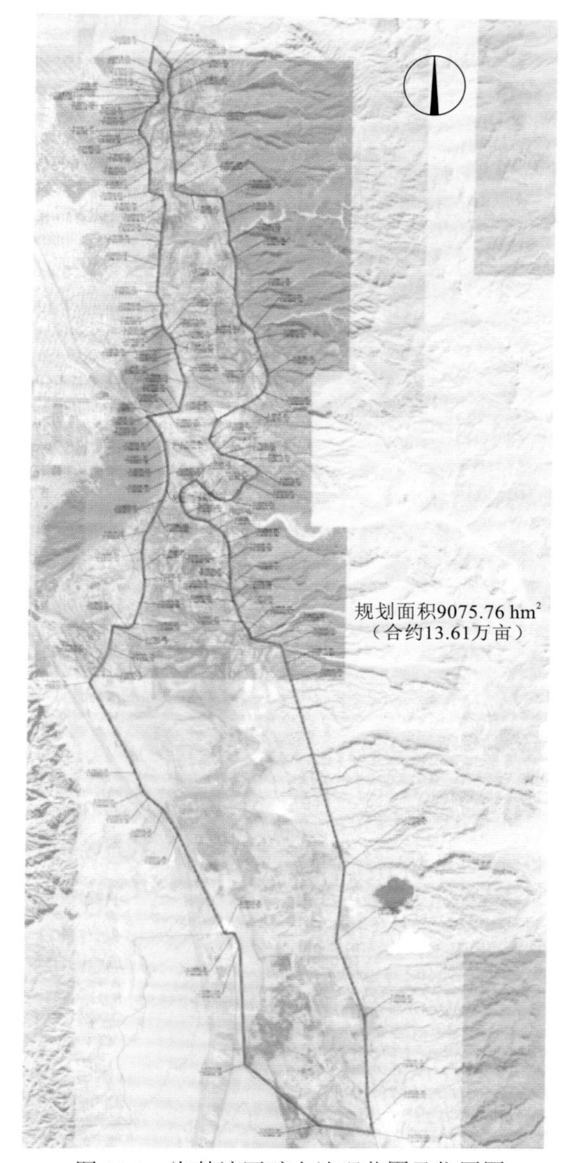

图 10.1　海勃湾区矿山治理范围及位置图

的治理工作，但矿区排土场自燃问题仍然没有得到很好解决，许多治理工程出现复燃，因此，该矿区的环境问题，尤其是自燃问题，已经成为区域发展的瓶颈。所以，如何彻底、有效进行排土场的灭火是一大难题和关键，直接影响该矿区的综合治理和产业发展。

10.1.5　项目区概况

乌海市海美斯陶瓷科技有限公司耐火黏土矿（10 万 t/年）露天矿治理总面积 1 645 亩，项目区矸石堆积时间较短，自燃严重，治理难度大。

1. 地形、地貌

海美斯矿地形总体北高南低，东高西低。海拔高程 1 189.4～1 278.0 m。最高点位于矿区中部中山区，海拔高程 1 278.0 m；最低点位于矿区西部沟谷洼地，海拔高程 1 189.4 m，相对高差为 88.6 m（图 10.2）。

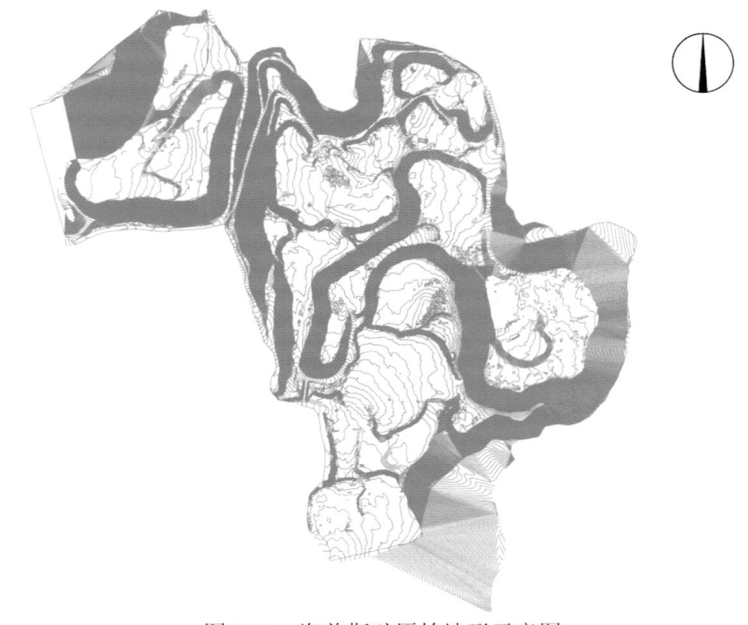

图 10.2　海美斯矿原始地形示意图

根据矿区地貌形态特征（图 10.3），将矿区地貌划分为低中山和沟谷洼地。

图 10.3　矿区地貌

（1）低中山。在矿区大面积分布，海拔高程 1 205～1 278 m。山顶多呈浑圆状，坡度较缓，一般为 10°～20°。基岩裸露，主要由二叠系砂岩、砂质泥岩组成。

（2）沟谷洼地，分布在矿区北部、西部及南部，地形较为平坦，海拔高程 1 189～1 229 m，主要由第四系砂砾石组成。

2. 气象

矿区属半沙漠干旱高原大陆性气候，干燥多风，降水量少，蒸发量大；夏季短且炎热，冬季长而寒冷，温差较大。根据乌海市气象局近 5 年（2007～2012 年）资料统计：年平均气温 7.7～8.0 ℃，年最高气温 39.4 ℃，最低气温-28.8 ℃，日温差变化大；降水量小，多年降水量 54.9～357.6 mm，平均降水量为 166.90 mm，年内降水多集中在 7～9 三个月，占全年总降水量的 68.55%；蒸发量大，年平均蒸发量 2 832.1 mm；春、秋、冬季多风，一般为西北风，平均风速 3.1 m/s，最大风速可达 24 m/s；冻结期长达 174～210 天，平均冻土深度为 0.85 m，最大冻土深度为 1.78 m。

3. 水文

项目区所在水系属黄河水系，矿区内无地表水系，冲沟较发育。沟谷一般干枯无水，只在洪水期间才有地表水径流，形成短暂的洪水，但持续不长，很快排出区外。

4. 土壤

矿区地带性土壤为漠钙土，是荒漠区东部温暖而干旱气候条件下形成的一种荒漠土壤，其形成过程的生物作用非常微弱，而薄层的风化壳受干热气候的影响，成为荒漠土壤形成过程的主导因素。地表多沙质化、砾石化和龟裂结皮。矿区主要分布有灰漠土和风砂土，厚 0.3～1.0 m。土壤呈强碱性反应，pH 值在 9～10，表土层有机质含量为 0.69%，土质贫瘠，肥力低下。

5. 植被

矿区受地理、气象因素的影响，属荒漠化草原向草原化荒漠过渡地带，生态脆弱，植被类型简单，平均覆盖率为 25%，但分布极不均匀，具有明显的地带性分布特征。特别是由于本地区的复杂地形和干旱的气候条件，植被群落分布主要以荒漠植被型、干旱草原植被型、沙生植被型、草原化荒漠植被型等植被类型为主。主要植被有松叶、猪毛草、红砂、小禾草、柠条等。

6. 地质

地表大部分为第四系风积沙覆盖，只在西部出露下二叠统下石盒子组地层。

10.1.6　火情勘测及煤矸石采样测定

1. 火情勘测目的、任务及要求

（1）确定煤矸石山热量分布均衡点、均衡带。

（2）明确煤矸石山灭火的面积、深度。

（3）绘制发火区、蓄热区、临界区、防控区平面图和深度剖面图。

（4）分区确定灭火的体积。

（5）确定封闭材料（煤矸石、粉煤灰、石灰、沙子、阻燃剂等）的最佳混合比。

经初步勘察，海美斯矿矸石山自燃状况非常严重，主要如下。

（1）海美斯项目区西北角（高温区一）自燃严重，总面积约 21 万 m^2（含坡面），自燃深度 10～40 m，主要组成成分为渣石，含部分煤矸石。此区域南部原始道路底部采煤后原始基岩裸露部分发生自燃，主要自燃状况详见图 10.4。

图 10.4　海美斯矸石场西北角自燃现状

图 10.4　海美斯矸石场西北角自燃现状（续）

（2）海美斯项目区北中部区域（高温区二）渣石自燃严重，该区域属填方区，初步估算自燃面积约 18 万 m^2。该项目区主要为渣石堆积区，堆积总深度约为 200 m，底部采煤深坑堆积物为山体表层物质，孔隙大，通道多；上部为渣石堆积物，上部渣石堆积时已经发生自燃，该区域燃烧深度 20～30 m，坡面 2 m 深度高温多在 200～400 ℃，平台探坑 3 m 深温度达到 300～500 ℃。

具体情况如图 10.5 和图 10.6 所示。

（3）项目区中部深坑区（高温区三）自燃面积 1.3 万 m^2，采用田字形开沟封闭、挖除灭火及环坡脚封闭施工，已初步完成灭火（图 10.7）。但此区域北侧坡面存在自燃情况，东南角已形成一条燃烧带，总面积约为 1 万 m^2。

图 10.5　海美斯矸石场北中部自燃现状

图 10.5　海美斯矸石场北中部自燃现状（续）

图 10.6　海美斯矸石场测温情况

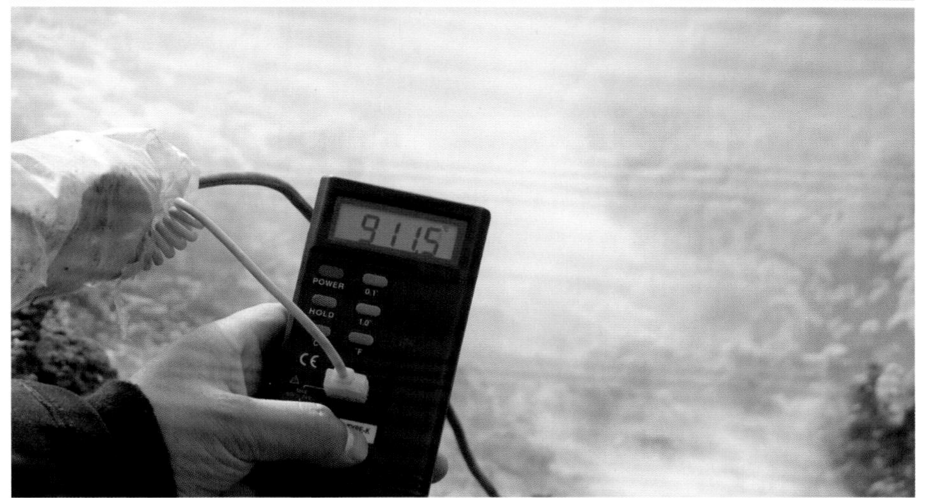

图 10.6　海美斯矸石场测温情况（续）

图 10.7　海美斯矸石场中部深坑区初步治理前后图

（4）项目区中西部坡面底部存在一处巷道自燃，主要情况为巷道自燃后未经处理，排渣人员将巷道口直接填埋，外部覆盖粉煤灰，具体位置不明。

（5）其他区域情况如下。

项目区中部坡面及坡脚（高温区四）自燃严重，高温区集中在坡顶及坡脚（图 10.8），高温区面积约 4 万 m^2，2 m 深度温度多在 150～280 ℃。

图 10.8　海美斯矸石场中部坡面及坡脚

项目区东部最高渣台（治理区五）粉煤灰覆盖，堆积时间最长，属挖方区，粉煤灰覆盖厚度 5～6 m，覆盖前存在自燃，目前自燃情况不明。

海美斯矿高温区分布图见图 10.9。

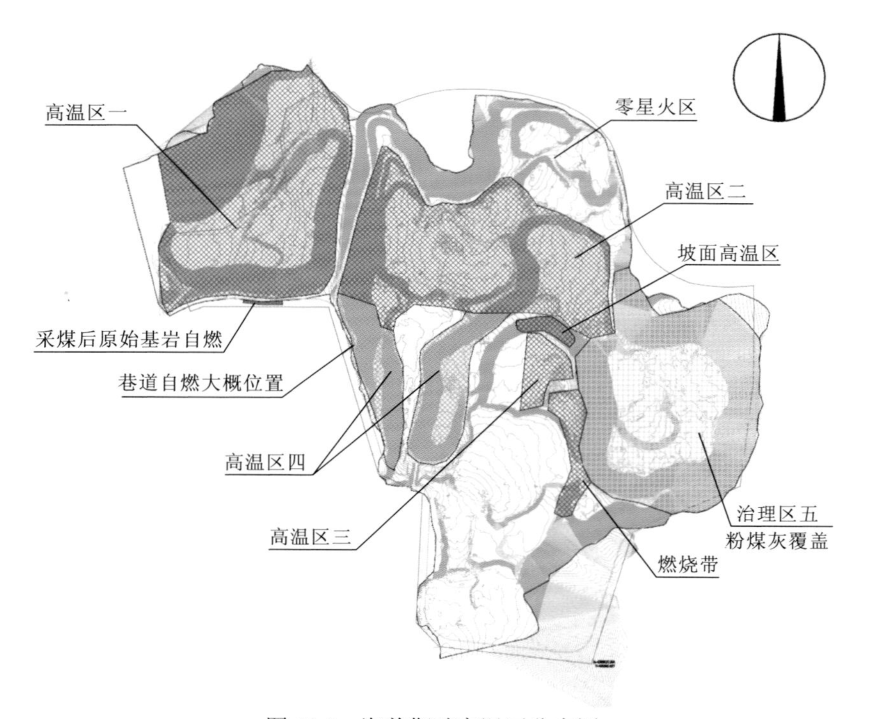

图 10.9　海美斯矿高温区分布图

2. 煤矸石采样测定

（1）采样部位，在海美斯矿选取 5 个火区（图 10.10）。

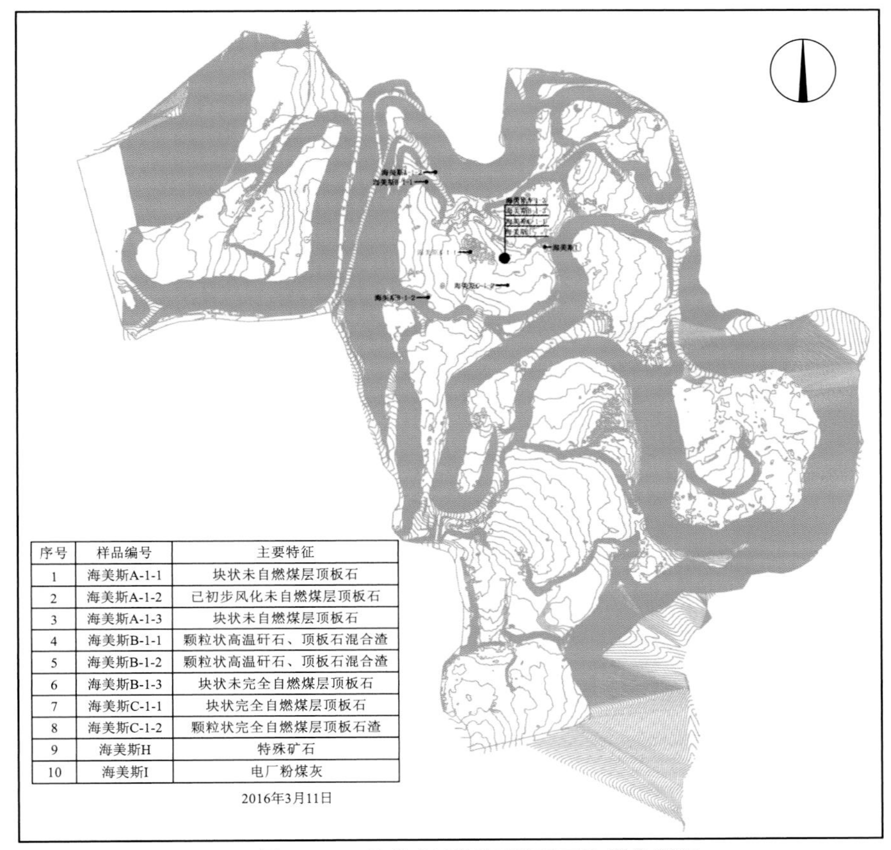

图 10.10　海美斯项目区煤矸石取样位置图

（2）各火区采样方法。①各火区部位东、南、西、北 4 个外围点取样，取样类型为未燃烧矸石，共 4 份，每份矸石重量为 1 kg，编号为 A-1-1/A-1-2……B-1-1/B-1-2……，采样照片见图 10.11。②靠近火区东、南、西、北 4 个点取样，取样类型为高温但未燃烧矸石样品，共 4 份，每份矸石重量为 1kg，编号为 A-2-1/A-2-2……B-2-1/B-2-2……。③燃烧中心取样，共一个取样点，样重为 1kg，编号为 A-3/B-3……。

（3）海美斯项目区具有代表性的部位取样三份，样重为 1 kg，编号 E/F……。

（4）取样编号。项目区名称+A/B/C（火区编号）+1/2/3/4（火区部位）+ 1/2/3/4/5（火区东、南、西、北样点编号）。

（5）检测内容：①样品组成成分；②含碳量、含硫量、含磷量等其他发热因素；③其他：挥发分、pH 值、发热量、水分、灰分、固定碳、全硫。检测结果见图 10.12。

由检测结果可以看出，乌海海美斯矿煤矸石主要组成为二氧化硅、三氧化二铁、三氧化二铝、氧化钛、氧化钙、氧化镁、氧化钾、氧化钠、五氧化二磷。

图 10.11　海美斯矿煤矸石采样照片

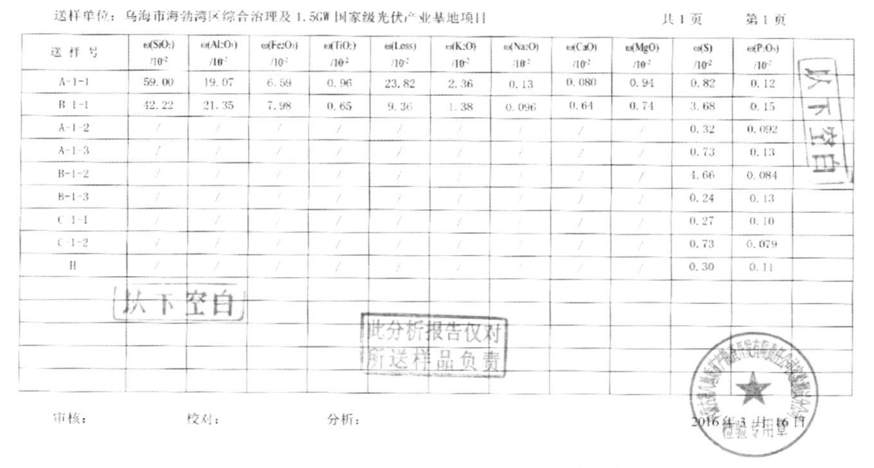

送样单位：乌海市海勃湾区综合治理及 1.5GW 国家级光伏产业基地项目　　共 1 页　　第 1 页

送样号	$\omega(SiO_2)/10^{-2}$	$\omega(Al_2O_3)/10^{-2}$	$\omega(Fe_2O_3)/10^{-2}$	$\omega(TiO_2)/10^{-2}$	$\omega(Loss)/10^{-2}$	$\omega(K_2O)/10^{-2}$	$\omega(Na_2O)/10^{-2}$	$\omega(CaO)/10^{-2}$	$\omega(MgO)/10^{-2}$	$\omega(S)/10^{-2}$	$\omega(P_2O_5)/10^{-2}$
A-1-1	59.00	19.07	6.59	0.96	23.82	2.36	0.13	0.080	0.94	0.82	0.12
B-1-1	42.22	21.35	7.98	0.65	9.36	1.38	0.096	0.64	0.74	3.68	0.15
A-1-2	/	/	/	/	/	/	/	/	/	0.32	0.092
A-1-3	/	/	/	/	/	/	/	/	/	0.73	0.13
B-1-2	/	/	/	/	/	/	/	/	/	4.66	0.084
B-1-3	/	/	/	/	/	/	/	/	/	0.24	0.13
C-1-1	/	/	/	/	/	/	/	/	/	0.27	0.10
C-1-2	/	/	/	/	/	/	/	/	/	0.73	0.079
H	/	/	/	/	/	/	/	/	/	0.30	0.11

以下空白

此分析报告仅对所送样品负责

审核：　　校对：　　分析：　　2016 年 3 月 16 日

检验专用章

图 10.12　乌海海美斯矿煤矸石测样结果

10.2　案例典型性分析

10.2.1　煤矸石自燃典型特征

（1）排土场（煤矸石）本身具有自燃倾向。

（2）煤矸石能得到充分的氧气供应。

（3）具备蓄热条件并达到燃烧的临界温度。

10.2.2　典型特征

1. 自然环境特征

（1）项目区深处内陆，属半沙漠干旱高原大陆性气候，年降雨量平均只有 160 mm，而蒸发量达 3 600 mm 以上，是我国降雨量最少的地区之一。干燥多风的气候，使矸石堆体供氧量增大，加剧了“烟囱效应”。

（2）地处干旱荒漠地区的乌海市，全市沙化面积已逾 17.3 万 hm^2，占全市总面积的 44%。项目区极度缺乏土壤，主要土壤为灰漠土和风砂土，不利于植被的生长。

（3）项目区属荒漠化草原向草原化荒漠过渡地带，生态脆弱，植被类型简单。乌海先天环境恶劣，地处乌兰布和、库布齐和毛乌素三大沙漠的交汇处，受三大沙漠的侵蚀与风积，土地荒漠化进程加速，加剧土地退化。

2. 煤矸石堆积特征

（1）海美斯矿开采方式为露天开采，对地形、地貌、土地资源和生态景观破坏巨大（图 10.13）。

图 10.13　海美斯矿排土场图

（2）排土场（煤矸石堆）数量大，堆存无序。仅海勃湾项目区范围内，已存在排土场（煤矸石堆）20 余处，且由于业主多，堆存无序，导致排土场（煤矸石堆）大小不一，空间布局杂乱。

（3）排土场（煤矸石堆）类型复杂。不仅有采矿过程中的排矸，还存在洗煤厂的煤泥排放。矿山企业在生产中没有区分渣土和煤矸石，土矸混排导致每一座排土场（煤矸石堆）的成分均不同，堆积形式也不同，很难采取统一的治理措施。

根据项目区堆积物组成成分，堆积区主要分为 4 种类型。

（1）煤矸石堆积区：堆积物以煤矸石为主。

（2）渣石堆积区：堆积物以煤层顶板石为主（图 10.14）。

图 10.14　渣石堆积区现状图

该区域主要特征：可燃物主要为渣石，指煤层两侧黑石头（煤层顶板石），初步判断含硫量较高、含部分碳，高岭土，待化验后确定其组成成分。渣石自燃不同于煤矸石山自燃，是一种新的自燃形式。①渣石自燃后粉层少，空气通道不会自然封闭。②堆积块石硬度高，高温后形状不易改变，孔隙多，形成供氧通道。③此类型区域覆盖面积大，构成复杂，埋藏深度达 200 m 左右，灭火土方量极大。④堆积物不易夯实。

（3）土石堆积区：堆积物为开挖前地表堆积物，以自然山体土石为主（图 10.15）。

图 10.15　土石堆积区现状图

（4）混合堆积区：堆积物为煤矸石、渣石及土石混合物。

3. 火情特征

（1）煤矸石堆体燃烧面积大。

（2）煤矸石、渣石堆放无序，火点多，火情复杂，有的排土场（煤矸石堆）仅有零星着火点，有的火情严重。有的刚刚发生自燃，有的已经持续自燃一段时间。

（3）燃烧剧烈、温度高（局部可达 1 000 ℃），机械不好接近，施工困难且危险性高。

10.3　治理思路与方法

10.3.1　治理原则与技术路线

针对煤矸石山实地情况，施工方案的制定原则为如下。

（1）确保施工安全。

（2）全程测温、系统诊断火情，指导并检验施工。

（3）控火→灭火→防复燃，恢复安全常态。

（4）不同情况、不同部位采取不同灭火防复燃技术。

（5）采用多种灭火工艺相结合的方式进行施工。

（6）从煤矸石山顶部由上而下环形施工，且每个部位的灭火施工均采用由外而内、由低温向高温的顺序，避免施工过程中形成新的热空气通道，引燃其他未着火的部位。

（7）煤矸石山灭火后进行全面防复燃监测与控制。

技术路线：对测温数据全面分析总结；根据测温数据在平面图上绘制温度分布图，标注安全区、临界区、蓄热区、发火区区域范围，根据温度分布范围及深度，确定灭火的面积；确定煤矸石山热量分布均衡点、均衡带；确定封闭材料（煤矸石、粉煤灰、石灰、沙子、阻燃剂等）的最佳配比。

10.3.2　治理目标

（1）灭火效果彻底。

（2）山体安全稳定。

（3）科学监测防复燃。

10.3.3　工程进度计划

海美斯矿项目区工程进度计划如表 10.1 所示。

表 10.1　海美斯矿项目区工程进度计划

工程名称	工期	第 1～30 天			第 31～60 天			第 61～90 天		
		第 1～10 天	第 11～20 天	第 21～30 天	第 31～40 天	第 41～50 天	第 51～60 天	第 61～70 天	第 71～80 天	第 81～90 天
进场、临建	2 天									
测温等勘察	88 天									
高温区灭火	60 天									
土石方工程（挖填方）	50 天									
边坡整形与封闭	60 天									
马道及道路施工	40 天									
排水设施施工	30 天									
生态植被恢复	20 天									
后期监测	2 年									

10.3.4　煤矸石堆积区灭火防复燃施工技术

1. 填方区灭火防复燃施工技术

1）温度勘测

在填方施工前，由灭火技术人员对填方区进行温度等勘测，根据系统诊断结果展开施工。项目区施工总平面布置示意图见图10.16。

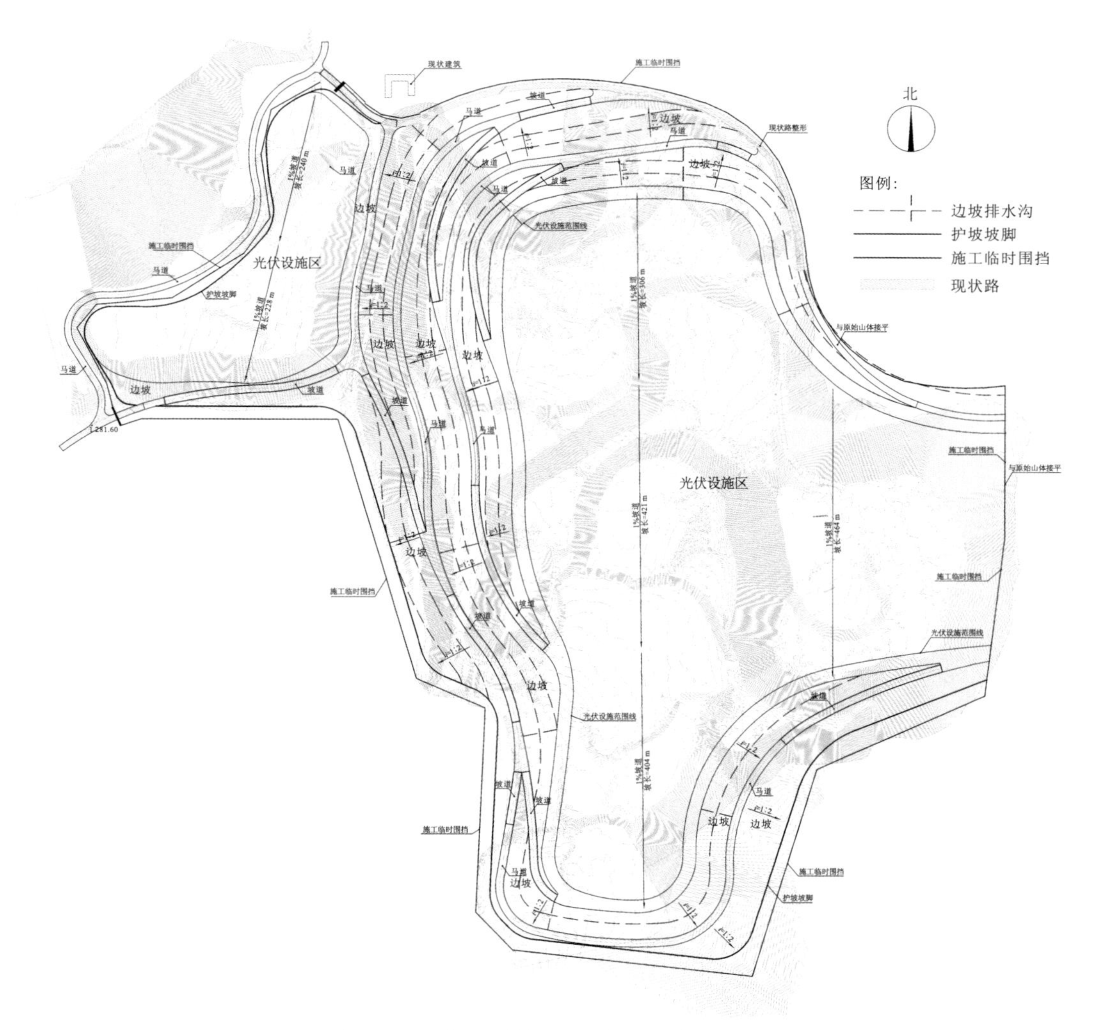

图10.16　海美斯矿项目区施工总平面布置示意图

（1）回填基础为原始地形，碾压夯实后回填。

（2）回填基础为煤矸石堆积区域，由灭火技术人员先进行温度等勘察。若①无自燃隐患，铺设沙子、粉煤灰、煤矸石渣混合物30 cm，碾压夯实后回填；②存在自燃隐患，进行灭火处理后回填（具体灭火处理工艺根据实际勘测结果确定）。

2）坡脚及山体结合部封闭施工技术

（1）项目区堆积坡面，由于自然倾倒，坡脚滚落物粒径大，极易形成供氧通道，回填前，对项目区所有坡脚的大粒径块石剥离，混合沙子、粉煤灰等夯实封闭处理。

（2）项目区山体结合部位高温区采用挖除灭火，开挖深度视现场情况确定，剥离大粒径块石，测温合格后混合搅拌压实回填。

3）分层碾压回填施工技术

（1）填方前碾压夯实原基础，夯实机械根据现场施工组织安排，采用渣车、挖掘机或压路机等碾压，夯实系数不小于 0.86（根据项目区回填材料粒径等情况调整）。

（2）填方方式采用分层覆沙、覆粉煤灰等碾压灭火防复燃方法。

（3）分层碾压夯实技术：分层回填，回填厚度 2 m 一层碾压夯实，夯实系数不小于 0.86（根据项目区回填材料粒径等情况调整）。

（4）逐层回填碾压至 6 m 时，覆盖沙子、粉煤灰、石灰、煤矸石渣（根据现场情况确定配合比）等混合阻燃封闭材料 30 cm，喷洒防火浆液碾压后再填第二层（混合层含水量 7%～14%利于压实），6 m 层高采用压路机（15 t）碾压，夯实系数不小于 0.86，逐层碾压回填至设计基准标高−3 m 位置。

（5）回填至设计基准标高−3m 平面时，覆盖沙子、粉煤灰、石灰、煤矸石渣、阻燃剂等混合阻燃封闭材料（配合比现场确定）30 cm，碾压夯实。

（6）煤矸石渣回填，表层覆盖沙子、粉煤灰、石灰、煤矸石渣（根据现场情况确定配合比）等混合阻燃封闭材料 30 cm，碾压夯实至设计基准标高−2 m 位置。

（7）煤矸石渣回填，表层覆盖沙子、粉煤灰、石灰、矸石渣（根据现场情况确定配合比）等混合阻燃封闭材料 30 cm，碾压夯实至设计基准标高−1 m 位置。

（8）表层覆盖沙子、煤矸石渣、粉煤灰、素土等混合阻燃密闭材料夯填至设计基准标高±0 m。

（9）填方区回填高度小于 3 m 时，填方施工技术与挖方施工技术结合实施。

（10）项目区存在特殊情况时，由灭火技术服务单位同施工方共同编制相应施工方案，上报监理方及相关部门，论证签字后实施。

2. 挖方区灭火防复燃施工技术

1）挖方煤矸石渣处理

（1）开挖后处于安全状态的煤矸石直接回填到填方区。

（2）开挖出的高温煤矸石处置方法：①燃烧初期或具有燃烧特征：按标准堆放。②燃烧旺期：灭火后堆放，可做阻燃材料。③已烧尽：降温后可做阻燃材料。④不燃烧：按标准堆放（详见填方区分层堆放施工技术）。

以上开挖出的高温煤矸石在回填前，温度要求降至 40 ℃以下（理想状态，根据现场情况及气温等因素调整），采取适当搅拌等措施，使着火煤矸石灭火降温。挖方区高温煤矸石渣降温后回填，回填一层，经灭火技术人员测温合格，现场指挥人员允许后，方可以回填下一层。

2）挖方区平台灭火防复燃施工方案

（1）挖方至设计基准标高-1.0 m，全部运走回填。

（2）挖方区平台面分区下挖 2.0 m 至设计基准标高-3.0 m，挖方煤矸石就近堆放于平台处。

（3）挖方区全面监测，确定火区分布，测定热量的水平与垂直均衡点，确定特殊处理区域，特殊区域处理工艺现场勘查后确定。

（4）达到安全标准后，开挖平面（设计基准标高-3.0 m）覆盖沙子、粉煤灰、石灰、煤矸石渣、阻燃剂等混合阻燃封闭材料 30 cm，碾压夯实，夯实系数不小于 0.86（根据项目区回填材料粒径等情况调整）。

（5）回填挖出的煤矸石渣，表层覆盖沙子、粉煤灰、石灰、煤矸石渣（根据现场情况确定配合比）等混合阻燃封闭材料 30 cm，碾压夯实至设计基准标高-2 m 位置。

（6）煤矸石渣回填，表层覆盖沙子、粉煤灰、石灰、煤矸石渣（根据现场情况确定配合比）等混合阻燃封闭材料 30 cm，碾压夯实至设计基准标高-1 m 位置。

（7）表层覆盖沙子、煤矸石渣、素土等混合阻燃密闭材料碾压夯实，至设计基准标高±0 m。

（8）以上环节逐区推进，不留死角。

3）其他

后续施工单位在扰动土层时，需确保混合层密闭夯实，并将其作为其工程施工方案的重要组成部分，保证山体稳定，达到防复燃技术要求（图 10.17）。

图 10.17　山体结合部处理位置示意图

3. 坡面封闭防复燃施工技术

1）坡脚边线确定

根据设计单位图纸，放样确定项目区整形后最终坡脚边线。

2）填方区坡脚基础处理

（1）坡脚回填基础为原始地形，碾压夯实后可堆砌边坡，边坡基础处理范围为沿坡脚边线向里 6 m，向外夯实 6 m，基础夯实系数不小于 0.86（根据项目区基础碾压材料材质等调整）。

（2）坡脚回填基础为堆渣或堆煤矸石区域，由灭火技术人员先进行温度勘测。若①勘测结果无自燃隐患，碾压夯实后堆砌边坡；②坡脚回填基础存在自燃隐患，进行灭火防复燃处理后堆砌边坡（具体灭火处理工艺根据实际勘测结果确定）。

3）填方区坡面全封闭防复燃施工技术

主要施工工艺如下。

（1）填方至距坡脚边线内侧 6 m 位置时，对回填坡面整形后覆盖沙子、粉煤灰、石灰、煤矸石渣等混合阻燃封闭材料夯填 30 cm（配合比根据现场情况确定），夯实工艺采用挖掘机挖斗夯排或其他工艺，逐区推进，夯排两次。

（2）回填煤矸石渣，表层覆盖沙子、粉煤灰、石灰、煤矸石渣、阻燃剂等混合阻燃封闭材料 30 cm，夯填至距坡脚线 3 m 位置，要求回填煤矸石渣粒径小于 10 cm。

（3）回填煤矸石渣，表层覆盖沙子、粉煤灰、石灰、煤矸石渣、阻燃剂等混合阻燃封闭材料 30 cm，夯填至距坡脚线 1 m 位置，要求回填煤矸石渣粒径小于 10 cm。

（4）表层覆盖沙子、煤矸石渣、素土等混合材料，夯实坡面至设计坡面。

（5）坡面封闭随分层回填高度逐级向上形成坡面。

（6）马道及主道路结合部施工工艺

马道及主道路与坡面结合部位，覆盖沙子、粉煤灰、煤矸石渣混合阻燃封闭材料，碾压夯实 1 m。

4）挖方区坡面全封闭防复燃施工技术

挖方区在挖方至设计坡面时，多挖深 0.8 m，由灭火技术人员进行温度等勘测，主体坡面由下往上与坡面原有煤矸石渣混合搅拌回填 3 m（根据现场情况调整），夯实。勘测后的特殊部位，根据勘测结果进行灭火处理后回填坡面。

5）其他

（1）成型后的边坡与周边原始山体接触部位从底部回填开始，混合搅拌分层夯填，夯填宽度距原始山体面 3 m，保证接触部位不产生缝隙。

（2）其他特征不明显部位，在技术人员现场指导下，针对不同矸石自燃火情，现场研究确定有针对性的灭火和填压措施，保证灭火、永不复燃及工程造价最低。

10.3.5　渣石堆积区灭火防复燃施工技术

渣石堆积区主要有以下特征。

（1）渣石指煤层两侧黑石头（煤层顶板），含一定的 S、P、C，具有一定热值，易自燃蓄热。

（2）渣石自燃与煤矸石山自燃有显著差异。①渣石自燃后粉层少，空气通道不会自然封闭；②堆积石头硬度高，高温后形状不易改变，孔隙多，供氧通道上下贯通；③此类型区域覆盖面积大，构成复杂，埋藏深度达 100～200 m，底部为原始山体堆积，灭火土方量极大；④不易夯实；⑤很难探定着火点。

1. 挖方区施工技术

（1）开挖后处于安全状态的渣石直接回填到填方区。

（2）开挖出的高温渣石降温后回填。

具体回填技术同煤矸石堆积区填方区灭火防复燃施工技术。

2. 填方区施工技术

填方渣石区无自燃隐患，铺设沙子、粉煤灰、煤矸石渣混合物 30 cm，碾压夯实后回填。

存在自燃隐患（已自燃或含较多未燃烧物质），施工时严格遵守动态、开放、系统治理理念，综合运用多种灭火防复燃措施，按以下方式处置。

（1）坡面（最终形成）全封闭施工。从项目区四周原始山体及区域中的原始基岩开始，由标高最低处沿等高线逐级向上构筑坡面，具体施工技术同煤矸石堆积区“坡面封闭防复燃施工技术”。

（2）区域内现状坡脚及山体结合部封闭施工技术。对项目区内所有坡脚及山体结合部位的大粒径块石剥离，混合沙子、粉煤灰等夯实封闭处理。

（3）现状情况下可见明火处理。对渣石堆积项目区内所有可见明火采用挖除灭火法进行灭火降温。如海美斯矿巷道，渣石区南部火带（以海美斯矿为例）需全部清除。

（4）为不影响施工进度，渣石高温区顶部平台设置可封闭钢筋混凝土管，管径 600 mm，每段长 3 m，由下到上随填埋高度逐级连接，可作为散热孔，降低渣石区温度。管壁四周 1 m 范围内人工夯填沙子、粉煤灰混合物，防止形成新的空气通道，同时预埋热电偶，对渣石区温度进行长期监测，指导并检验灭火施工，预埋深度根据填方深度确定。

（5）惰性气体灭火降温施工技术。向火区内注入液氮、干冰（固体 CO_2）或其混合物，利用干冰（液氮）相变时巨大的吸热作用，可快速降低煤矸石山火区温度，而且在相变过程中可形成冷压波，从注入点快速扩散至全区，把低密度烟气排出，同时二氧化碳比重较氧气大，可挤出渣石中的氧气，达到隔绝空气、阻燃的效果。

具体施工技术如下。

马道及坡面设置花管并预埋热电偶。花管设置：①注气花管采用加厚无缝钢管，管长 4～7 m，内径 10 cm，管头为圆锥状，管前 30 cm 处管壁设置注气孔，管尾连接输气管。②马道部位通过人工打入或坡面预埋两种方式设置花管，坡面预埋管分行预埋、上下交错，横向管间距 30～50 m，上下排间距 15～20 m（根据高温区情况调整），管头 0.5 m 部位插入高温渣石部位，管头低，管尾高，倾斜度 5%左右；③部分区域预埋热电偶，全程测温指导施工。

干冰（液氮）注入技术。采用工业用干冰或液氮（罐装），通过特制连接装置与花管连接，连接扣固定，设置阀门控制注入量。

其他设置。预留花管管头连接U形管、软管，将软管头接入水中形成水封闭层，既可散热，又可隔绝氧气进入。

（6）施工工序。热电偶全程测温指导施工，调节各工序，最终当高温区温度呈现稳定的趋势性下降后（3～6个月或更长时间）取出花管并密实管孔，顶部平台钢筋混凝土管灌注水泥密实。

（7）防汽爆安全措施，流量控制。设置自封式压力装置，设置压力临界关闭装置，由气压表测定，确保施工。

（8）花管连通性试验，在一根管内注入干冰，周围管孔检测二氧化碳量，测定连通性。

（9）前期施工需生产厂家进行技术指导。

10.3.6　土石堆积区施工技术

1. 挖方区施工技术

挖出土石可直接回填到填方区。①粒径较大土石严格分层碾压堆放，回填碾压高度2 m一层。②细密土石可做阻燃封闭材料。

2. 填方区施工技术

碾压夯实，基础稳定后分层碾压回填。

3. 坡面封闭防复燃施工技术

坡面整形至离最终设计坡脚1.3 m位置时夯填沙子、渣石等混合物30 cm至距坡脚线1 m位置，表层覆盖沙子、素土、细密土石等混合材料，回填至设计面并夯实。

10.3.7　混合堆积区施工技术

混合堆积区施工根据混合物组成成分、可燃物含量及燃烧现状等综合分析后，参照以上三种堆积区施工技术实施，施工由现场具体情况确定。

10.4　防复燃监测

（1）划定监测区域。①全面监测区域：边坡和平台由坡脚向内20 m（图8.16）。②机械抽样监测区域：光伏柱基础、管线等部位进行抽样监测。③重点监测区域：临时动土或山体变形部位为重点监测区，监测样点密度6 m×6 m，监测深度4 m。地温采用红外测温仪，深度监测采用热电偶。④非监测区域。

（2）监测区监测样点密度 6 m×6 m。

（3）监测深度为 4 m。

（4）地温温度监测控制中心职责。①每日地温报告制度。②地温异常应急处置制度：地温日变动超过 1%，地温与最低日观测值变动超过 5%立即报告；该区域监测密度缩小为 3 m×3 m，深度 6 m，根据情况进一步监测，密度 1.5 m×1.5 m；分析情况，做好降温处置安排，根据不同诊断情况，采用注浆、注惰性气体等工艺应急处理。③地表动土、山体变形巡查及监测设备巡护。

（5）防复燃监测设备建议采用电子化监测设备分析监控。

（6）各后续施工单位在动土时，确保矸、沙等混合后夯实，保证山体稳定，达到防复燃技术要求。

（7）各后续施工单位，按照防复燃技术要求，作为其工程施工方案的重要组成部分。

（8）光伏设备安装完成后，进行植被恢复，保护地表，巩固灭火防复燃。

（9）监测时间：2 年，经过持续监测，项目区温度呈现稳定性状态时完成监测。

10.5 经验分享

乌海市是我国第三批资源枯竭城市，产业转型发展是必由之路，而转型发展的关键是进行矿区环境治理，营造良好的发展环境、适宜性产业的落地及吸引更多资金的投入。矿区排土场（煤矸石堆）自燃是最主要的污染源，因此，矿区排土场（煤矸石堆）自燃的灭火和自燃防控已经成为该区域环境治理的瓶颈问题，其成功的治理将发挥如下重要作用。

（1）产业转型发展需要大量土地，环境治理的目的也是要复垦再利用排土场（煤矸石堆）的土地，而矿区排土场（煤矸石堆）自燃是土地再利用的最大障碍，因此，灭火和自燃防控对复垦再利用土地具有至关重要的作用。

（2）矿区排土场已计划进行光伏产业发展，而自燃容易烧毁电缆、产生的烟雾也容易损毁光伏其他设备或影响光伏发电效率，因此，灭火与自燃防控对光伏产业能否真正落地和政策发电是十分重要的。

项目区地处荒漠化草原，施工时就地取材，将沙子、土石用于坡面整形和防复燃治理。治理采用全程测温，关注温度变化趋势，后期防复燃监测更是保证了治理效果。

煤矸石自燃治理后复燃率高达 80%以上，是世界性难题，在乌海自燃也已经被公认为是该矿区主要、最难解决的问题，已经有很多失败的治理先例，因此，本项目试图利用新技术实现长效的灭火和自燃防控，解决当地环境治理的难题，成为科技创新的样板、环境治理的样板，是国内外大面积治理排土场（矸石堆）自燃的先例。

乌海矿区治理后用于光伏发电，所以仅需灭火防复燃，下一步可探索在荒漠化草原的环境下进行生态重建的可能性。乌海市海勃湾区的煤矿有近 20 个，希望通过海美斯矿的治理，将系统灭火防复燃施工技术应用于其他矿山治理，完善荒漠化草原地区的露天开采矿山治理技术。

第 11 章　白羊岭煤矿矸石山生态修复实践

11.1　基 本 情 况

中煤昔阳能源有限责任公司白羊岭煤矿位于山西省昔阳县城南偏西约 15 km 的大寨镇杨子江村，隶属昔阳县大寨镇管辖。井田地理坐标为 113°40′04″～113°37′26″E，37°28′27″～37°30′53″N。2010 年 5 月 20 日经山西省煤炭工业厅批准开工建设，于 2012 年 11 月 14 日取得了新采矿许可证，批准开采煤 6#至 15#；井田面积 12.482 km^2，开采深度为 1 004.04～555.03 m 标高，有效期限自 2012 年 11 月 14 日至 2032 年 11 月 14 日，可采储量 4 389 万 t。

根据中煤昔阳能源有限责任公司白羊岭煤矿矿井和洗煤厂初步设计和实际生产情况，矿井矸石量约为矿井产量的 1%，即 0.9 万 t/年、选煤厂矸石量约为 10.51 万 t/年，合计 11.41 万 t/年。白羊岭煤矿矿井与选煤厂矸石共用一个排矸场，排矸场长期有煤矸石渗滤液流出且排矸场矸石含硫量较大，自燃趋势明显（部分坡面已发生自燃），对当地水环境和大气环境造成一定影响，是山西省生态环境恢复治理领导组确定的需要重点治理区域之一。

项目区排矸场坡面坡度较大，原有防自燃措施效果不佳，新排矸区域已发生自燃；平台采用分层覆土碾压方式堆砌，安全状况较好。煤矸石自燃着火释放出大量的 CO、SO_2、CO_2、H_2S、氮氧化物等有害气体，严重影响煤矸石排放场周围的环境空气质量，对当地环境造成了危害。项目区内部自燃严重，自燃深度较深，内部温度较高，最高温可达到 800 ℃，高温区总面积约 50 330 m^2，2018 年底完成了灭火防复燃治理，取得一定的效果，作为系统性工程，2019 年进行了生态恢复来巩固灭火和山体整形效果，达到灭火彻底、山体稳定、生态稳定的良好效果。

与以往煤矸石山治理模式相比，新技术灭火、护坡与植被恢复三位一体，达到一次性彻底治理煤矸石山的目的，避免了以往反复治理、重复投资的现象，实现煤矸石山治理新的跨越。

11.1.1　矸石场基本情况

1. 地理位置

白羊岭煤矿矸石场位于白羊岭煤矿工业场地西北方向的荒沟内、铁路专用线东北方向，矸石场顶部有一条排矸道路与工业场地通往外面的道路相连，矸石场西南部与一条东西走向的铁路专用线相邻，四周分布有杨子江、白羊岭、阳坡庄（村民已搬迁）、黄泉、下庄、杜庄 6 个村庄，距离最近的是杨子江村，约 600 m。

白羊岭煤矿矸石场治理区总面积 17.67 hm^2，地理位置图见图 11.1。

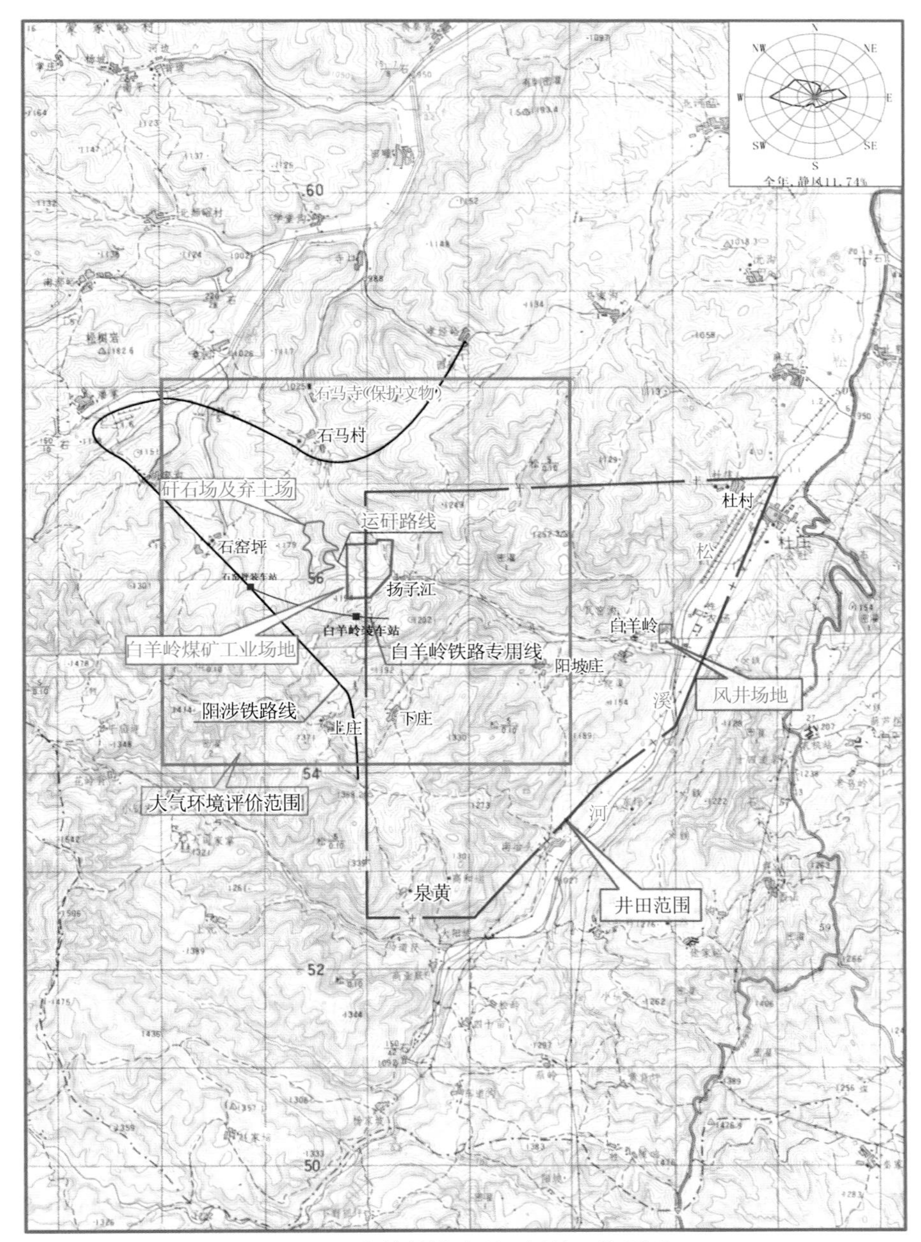

图 11.1　白羊岭煤矿矸石场地理位置图

2. 地形地貌

昔阳县属太行山系，为典型的中低山土石山区地貌。境内山脉纵横，其中土石山区占 70%，黄土丘陵占 24%，河川谷地占 6%。整个地势西高东低，山多川少，沟壑纵横，崎岖不平。

白羊岭煤矿矸石场地貌类型为北方土石山区，矸石场为荒沟，沟道走向为南北方向，南高北低，呈“U”字形沟谷，沟底基岩裸露，在排矸场北侧底部设置有挡矸坝，挡矸坝处常年有矸石渗滤液流出，根据矿方提供最新地形图：治理区挡矸坝坝顶高程 1 082.5 m，排矸场目前堆砌高程约为 1 121 m，排矸场南部高程约 1 130.0 m，南北最大高差约 47.5 m，排矸场底部建有浆砌石涵洞，但未采用防渗措施。

3. 气候水文

昔阳地处温带、暖温带半干旱大陆性季风气候区。冬季寒冷，风多雪少。年平均气温 9.3 ℃。冬季平均气温-6.2 ℃，最低温度在 1 月；夏季平均气温 23.9 ℃，最高温度在 7 月。

年均降水量为 571.9 mm，最大降水量为 806.2 mm，最小降水量为 235.3 mm。年均蒸发量为 1 834.2 mm，最高年蒸发量为 2 265 mm，最低年蒸发量为 1 565.4 mm。雨量主要集中在 7 月、8 月和 9 月，12 月、1 月和 2 月为全年降水量最少月份。

年平均相对湿度 60%，年最大积雪厚度 23 cm。全年无霜期约为 162 d，霜冻期一般在 11 月中旬至翌年 4 月。最大冻土深度 0.75 m。历年平均风速 2.6 m/s，最大风速 20 m/s。冬季风力较大，多为西风及西北风，夏季风力较小，多为东风及东南风。

4. 地表水

昔阳县主要有汾河、海河、南运河水系，区域地表水属海河流域子牙河水系滹沱河支系甘陶河支流上游松溪河，区域内沟谷均为季节性沟谷，雨季洪水均由南西流向北东，汇入松溪河。

白羊岭煤矿井田内地表水主要为松溪河，流经区内 3 000 m。该段河流全年排水时间在汛期 7～9 月，径流量 60 m^3/s，回风井附近河滩内最高水位标高 987.60 m 左右，最高洪水位高出河床近 10 m。河床全宽 200 m 左右，目前兴修农田已将河床压缩至西岸 50 m 宽左右。平时水量不大，甚至断流。由西南向东北流入桃河，各河流均为季节河流，雨季山洪暴发才有较大洪水流过。松溪河西岸山脚下是 207 国道，中部白羊岭村河沟由西向东横穿全井田，在东部与松溪河汇合，该河沟下游白羊岭村附近较宽敞。

5. 地下水与水文地质

昔阳县位于娘子关泉域，属娘子关泉水文地质单元。奥陶系灰岩岩溶裂隙含水层地下水位埋深 240～440 m。根据岩性可分为下马家沟组、上马家沟组、峰峰组三个含水段。主要含水段为下马家沟组及上马家沟组厚层灰岩，而峰峰组多处于区域性岩溶水位之上的垂直渗入带。中奥陶统灰岩岩溶裂隙含水层主要岩性为中厚层灰岩、花斑灰岩、泥质灰岩及白云质灰岩，各组底部泥灰岩为相对隔水层。

11.1.2 煤矸石堆放方式和年限

白羊岭煤矿矸石场治理区整体为南北方向且南高北低，治理区包括新排矸场、旧矸石场部分坡面和铁路南侧集水区，位置关系见图 11.2。

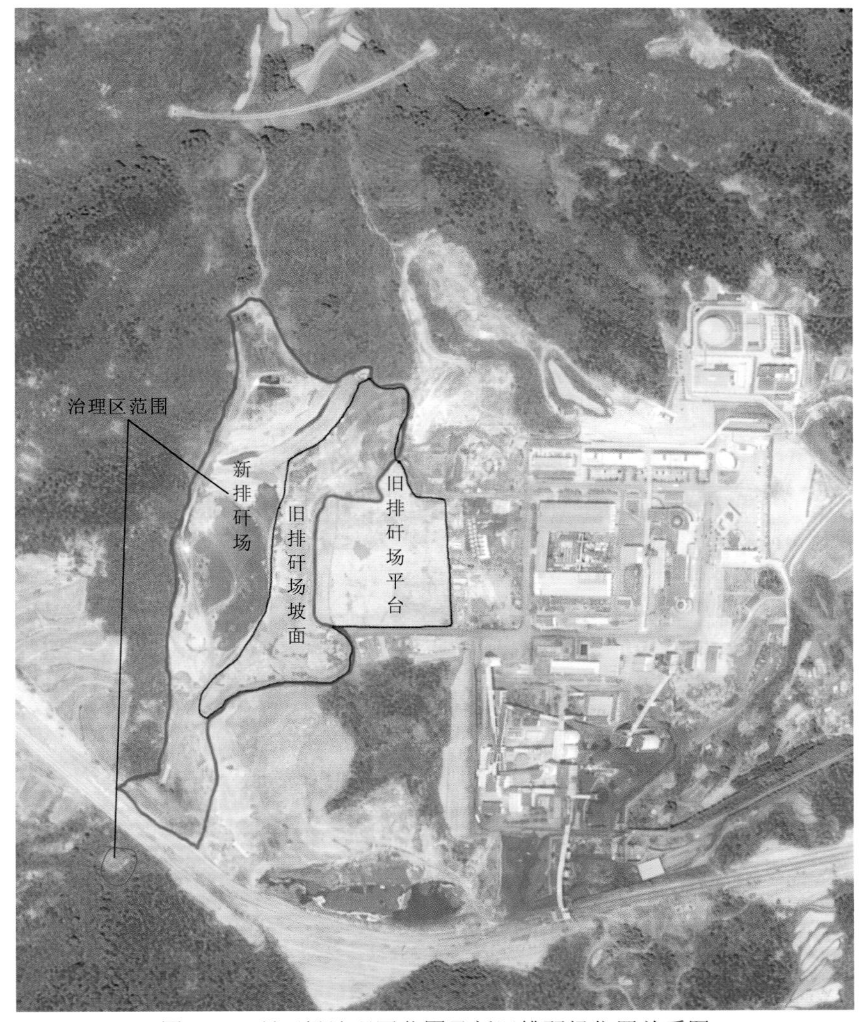

图 11.2　矸石场治理区范围及新旧排矸场位置关系图

新排矸场位于排矸路西侧，煤矸石主要来源于选煤厂矸石与采煤矸石，主要为 6#、9#、15#煤层。新排矸场 2007 年开始排矸，目前仍在使用中，现已基本形成平台及坡面。新排矸区顶部平台标高 1 125 m，北部为堆矸坡面，堆矸高度约 46 m，北侧底部设置有挡矸坝，坝顶标高为 1 079 m。

旧排矸区主要堆放掘进矸，服务期为 1985～2007 年，位于主、副井工业场地的西侧，与新矸石场相连，总面积 1.5 hm^2。经现场调查，旧矸石场平台场地已复垦，主要耕作物为玉米；西侧坡面前期虽已进行过注浆灭火施工，但由于未彻底灭火，目前仍存在高温区域，很有可能发生复燃，因此这部分坡面也被纳入治理区。

铁路南侧集水区为上游沟道河水汇集处，铁路涵洞将水排至铁路北侧，矸石场建设时设计将水通过矸石底部涵洞送至煤矸石山北侧沟道下游。铁路南侧最低点为现铁路涵洞口，标高为 1 125 m，北侧涵洞出口为标高为 1 116 m。白羊岭煤矿矸石场治理前现状图见图 11.3。

图 11.3　矸石场治理前现状图

11.1.3　煤矸石成分分析

本项目类比采用阳泉市上社二景煤炭有限责任公司委托山西煤炭地质研究所对 9#、15#煤层的矸石成分的检测结果，其煤矸石化学成分分析结果见表 11.1。

表 11.1　白羊岭煤矿矸石化学成分分析表

项目	基本成分%										
	SiO_2	Fe_2O_3	TiO_2	P_2O_5	CaO	MgO	Al_2O_3	S	K_2O	Na_2O	MnO_2
9#煤层	17.25	0.60	0.40	0.08	0.42	0.14	10.28	0.52	0.48	0.10	0.004
15#煤层	3.50	2.57	0.11	0.04	0.45	0.06	2.92	4.42	0.07	0.04	0.005

11.1.4　煤矸石自燃状况

白羊岭煤矿现已基本形成平台及坡面组成的形态，发生自燃的区域主要集中在新排矸场区域和旧矸石场部分坡面，旧矸石场平台由于当时采用分层覆土碾压方式堆砌，安全状况相对较好，未发现着火迹象。

白羊岭煤矿底部排矸时分层层高较大（层高约 8 m）且坡面未采取防复燃措施，目前已发生自燃。根据现场初步勘查，排矸场已着火区总面积较大，火情严重且呈扩散趋势。蓄热区总面积较大，蓄热区为着火自燃临界区，发展成着火区风险较大，着火区和蓄热区具体情况见图 11.4。

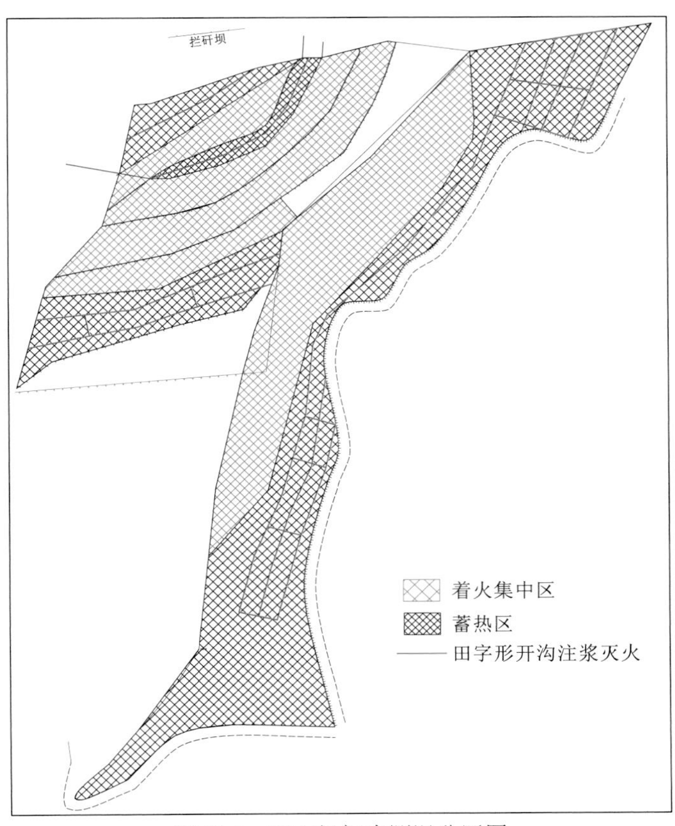

图 11.4　矸石场初步测温分区图

1. 排矸场坡面

排矸场坡面坡度较大，未进行有效灭火、防复燃治理，已发生自燃，煤矸石自燃着火释放出大量的 CO、SO_2、CO_2、H_2S、氮氧化物等有害气体，严重影响矸石排放场周围的环境空气质量，是产生雾霾等大气污染现象的诱因之一，对当地环境将造成一定危害。

经初步勘察，高温区距表层 1.5 m 深度温度最高达到 350 ℃以上，亟须进行灭火防复燃治理，恢复排矸场安全状态。排矸场坡面自燃现状见图 11.5。

图 11.5　排矸场坡面自燃现状图

2. 排矸场平台

经过现场勘察，排矸场平台目前仍在排矸，由于采用分层覆土碾压工艺，安全状况较好，经过初步测温，平台中部区域最低温度 2 ℃，最高 41 ℃，但因中间覆土层较薄及坡面高温影响，仍存在安全隐患，需在后续排矸中进一步规范，排矸场平台现状及初步测温勘察见图 11.6。

图 11.6　排矸场平台现状及初步测温勘察图

图 11.6　排矸场平台现状及初步测温勘察图（续）

11.1.5　矸石场渗滤液现状

矸石场渗滤液目测较浑浊，根据矿方提供淋溶水检验结果及近期实地采样初步化验，铁、锰严重超标，铅、镉、汞等均超标。本渗滤液产生主要原因及分析：①上游山体自然汇水直接渗入煤矸石后流出，是排煤矸石渗滤液形成的主要原因。因排矸场原有涵洞未采取防渗措施，导致上游山体自然汇水渗入山体，形成渗滤液，见图 11.7 至图 11.9。②排矸场四周山体雨水汇入排矸场形成煤矸石渗滤液为本项目渗滤液产生的次要原因。③排矸场场地内降雨渗入亦为次要原因。

图 11.7　原涵洞上游入水口

图 11.8　原涵洞下游出水口

图 11.9　排矸场渗滤液现场图

11.1.6　矸石场对周围环境带来的危害

1. 矸石场上游汇水及排水问题

根据收集资料显示，本项目区距田疃口截潜流工程（二水源工程）保护区较近。田疃口截潜流工程位于洪水河上游田疃村口，距离县城 12 km，是昔阳县人畜吃水的重点工程之一，地面标高 962 m，截潜流坝中心点坐标为 37°32′40″N，113°37′49″E。其一级保护区半径取 250 m，根据水文地质条件调整后面积为 0.13 km^2，二级保护区上游取 1 000 m，下游取 100 m，保护区面积为 0.58 km^2，一、二级保护区总面积为 0.71 km^2。本项目区位于田疃口截潜流工程保护区南侧，距离约 4.3 km，不在保护区范围内。

1）铁路过水涵洞损坏

白羊岭煤矿矸石场南部有煤矿运煤专用线。铁路北侧距矸石场约 70 m，铁路南侧为矸石场沟道上游，为保证铁路南侧水流畅通，在铁路底部修有过水涵洞，将水排至铁路北侧后，通过矸石底部涵洞送至矸石山北侧沟道下游。

根据现场观察，铁路过水涵洞在本次治理前损坏严重，对排水造成严重影响（图 11.10）。

图 11.10　铁路涵洞现状图

图 11.10　铁路涵洞现状图（续）

2）排水渠损坏

根据现场观察，铁路涵洞在出口处修筑浆砌石排水渠与矸石场底部涵洞相连接，并通过排水渠将水排至铁路北侧。随着浆砌石排水渠的沉降和损坏，在铁路北侧、矸石场南侧，形成一个排水渠纵横、地势较低的深坑，常年伴有积水（图 11.11）。

图 11.11　排水渠现状图

图 11.11　排水渠现状图（续）

3）矸石场底部涵洞损坏

煤矸石山底部涵洞是矸石场建设时为保障上游河道排水修筑的过水涵洞。因周围村民饮水井位于铁路南侧，取水需要将饮用水管送至铁路北侧，再通过煤矸石山底部涵洞将水输送至村庄。

根据现场观察，上游排水经煤矸石山底部涵洞后，因涵洞未采取防渗措施，而且部分涵洞已出现裂缝和一定程度的损坏，造成上游来水并没有从矸石场底部涵洞出口排出，而是四处流散直接渗入矸石场内部，产生大量渗滤液，造成下游水体污染；与此同时，煤矸石山底部涵洞的存在，本身就会形成一个天然的供氧通道，极易引起矸石场的自燃（图 11.12）。

图 11.12　煤矸石山底部涵洞现状图

4）矸石场渗滤液问题

根据现场观察，矸石场治理区北侧原来建有挡矸坝，因上游排水未经涵洞出口排出，而是直接渗入矸石场，导致排矸场内部产生大量渗滤液，再加上矸石场四周山体雨水和矸石场场地内降水，全部汇聚在挡矸坝内外侧。

众所周知，矸石中含有不少有毒有害元素，经降雨淋溶后，可溶解性重金属元素会随雨水淋溶出来进入土壤，将会对土壤、地表水产生一定的影响，同时淋溶液会通过包气带进入浅层地下水，造成当地及下游地下水体污染。矸石场下游渗滤液现状见图 11.13。

图 11.13　矸石场下游渗滤液现状图

5）水土流失

矸石场顶部平台和坡面存在山体极不稳定因素，部分坡面少量植被覆盖，大部分坡面无植被保护，水土流失现象严重。由于矸石场地为丘陵沟壑区，水土流失主要以沟蚀为主。

矸石场治理区平台部分区域为后期生产排矸区域，根据现场观察已覆有黄土，但是由于中间覆土层较薄、未修建截排水系统，而且受坡面高温影响，仍存在安全隐患（图 11.14）。

图 11.14　矸石场平台现状图

11.2　案例典型性分析

11.2.1　煤矸石主要成分

1. 煤矸石中硫含量较高

通过分析白羊岭煤矿周边9#、15#煤层的煤矸石，通过表11.1可以得知，白羊岭煤矿矸石硫成分含量高，煤矸石中夹杂部分煤炭，且堆积后未进行压实和覆盖。根据资料显示，当煤矸石中硫的质量分数大于1.5%时，在通风、氧化的条件下，极易发生自燃，自燃后释放的含硫化合物和氮氧化物等对大气环境造成严重的影响。

2. 黄铁矿含量较高

白羊岭煤矿矸石中黄铁矿含量较高（图11.15），根据观察，白羊岭煤矿洗矸粒径较小，同时存在煤夹矸现象，由于排矸场底部涵洞和铁路涵洞损坏，铁路南侧雨水和其他积水不能及时排出，导致周围环境比较潮湿。据有关资料测定，1 kg黄铁矿充分氧化时，可以放出大约2 190大卡（1大卡=4.184 kJ）的热量，而白羊岭煤矿矸石场内上万吨甚至百万吨以上的煤矸石堆积，由于煤矸石山内部通风不良，煤矸石山内部热量积聚，并随着煤矸石堆积数量的日趋增加而增高。当煤矸石山内部温度不断升高，达到黄铁矿的燃点（黄铁矿燃点250 ℃，块状煤泥干燥时的燃点是280 ℃）时首先从煤矸石山内部比较松散地段开始发生自燃。此外，由于黄铁矿的自燃引起煤矸石山内部温度升高，达到280 ℃时便会引起煤矸石中夹杂的低质煤的燃烧。

图11.15　矸石场硫分布现状图

图 11.15　矸石场硫分布现状图（续）

11.2.2　煤矸石堆积方式

白羊岭煤矿在排矸时，利用当地独特的沟壑纵横的地形特点，先将煤矸石拉至矸石场的最高处，然后直接推向坡面由煤矸石自由滚落到山沟中去。建井初期，按照设计要求对煤矸石进行碾压、覆土等简单治理，后来随着矿井的长期运行，煤矸石堆积的高度过高、坡面过大、导致表面很难再进行覆土压实。

白羊岭煤矿采取的这种堆矸方式，一方面会导致煤矸石暴露在空气中，与空气进行充分接触，而且煤矸石自由堆积疏松，空隙较大，会形成良好的供氧通道，为煤矸石的自燃提供了充足的氧气条件。

另一方面，煤矸石从暴露在表面到被其他煤矸石掩埋到深部的过程，会经历从不自燃带到可能自燃带再到窒息带的动态变化，这种堆矸方式会造成排矸面积大但是坡面推进速度慢，会使煤矸石长时间地停留在可能自燃带，一旦这段时间超过了煤矸石的最短自燃发火期，就很有可能发生自燃。白羊岭煤矿排矸场的煤矸石，一开始通过自由倾倒裸露在表面，然后随着持续排矸，这部分煤矸石被掩埋，而坡面面积过大导致坡面覆盖的速度减慢，导致这部分煤矸石长时间处于可能自燃带，表面的煤矸石会形成供氧通道，一旦进入到底部可能自燃带，极有可能发生自燃。

第三方面是由于重力作用，这种堆积方式会使大粒径的煤矸石更多地滚落到底部，粒径小的则多留在上部，形成煤矸石的自然分级（图 11.16），而这种分级会导致煤矸石间孔隙率增大，小粒径煤矸石富集且发热量高，给煤矸石的持续氧化提供良好的温度条件，从而使其发生自燃。根据观察，白羊岭煤矿矸石场煤矸石粒径分级明显，大粒径的多分布在底部，小粒径的则多停留在矸石场上部，大小粒径的煤矸石分级会使煤矸石之间的空隙越来越大，给煤矸石的自燃提供了氧气的条件，在一定程度下很容易发生自燃。

图 11.16　矸石场堆矸现状图

11.2.3　矸石场底部涵洞

白羊岭煤矿矸石场在设计之初，为保证铁路南侧水流畅通，通过煤矸石底部涵洞将水流送至煤矸石山北侧沟道下游，同时因村民饮水井位于铁路南侧，将饮用水管送至铁路北侧后，通过煤矸石山底部涵洞将水输送至村庄（图 11.17）。

图 11.17　煤矸石山底部涵洞现状图

根据现场观察，白羊岭煤矿矸石场上游排水经煤矸石山底部涵洞后，因涵洞未采取防渗措施或者部分涵洞出现裂缝损坏，造成上游来水并没有从涵洞出口排出，而是四处流散，直接渗入矸石场内部产生大量渗滤液，造成下游水体污染。

同时，煤矸石山底部涵洞的存在，形成一个天然的供氧通道，向煤矸石山内部输送发生自燃所必需的氧气，达到某种程度后很容易引起煤矸石山体自燃。

11.2.4　原有治理模式不足

白羊岭煤矿矸石场坡面坡度较大，原有治理措施效果不佳，没有彻底达到灭火效果，新排矸区域已发生自燃，旧矸石场坡面也已发生复燃，注浆治理失败见图 11.18；平台采用分层覆土碾压方式堆砌，安全状况尚好。

图 11.18　注浆治理失败现状图

白羊岭煤矿矸石场原有治理方法是根据煤矸石山自燃及堆积特征，大部分区域燃烧深度较深，并在新矸不断堆积的情况下，无法采用大面积剥离灭火的方式，只能采取深部注浆灭火方案。

白羊岭煤矿矸石山灭火与防控工作存在“头痛医头，脚痛医脚”的纯技术性思维的弊端，通过表层喷浆灭火工艺无法达到完全灭火的效果，仅可作为灭火工程中的配套措施使用，而且排矸场表层喷浆后，从外观现象上看，似乎燃烧不严重，有毒有害气体排放量也不大，但实际上整座山体都处于缓慢燃烧状态，最终将全部燃尽，封闭层开裂后看到内部仍有明火。

煤矸石山综合治理技术应该是一套系统集成技术，系统灭火防复燃、山体整形排水、生态恢复各环节相互联系缺一不可。人为割裂三者间的系统性，灭火、山体整形、生态修复各自为政，实践中自燃风险高，不能达到预期的治理效果。

11.3　治理思路与方法

11.3.1　治理目标

本次治理要在白羊岭煤矿矸石堆积现状及矿区生态环境详细调查的基础上，以现场测温及测绘数据为依据，将矸石场综合治理及周边生态环境相结合，开展煤矸石山系统治理工作，集煤矸石山系统灭火、山体整形和生态系统重建技术三位一体的综合集成技术体系，遵循系统科学治理理念，将实体工程运行与科学研究紧密结合，实现矸石场彻底灭火不再复燃、彻底改善生态环境、消除煤矸石山污染、恢复矿山生态环境的目标。

11.3.2　治理技术路线

为保证白羊岭煤矿矸石场综合治理的最终成功，实现矸石场彻底灭火不再复燃、彻底改善生态环境、消除煤矸石山污染、恢复矿山生态环境的总目标。矸石场设计集成系统灭火防复燃措施、多级隔坡反台山体整形与近自然生态系统重建措施，并根据矸石场实际，增加矸石场上游排水及渗滤液治理、排矸道路建设工程、原煤矸石山体涵洞封堵工程、引水灌溉与生态系统高强度管理技术等，设计煤矸石山综合治理工程技术体系，技术路线如图11.19所示。

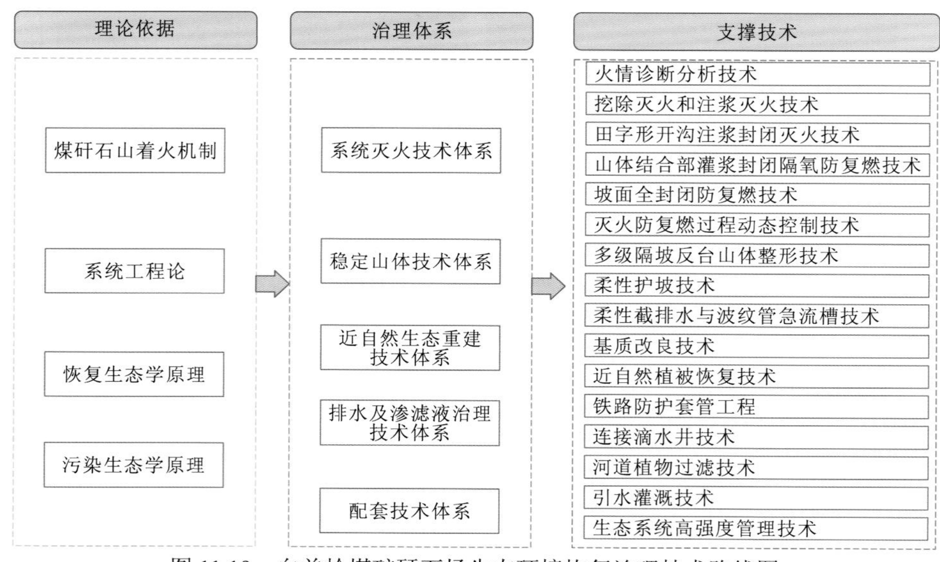

图11.19　白羊岭煤矿矸石场生态环境恢复治理技术路线图

11.3.3　治理工程

1. 矸石场系统灭火防复燃工程

根据白羊岭煤矿矸石场的堆积情况、地形条件和火情勘测报告中的高温度分布状况相结合（图 11.20），分析煤矸石山火情的空间分布特征，合理划分不同火情分布区域，并提出针对性的灭火措施，制订有效的灭火防复燃施工方案。

图 11.20　矸石场火情诊断现场图

结合项目区现有地形情况，根据燃烧区的不确定性，燃烧中心区域分布的不确定性，以及自燃深度不同，采用逐步逼近法全面测温，确定煤矸石山着火范围和高温区空间分布特征，精确确定着火点位置和深度，指导灭火工程的设计和施工。

根据白羊岭煤矿矸石场特点，采用的灭火防复燃技术主要有高温区挖除灭火法、田字形开沟注浆封闭灭火防复燃、山体结合部灌浆封闭隔氧封闭防复燃、坡面全封闭防复燃措施。

1）高温区挖除灭火分项工程

对煤矸石山坡面的集中发火区采用挖除灭火法（图 11.21），火源挖出后进行摊晾、混拌黄土、阻燃剂等降温后分层回填。施工流程：①设警戒区域、观察风向→②配备防具、护具→③设置逃生通道→④组织救护人员及车辆→⑤开挖泄压孔→⑥由低温区向高温区开挖→⑦挖除火源（注浆配合施工）→⑧冷却→⑨灌浆→坑底温度勘察→⑩搅拌碾压回填。

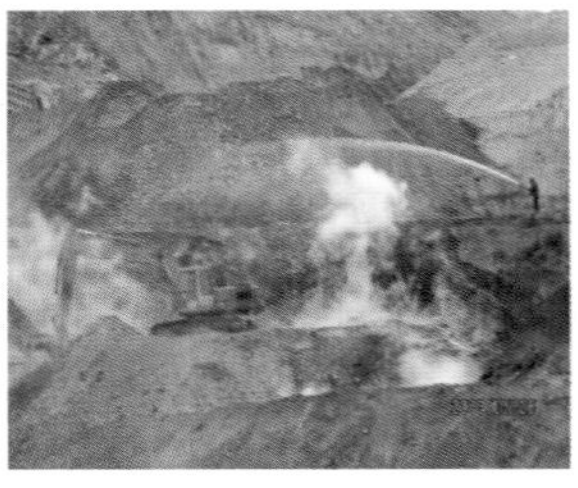

图 11.21　高温区挖除灭火施工照片

图 11.21 高温区挖除灭火施工照片（续）

2）田字形开沟注浆封闭灭火防复燃分项工程

对平台部位的集中蓄热区采用田字形开沟注浆法封闭灭火（图 11.22）。采用分段开挖的方式，开挖沟槽后马上进行注浆施工，防止火情蔓延。沟槽开挖后，注入泥浆，使矸石场蓄热区迅速降温防止火情蔓延，注浆到浆液不再下渗，测温达标即完成注浆。降温后碾压夯实并进行分层回填，回填后剩余混合物余渣用回整形回填。田字形开沟注浆封闭灭火流程：①田字形开挖沟槽→②配置浆液→③沟底注浆至不下渗→④温度监测→⑤分层碾压回填。

图 11.22 田字形开沟注浆封闭灭火防复燃施工照片

3）坡面全封闭防复燃分项工程

在坡体其他区域，混拌黄土、阻燃剂等分层回填至坡面，对区域内全部坡面进行坡面全封闭防复燃处理（图 11.23、图 11.24）。

图 11.23　坡面全封闭防复燃、坡面整形施工照片

图 11.24　坡面整形后照片

4）灭火防复燃过程动态控制

本项目在灭火防复燃施工中进行全程测温诊断火情，及时调整灭火工艺，指导并检验灭火效果。灭火施工后开展全面监测防复燃，重点监测区域为整形削坡挖填方部位和山体变形部位。

因项目区火情复杂，灭火难度大，在灭火防复燃过程中需动态调整控制工程包括过程控制及全程测温两部分内容。本项目在施工前、中、后将采用全程测温技术指导并检验施工，主要工作为人工打孔测温，主要材料为热电偶。

2. 矸石场上游排水及山脚渗滤液治理工程

本项目原有煤矸石山下部排洪涵洞和与之相连的上游排水系统，因排水系统不完善导致自燃的煤矸石山有害山体渗滤液流出，因此须对上游排水系统进行完善，并对煤矸石山渗滤液采取有效防治措施，保障周边生态环境安全。

为保证煤矸石上游河水不经煤矸石山体而顺利排出，本次治理方案设计在煤矸石山西侧及北侧修筑钢筋混凝土水沟，将水送至挡矸场外使之不受污染，保证整个沟道排水畅通。

经现场测绘，现矸石场西南侧标高与现铁路涵洞出口标高相差 14 m，必须将水提送至现山体结合部高程才能保证排水畅通，因此设计在铁路南侧的上游汇水处采取填土措施，将地势提高，然后在铁路底部重新修筑防护套管将水送至铁路北侧，并修筑连接滴水井与西侧排水沟相接。

1）铁路南侧上游地势垫高工程

本设计在铁路南侧将上游汇水处采取分层填土垫高地势措施（图 11.25），将高程提高，并修筑钢筋混凝土水渠将水送至新修铁路防护套管。

图 11.25　铁路南侧上游整形施工照片

渠顶周边洼地回填黄土并碾压夯实形成平台，从平台与原有山体结合部位向渠顶部位设置坡降，便于雨水排入排水渠中，并对平台采取乔灌草混合播种的植被重建措施，减少雨水对平台表面的冲刷。

2）铁路防护套管工程

在铁路路基下重新布设顶进涵管，涵管为铁路专用钢筋混凝土防护套管，机械穿孔通过铁路，穿出铁路路基后与下游的煤矸石山截水沟相接，将上游汇水排走。

为消除隐患，本治理方案还设计采用干砌石、卵石、沙子和沙卵封堵原铁路涵洞。

3） 铁路北侧连接滴水井工程

上游排水出铁路防护套管后，经滴水井汇集铁路北侧排水后，由排矸场西侧排水沟排出。滴水井为钢筋混凝土结构，基底在原土层上，盖板设计为活动盖板。

4）铁路北侧排水工程

铁路北侧原排水沟将铁路雨水排至铁路北侧深坑，为保证后期水流畅通，本设计将连接原铁路排水沟将水汇聚至滴水井，经矸石场西侧排水沟排出（图 11.26）。

图 11.26　路测排水排水管涵施工图

5）饮用水管线改造措施

本项目区原涵洞内布设有村民饮用水管，因涵洞废弃封堵，本工程将饮用水管改道接通，保障村民用水安全，饮用水改为沿煤矸石山西侧的主排水沟敷设明管（图 11.27）。

图 11.27　饮水管线改造工程饮水管线铺装图

6）山脚渗滤液治理工程

现场勘察总结得出，上游山体自然汇水直接渗入矸石后流出，是排煤矸石渗滤液形成的主要原因，上游排水问题解决后，矸石场渗滤液来源主要为矸石场四周山体雨水及矸石场场地内大气降水。本项目实施后，经过植物根系的吸附作用，正常条件下，治理后矸石场不会存在大量渗滤液排出，为彻底实现煤矸石无害化治理目标，经过矸石场的渗出液必须达到III类水的水质标准，制订以下山脚渗滤液治理工程。

（1）挡矸坝换填工程。为防止煤矸石渗滤液直接通过挡矸坝排入河道中污染水源，需在挡矸坝填充过滤层，首先将原拦矸坝坝前的煤矸石挖除，由内至外内侧填充碎石、砂砾、砂子，使其和坝体尽快融为一体，形成煤矸石山体天然的过滤层（图 11.28）。此滤层不仅能够起到过滤煤矸石渗滤液、净化水体的效果，同时可达到封堵矸石场进风口的作用，起到过滤水体及防复燃的作用。

图 11.28　挡矸坝内侧施工图

（2）三级滤池。在拦矸坝下游沿自然水流方向设置三级矸石渗滤液收集池，由收集池经三级渗滤最终汇入底部化学处理池后流出，达到排放标准，见图 11.29 至图 11.32。

渗滤液处理采用三级渗滤的方法来处理，分别为物理过滤、物理吸附及生物降解措施。

（3）河道植物过滤措施。为达到彻底净化水的目标，在物理和生物过滤措施辅助下，配套植物过滤措施，选择在滤池中间自然河道中种植千屈菜。

图 11.29　一级过滤池施工图

图 11.30　二级过滤池施工图

图 11.31　三级过滤池施工图

图 11.32　三级过滤池周边整形施工图

（4）排放检测与监测。为实现达标排放，排矸场渗滤液排放前应进行多次采样监测，满足地表水三类标准即可排放；若监测结果显示渗滤液未达地表三类水标准，则在三级过滤处理的基础上对渗滤液进行矿区内循环过滤，即对渗滤液重复进行三级滤池的过滤，直至其达到排放标准。如仍不达标将采用应急处置措施将渗滤液收集后输送到矿区污水厂处理达标后排放。

7）矸石场山体整形及截排水工程

煤矸石山山体的稳定性不仅直接关系灭火防复燃措施的持续有效性，也是生态重建的重要基础。本项目涉及的稳定山体工程包括多级隔坡反台山体整形措施、排水沟、柔性护坡措施、坡顶截水沟措施、波纹管急流槽及马道柔性排水渠等。

（1）多级隔坡反台山体整形措施。由于煤矸石山不稳定、易沉降等特性，采用传统刚性护坡易损坏，在排矸场平台及坡面整形的工程中采用柔性分级的技术理念，以有效保证煤矸石山体稳定（图 11.33）。

图 11.33　多级隔坡反台工程图

根据现有地形在原有基础上进行坡面分级处理，降低坡度，减小坡长，每级坡面坡度控制在 30° 左右，坡体中间设置分级马道。马道设计为外高内低的反坡，坡降 3%。为确保后续安全排矸，同时降低灭火施工时对平台区的影响，在实施灭火施工前对排矸场平台进行碾压封闭后再行排矸。

（2）排水沟。矸石场内修建排水沟，形成煤矸石山上完善的排水系统。新建北排水沟与西排水沟，均采用钢筋混凝土结构。

（3）柔性护坡措施。在每级马道坡脚设置柔性护坡，可有效减少雨水冲刷，应对煤矸石山沉降、稳固坡面，有效减少水土流失。柔性护坡构筑方法为在每级坡脚铺设两层土工袋，坡体铺设植生袋（图 11.34）。

图 11.34　马道柔性排水沟、护坡施工图

图 11.34　马道柔性排水沟、护坡施工图（续）

（4）坡顶柔性截水沟措施。为排除排矸场顶部平台截流的雨水，防止山体雨水冲刷坡面，针对煤矸石山经人工整形后易发生沉降变形特点，本项目在煤矸石山顶部设置柔性截水沟，截水沟用土工膜加土工袋构筑。柔性截水沟与道路排水沟相连，通过顶部平台设置的微地形，使得平台上汇集的雨水顺利流入柔性截水沟，之后汇入道路排水沟排出场外，保证煤矸石山山体安全稳定（图 11.35）。

图 11.35　柔性截水沟施工图

（5）波纹管急流槽。为了顺利排出山体表面汇集的雨水，在马道排水沟之间设置急流槽，将坡面汇集的雨水导入荒沟中，本设计在坡面水量较大处设置波纹管急流槽，并且在急流槽与马道相连接处，设计集水坑。

（6）马道柔性排水沟措施。为了确保山体稳定，在对坡体进行削坡分级的基础上，要做好整个坡体的排水系统，加快对径流的排导，减少冲刷、下渗，减轻对坡体的危害。本设计在每级马道内侧设置横向柔性排水渠。

8）近自然生态系统重建工程

（1）基质改良施工措施。排矸场土壤贫瘠，蓄水保水能力差。本项目主要采用人工加入基质材料的方法。基质改良方式为表层黄土、煤矸石中混入基质材料，将有机肥、木纤维、草炭土等专用基质材料混合后人工拌入土壤中，该措施可以快速改善山体表层土壤结构和性质，改善植物生长的基质环境，满足植物生长的要求，为生态系统重建做好基础（图 11.36）。

图 11.36　基质改良施工图

（2）植物配置技术。乔木树种中油松、刺槐是煤排矸场生态重建优选的树种，它们的抗寒抗旱性能优良，可以快速绿化美化矿区景观环境（图 11.37）。

9）引水及灌溉系统工程

根据矸石场植被恢复需求，设计灌溉网，保证后期生态系统重建顺利进行。

灌溉采用喷灌浇水的方式，对植物进行水分补充。灌溉系统由水源、蓄水池、输配水管网和喷头等部分组成。

图 11.37　近自然生态系统重建工程施工图

（1）水源。水源由矿上接入。

（2）蓄水池。为方便后期灌溉，选取旧排矸区东北侧地势较高的平台区域中部，布置柔性蓄水池 1 座，将矿上引入的水源存储在此，便于后期增压后喷洒灌溉（图 11.38）。

图 11.38　柔性蓄水池施工图

（3）输配水管道系统。管道系统的作用是将压力水输送并分配到各地块，从蓄水池水泵出口阀门引出总水管，引至煤矸石山顶部，向下沿马道和坡面引至最下面一级马道。在各级马道布设支管管道，支管上设置用于安装喷头的竖管，在管道系统上装有各种连接和控制的附属配件，包括弯头、三通、接头、闸阀等，形成由支管、竖管和阀门等组成的管道系统。

（4）喷头。喷头安装在竖管上，利用支架支撑，喷头的作用是将压力水通过喷嘴，喷射到空中，在空气的阻力作用下，形成水滴状，洒落在土壤表面，喷头选择大射程旋转喷头（图 11.39）。

图 11.39　灌溉管道、喷管系统施工图

图 11.39　灌溉管道、喷管系统施工图（续）

10）原煤矸石山体涵洞封堵工程

由于涵洞在煤矸石山体下方，浆砌片石结构。上游汇水并没有从此涵洞排出，从而说明涵洞内部已经出现裂缝渗漏现象，已失去其原本的作用。矸石场治理时根据测量，现堆高约 14 m，后期还要继续排矸，一旦煤矸石山体发生沉降，容易引起涵洞产生更大裂缝，空气进入，引起矸石山自燃。

本次涵洞封堵工程采用干砌石、卵石、沙子、沙卵等材料对涵洞进行封堵，防止空气从裂缝进入煤矸石山引起自燃，两端向内封堵，切断矸石堆体氧气供应通道的过程（图 11.40）。

图 11.40　铁路涵洞底部治理后现状图

11）生态系统高强度人工管理工程

管理工作的重点是浇水，特别是保苗期和干旱、高温季节。浇水后一两天，必须检查有无裂缝、塌陷现象，一旦发现应及时培土踏实。

在植物演替最为关键的初期，管护工作重点是必须保证充足的灌溉水源，促进草本植物的萌发和快速生长及灌木和乔木的成活率，适当对草本植物进行刈割，保证演替初期生物量的快速形成和迅速提高植被覆盖度。

11.4　治 理 效 果

11.4.1　总体效果

通过对项目区进行各项工程措施和植被恢复措施，建立一个稳定的、可持续的植被生态系统和良好的景观生态环境（图 11.41、图 11.42）。

图 11.41　坡面全封闭防复燃、坡面整形治理绿化后效果

2019 年 7 月

图 11.42　治理效果

2019 年 10 月

11.4.2 生态效益

本方案规划设计的生物措施实施一段时期后，煤矸石表层植被完全覆盖，改善土壤性状，可以减少扬灰，减少地表径流，减轻土壤侵蚀，防止新增的水土流失，物种丰富度增加，水土保持效果良好，消除矸石场复燃、坍塌等灾害隐患，减轻煤矸石重金属污染，消除煤矸石山自燃隐患，恢复矸石场安全常态，达到最终治理目标。

项目的实施能够有效改善项目区的生态环境，消除煤矸石堆对环境的不利影响，随着植被的重新恢复，荒废多年的土地重新焕发生机。通过治理，生态环境明显改观，茂盛的草木能净化空气，调节气候，美化环境，大气质量明显好转。矸石场渗滤液极大减少，保证了水源地水质安全。不仅为区域经济的发展提供基础性保障，而且对周边环境质量持续好转做出贡献，促进经济和社会的可持续发展，有利于和谐社会的建设。

11.4.3 经济效益

通过坡体及平台区植被恢复治理等措施的实施，改善了治理区生态环境和局部小气候，净化了空气，减少了污染物的排放，获得较高的经济效益。减少了矸石场对周围环境的污染，确保项目区周边土地的农业增产的间接经济效益。

煤矸石的排放及煤矸石山自燃会对生态环境造成一定的损失，该项目的处置措施保护了区域生态环境，获得了生态经济效益。结合当地自然、社会环境现状可以看出，矸石场对当地居民有一定的影响，本技术的应用减轻或控制了矸石场的污染，减轻了当地居民的健康损失。

11.4.4 社会效益

矸石场的综合治理充分体现了国家“以人为本”“和谐发展”的执政理念，通过实施本方案，可减轻水土资源的流失和破坏，使生态恢复与经济发展协调进行，走上良性循环的道路；同时经过坡面整形、植被恢复，重建了项目区生态环境。避免了每年地方政府的环保罚款及排污费的征收；农作物免受污染，改善了矿山和地方政府、矿工和农民的关系，促进了社会安定，社会效益突出。

11.5 经验分享

治理时要本着因地制宜的原则，首先确定项目区存在的核心问题及其带来的一系列生态环境破坏问题。根据项目区主要问题，选择适合的治理方法，以达到有效灭火防止复燃、山体稳定安全及生态系统快速恢复和实现自我良性演替的目的，改善煤矸石山的生态环境。

白羊岭煤矿矸石场治理工程，首先根据矸石场现状和周围地形，对矸石场采取系统灭火防复燃措施，包括挖除灭火、田字形开沟注浆封闭灭火、山体结合部灌浆封闭隔氧防复燃、坡面全封闭防复燃措施等；然后为了保障煤矸石山体稳定和防止水土流失，对矸石场采取多级隔坡反台和建立完整的排水系统，主要形成三个大平台及各级坡面、马道，在顶部平台布设柔性截水沟，马道内侧布设柔性排水沟、沿坡面纵向布设急流槽，组成完整的排水系统，结合自身微地形将山体汇集的雨水顺利排入周边山谷和道路排水沟，防止雨水冲蚀煤矸石山坡面；最终对矸石场进行植被恢复措施，快速重建良好的生态系统。

第 12 章　西铭矿煤矸石山生态修复实践

12.1　基 本 情 况

12.1.1　西铭矿沟西湾矸石场基本情况

1. 地理位置及交通

西铭矿位于太原市西部，属于山西西山煤电股份有限公司前山矿区范围。

西铭矿工业广场距离太原市环城高速 3～7.5 km。西铭矿井田范围形状为长条形，东西长约 12 km，南北宽约 4 km，面积 43.2 km^2。矿区两个矿井田范围均跨万柏林区和古交市，通过太古公路与市区相通。

2. 西铭矿沟西湾矸石场的地形地貌

山西西山煤电股份有限公司前山矿区位于太原市境范围内。西铭矿位于太原市区的西部山地——吕梁山脉中段东翼。井田范围内地形地貌变化复杂，地表沟壑纵横，微地貌十分发育。井田内地貌类型属土石山区，山高坡陡，沟谷发育，深切成“V”字形。缓坡及低山地区有黄土零星分布，山脊及陡坡处岩石裸露，风化剥蚀作用强烈，沟底多沙砾石。

3. 气象条件

西铭矿区处于山西高原中部，属暖温带大陆性季风气候。冬季寒冷少雪，春季干燥多风，夏、秋季雨量集中，四季分明，昼夜温差大，日照充足。据多年气象资料：年平均气温 9.5 ℃，极端最低气温-7 ℃，极端最高气温 39.4 ℃；最大冻土深度 80 cm；年均降水量 459.5 mm，年最大降水量 749.1 mm，年最小降水量 216.1 mm，每年 7～9 月三个月的降水量占全年的 60%；年平均蒸发量 1 649.3 mm。

12.1.2　西铭矿堆矸情况

西铭矿沟西湾矸石场位于玉门河南侧约 800 m 处。

西铭矿沟西湾矸石场（图 12.1）有三道沟，为西铭矿现排矸场，于 2002 年启用，总体来说该矸石场地势平坦，高差不大。第一道沟占地 90 亩，沟口砌筑 45 m 长、8 m 高的拦矸坝，于 2009 年 3 月停止排矸；第二道沟及第三道沟为现排矸沟，第二道沟宽 70 m，深 40 m，沟长 350 m；沟口有拦矸坝和 5 道台阶斜坡；第三道沟宽 130 m，深 25 m，沟长 460 m，已进行分层碾压、黄土覆盖措施，没进行绿化，沟口拦矸坝不足，未建护坡。

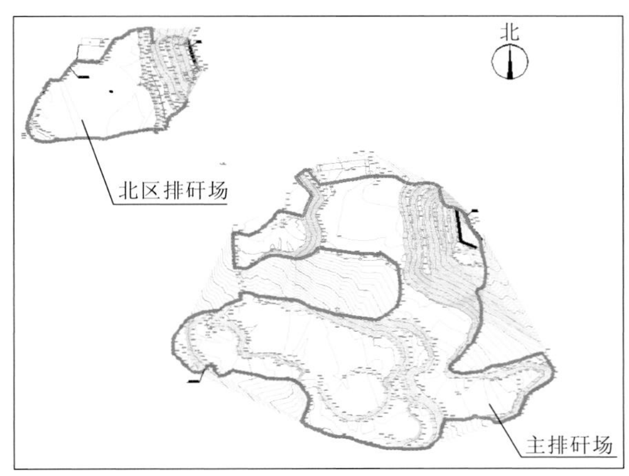

图 12.1　西铭矿沟西湾排矸场地形图

西铭矿排矸场前期堆矸方式不科学，为典型的“倒坡式”堆放，坡面多为自然安息角，且坡长较长，存在坍塌、滑坡等隐患，项目区目前存在自燃现象，煤矸石自燃影响大气和生态环境，自燃过程中，将会释放大量的 SO_2、CO、H_2S、NO_x 和 C_6H_6 等有害气体，对周围环境影响较大，并危及周围居民的生命安全。

项目区表层虽已覆土，但因内部燃烧剧烈，部分区域温度较高，需在实施灭火工作前通过全面温度诊断，探明燃烧区域的深度、范围，以便准确地进行灭火施工作业，从而做到有效、经济、彻底的扑灭矸石山自燃。

大部分堆矸坡面未布设工程护坡和植物护坡等防护措施，经过雨水冲刷，坡面有明显的水土流失现象。

由于堆矸过程没有进行有效分层碾压，山体出现不均匀沉降。部分山体结合部位存在裂隙，形成了供氧通道；部分排水设施下沉后导致排水不畅。

12.1.3　西铭矿煤矸石成分

西铭矿沟西湾矸石场堆放的矸石是一种含碳量低、比较坚硬的黑色岩石。

1. 西铭矿煤矸石矿物学特征

通过 X 射线衍射仪技术（X-ray diffraction，XRD）分析，西铭矿煤层夹矸中矿物成分主要为高岭石、石英、地开石、伊利石，此外，发现少量赤铁矿和元素 U。

在光学显微镜下对西铭矿的煤矸石进行分析，发现其矿物质几乎全部为高岭石和石英。

2. 元素组成

将相对含量超过 0.01%的元素，称之为常量元素。煤中含有 C、H、O、N、Si、Al、S、Fe、Ca、Mg、K、Na、P 等元素，其中 C、H、O、N 四种元素是煤中有机物质的主要组成部分，而 Si、Al、Fe、Ca、Mg、S、Ti、K、Na、P 等是煤中无机组成的重要部分，S 既存在于有机物中，也存在于黄铁矿等硫化物中。通过对西铭矿沟西湾矸石场的煤矸石分析，结果见表 12.1。

表 12.1　西铭矿沟西湾矸石场煤矸石化学成分组成　　（单位：mg/kg）

项目	SiO_2	Fe_2O_3	TiO_2	P_2O_5	CaO	MgO	Al_2O_3	S	K_2O	Na_2O	MnO_2
1#样品	17.25	0.60	0.40	0.08	0.42	0.14	10.28	0.52	0.48	0.10	0.004
2#样品	3.50	2.57	0.11	0.04	0.45	0.06	2.92	4.42	0.07	0.04	0.005

12.1.4　西铭矿沟西湾矸石场自燃现状

目前煤矸石山采用的普遍的堆矸方式是把煤矸石拉到煤矸石山的最高处后，再让其自然滚落。这种堆积方式堆积疏松，供氧条件好，极易自燃。

西铭矿沟西湾矸石场自燃的主要原因为前期排放煤矸石中含硫量较高（含煤矸石及夹杂煤中的含硫），同时未按规范化处置，未严格进行分层覆土碾压，自然倾倒，导致有充足的氧气供给条件，经过煤矸石山堆体的自身蓄热反应导致煤矸石发生自燃，自燃后未采取有效灭火防复燃措施，导致自燃面逐步扩大。

矸石场坡面坡度较大，原有防自燃措施效果不佳，已发生自燃。煤矸石自燃着火释放出大量的 CO、SO_2、CO_2、H_2S、氮氧化物等有害气体，严重影响矸石场周围的环境空气质量，对当地环境造成一定危害。

对西铭矿沟西湾排矸场全部区域进行了打孔测温，温度诊断总面积约为 12.26 万 m^2，共计打孔 1 723 个。其中 1 m 深孔 1 020 个，2 m 深孔 280 个，3 m 深孔 408 个，4 m 深孔 10 个，5 m 深孔 3 个，6 m 深孔 2 个。

测定煤矸石山高温区总面积约 31 137 m^2，其中发火区面积 7 933 m^2，蓄热区面积 22 424 m^2，临界区面积 780 m^2。

诊断最高温近 500 ℃，图 12.2 为现场测温。

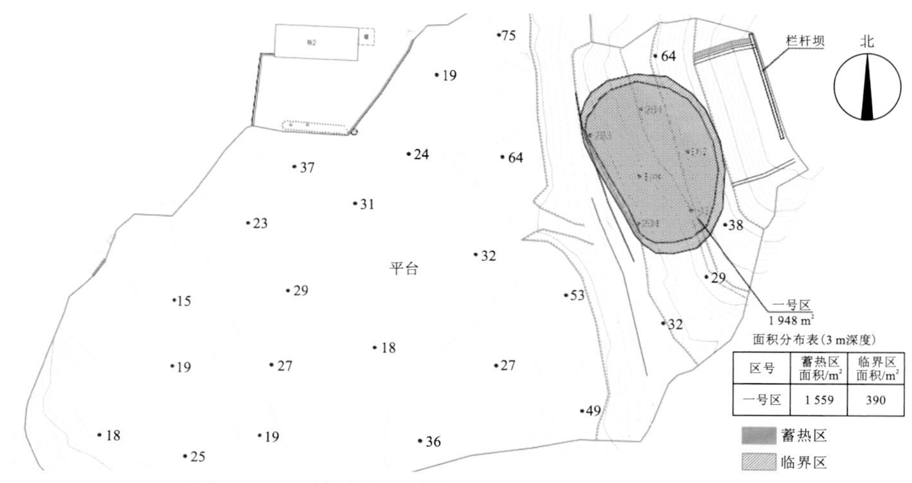

图 12.2　西铭矿沟西湾排矸场北区矸石场测温图 1

此次测温将所诊断区域划分为两个小区域，具体勘察结果如下。

（1）北区矸石场。北区矸石场高温区总面积为 1 949 m^2，其中蓄热区面积为 1 559 m^2，临界区面积为 390 m^2。经勘测蓄热区及临界区平均灭火深度约为 6.0 m。西铭矿沟西湾排矸场北区矸石场测温图见 12.3。

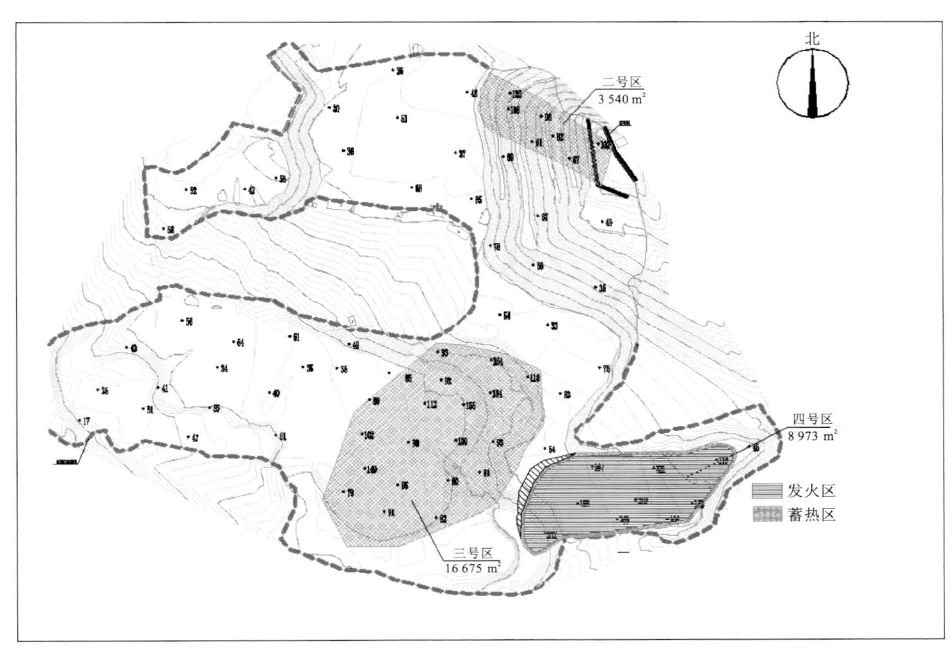

图 12.3　西铭矿沟西湾排矸场北区矸石场测温图 2

（2）主矸石场。主矸石场高温区总面积为 27 179 m^2，其中发火区面积 7 933 m^2，蓄热区面积为 20 865 m^2，临界区面积为 390 m^2。经勘测，此大部分区域覆土较厚，平均灭火深度约为 6.0 m。

火情严重且呈扩散趋势，蓄热区由着火自燃临界区发展成着火区风险较大。着火区和蓄热区以外部分因属同一类型煤矸石，有温度加高引发自燃风险，亟须进行灭火防复燃治理。

12.1.5　西铭矿沟西湾矸石场产生的环境问题

（1）占用土地，破坏了矿区景观和地表生态环境，煤矸石排放造成所占土地植被死亡，减少了植物生产力。西铭矿沟西湾排矸场自燃现状见图 12.4。

（2）不合理的堆放方式，采用倾倒式形成的自然坡度（自然安息角），无防水、防渗、防自燃的“三防”措施，极易造成地表及地下水体污染（图 12.5）。

（3）煤矸石自燃影响大气和生态环境。其中碳、硫构成煤矸石自燃的物质基础。露天堆放的煤矸石内部热量逐渐积蓄，当温度达到可燃物的燃点时便自燃，自燃过程中，将会释放大量的 SO_2、CO、H_2S、NO_x 和 C_6H_6 等有害气体，对环境空气质量将产生一定的影响（图 12.6）。

图 12.4 西铭矿沟西湾排矸场自燃现状图

图 12.5 西铭矿沟西湾排矸场地表水污染现状

（4）煤矸石山自燃对人体健康会带来一定的影响，同时也不利于植物的生长，腐蚀建筑物，煤矸石中的硫化物与水发生化学反应，生成硫酸盐的水解产物，污染矿区的水体及土壤。自燃煤矸石山周围地区人群的呼吸道疾病的发病率明显高于其他地区。

（5）煤矸石滤液污染水和土壤环境。煤矸石含有微量有毒重金属元素，如汞、砷、铬等，经风化剥蚀作用，其中部分有毒重金属元素被溶解，并随雨水形成地表径流进入土壤、地表水体或浅层地下水体，造成土壤、地表水和地下水的污染。

（6）煤矸石山引发重力灾害。项目区山体堆积过高、坡度过大，爆炸或暴雨侵蚀，容易形成坍塌、滑坡、泥石流等灾害。

图 12.6　西铭矿沟西湾排矸场自燃有害气体释放图

12.2　案例典型性分析

12.2.1　西铭矿沟西湾矸石场的典型性分析

1. 西铭矿沟西湾矸石自燃典型性内部因素

（1）煤矸石组成特点。孔隙性、吸附性、比表面、组成成分，决定吸氧量、吸氧速率、释放的热量、自燃倾向性（硫铁矿和吸氧量作为指标）。煤矸石本身具有自燃倾向。但一般认为，影响煤矸石山自燃的主要物质是煤矸石中的含碳物质与黄铁矿。煤矸石中的含碳物质主要是煤及炭质岩，它们的氧化反应在本质上是相同的。煤与空气接触时会吸附空气中的氧并放出一定的热量。

在吸氧量一定时，煤的吸氧速度越快，表面氧化速度就越快，单位时间放出的热量也就越多，煤的升温也就越迅速。煤的自燃倾向性可用表 12.2 判别。

表 12.2　自燃倾向性等级分类表

自燃等级	自燃倾向性	30 ℃吸氧量/（cm^3/g 干煤）	全硫/%
1	容易自燃	>1.00	>2.0
2	自燃	≤1.00	>2.0
3	不易自燃	≥0.80	>2.0

（2）煤矸石的组成成分。西铭矿煤炭中的硫含量大约占 1%～2%，煤矸石中的黄铁矿含量非常多，尤其是在洗煤排出的煤矸石中含量多达 5%以上。西铭矿煤的性质及高

含量的黄铁矿是诱发煤矸石自燃的内在因素。

2. 西铭矿沟西湾矸石自燃典型性外部因素

（1）地貌和植被特征。由于西铭矿沟西湾排矸场为典型的黄土高原地貌，地貌类型以侵蚀剥离丘陵和中起伏中山、黄土梁及树枝状“V”形沟谷为主，倒坡堆放（图 12.7）。

图 12.7　西铭矿沟西湾排矸场污染现状图

（2）煤矸石山堆体的孔隙性。矸石山堆体的孔隙性一方面影响供氧状况，另一方面影响热量蓄积状况，这两者都是煤矸石山自燃的必要条件。西铭矿在堆积过程中煤矸石山没有进行充分碾压夯实，表面比较疏松，具有较大的间隙率，这就给煤矸石提供了很好的吸氧条件。西铭矿沟西湾矸石山的堆放，堆矸方式不科学，为典型的“倒坡式”堆放，煤矿排放煤矸石时，是利用侵蚀剥离丘陵和起伏中山、黄土梁及树枝状“V”形沟谷的地形特点，先将煤矸石拉到矸石场的最高处，然后将其推至坡面自由滚落到山沟，这种堆积方式促进了煤矸石的自燃。

（3）坡度大，坡长长，迎风面大，风吹来形成的静风压较大。坡面多为自然安息角，且坡长较长，存在坍塌、滑坡等隐患，当煤矸石发生自热后，温度不断升高，并将热量传递给周围的空气，空气受热后密度减小，与煤矸石山内部空气之间产生压力差，形成热风压。热风压促使煤矸石山内部空气向上流动，外界空气又向煤矸石山内部源源不断地补充，形成“烟囱效应”。此外，大气降水随空隙进入煤矸石山内部形成酸性水溶液。在“烟囱效应”和水解反应的共同作用下，煤矸石山内部温度上升到 80℃以上时，残存煤和黄铁矿的氧化速率呈指数级增加，并生成 H_2O、CO、SO_2 等挥发分，这就加速了氧化期（图 12.8）。

（4）沉降特点、表面的裂隙状况。由于西铭矿沟西湾排矸场在 2002 年启动使用，使用时间年份较长，在堆矸过程中，主排矸场发生了自燃现象（图 12.9），矿方采用传统的黄土覆盖法，进行了灭火防复燃的处理，但是灭火效果并不理想，截至 2017 年进行西铭矿沟西湾矸石场的整理灭火防复燃治理过程中，原有的治理坡面有明显的沉陷及表面裂隙，给煤矸石山的自燃提供了更好的进风口和进氧通道（图 12.10）。

图 12.8　西铭矿沟西湾排矸场堆体坡面自燃析硫现状图

图 12.9　西铭矿沟西湾排矸场堆体坡面自燃图

图 12.10　西铭矿沟西湾排矸场堆体分层覆土后自燃图

3. 历史治理带来的遗留问题

西铭矿沟西矸石场先是采用了简单覆土直接在煤矸石山上绿化种植，但数十年后发生自燃，很难达到良好的植被覆盖效果。另外，素土覆盖的煤矸石山堆体发生自燃后，覆土层受热脱水形成固结的外壳层。一方面易形成煤矸石山堆体与覆土层的孔隙夹层（供氧通道）；另一方面覆土层开裂，直接形成供氧通道。图 12.11 是西铭矿覆土治理后现场测温图。

图 12.11　西铭矿覆土治理后现场测温

12.2.2　西铭矿沟西湾矸石场治理关键问题分析

在西铭矿沟西湾矸石场治理之前现场勘查过程中，已经明显可以观察到燃尽带、燃烧带和未燃带，具有很强的不均一性。

确保西铭矿沟西湾矸石场的煤矸石山体稳定，要解决的关键问题是防止滑坡。造成滑坡的原因很多：一方面是地理条件，包括岩土类型（结构松散程度、抗剪切强度、抗风化能力、在水的作用下性质的改变等）、地质构造条件、地形地貌条件、水文地质条件（水是导致滑坡的主要因素，对坡体稳定性的不利影响：①软化岩土、降低岩土体强度；②产生动水压力和孔隙水压力；③潜蚀岩土；④增大岩土容重；⑤对透水岩层产生浮托力，如果让水顺裂隙通道渗入滑动面，上述作用尤强）；另一方面是诱发滑坡的因素，包括地壳运动、人类工程活动、水等，具体包括地震、矿山开采、降雨、融雪、地表水冲刷、浸泡、河湖对河岸坡脚冲刷、水库蓄（泄）水、冻融；再者坡度、高差等也是导致滑坡的因素。

综上所述，影响煤矸石山体稳定性的主要因素为地质因素、水的因素、山体整形因素（坡度、坡高、高差、沉降、裂隙）三个环节。地质因素不属于本次固废处置项目涵盖范围，本次煤矸石山体安全稳定性工程设计主要针对山体整形、截排水等进行。

围绕山体安全稳定性安排山体整形与截排水两项内容。山体整形包括多级隔坡反台山体整形、柔性护坡、挡墙内侧砂卵换填、微地形整治等；截排水包括平台柔性截水沟、蓄水池、急流槽、路侧排水沟及马道柔性排水沟。把以上截排水设施按照节水、集水、排水的思路全部连通，共同组成一个完整的节、集、排水系统，平时中小降雨时可利用微地形及蓄水池节水、集水，遇短时强降雨形成地表径流时，通过各级截排水设施顺利排出场外。既保证生态系统重建用水需求，也避免降水冲刷破坏山体稳定。

12.2.3　西铭矿沟西湾矸石场存在的具体问题

（1）自燃现象。西铭矿沟西湾矸石场坡面坡度较大，原有防自燃措施效果不佳，已发生自燃。煤矸石自燃着火释放出大量的CO、SO_2、CO_2、H_2S、氮氧化物等有害气体，严重影响矸石场周围的环境空气质量，对当地环境造成一定危害。经初步勘察，发生自燃的区域主要集中在大矸石场的南部，火情严重且呈扩散趋势，蓄热区由着火自燃临界区发展成着火区风险较大。着火区和蓄热区以外部分因属同一类型矸石，有温度加高引发自燃风险，急需进行灭火防复燃治理（图 12.12）。

图 12.12　西铭矿排矸场矸石堆体自燃图

（2）水土流失和山体裂缝。大部分堆矸坡面未布设工程护坡和植物护坡等防护措施，经过雨水冲刷，坡面有明显的水土流失现象（图 12.13）。

图 12.13　西铭矿矸石堆体坡面水土侵蚀图

（3）堆矸过程没有进行有效分层碾压，导致山体不均匀沉降。部分山体结合部位存在裂隙（图 12.14），形成了供氧通道；部分排水措施下沉后导致排水不畅。

图 12.14　西铭矿矸石堆体开裂图

12.3　治理思路与方法

12.3.1　西铭矿沟西湾矸石场治理目标

西铭矿沟西湾矸石场治理目标包括：全面灭火防复燃；矸石场坡体稳定，不发生滑坡等地质灾害；截排水系统通畅、安全稳定；项目区坡面恢复以草、灌为主的乔、灌、草生态系统，项目实施三年后达到群落自然演替的生态目标。

通过项目工程的实施，对项目区进行彻底灭火防复燃，并在此基础上进行煤矸石山堆体山体整形及截排水设施施工，最后进行矸石堆体的近自然生态重建工程。

12.3.2　西铭矿沟西湾矸石场治理工程

1. 矸石场系统灭火防复燃工程

采用系统治理理念，把灭火防复燃采用的各项工艺作为一个有机的整体，系统集成。通过系统测温技术对各项工艺实行适应性管理，进行过程控制。从理念、工艺到动态监测、验收，形成一套完整的灭火防复燃方案。同时根据煤矸石山灭火防复燃有关理论、煤矸石山自燃一般特征、本次测温测定的高温及发火区的空间分布情况、对知情人士走访了解到的本项目区之前煤矸石堆放过程、煤矸石的成分、煤矸石山堆体高差、沉陷区范围（可研）等实际情况，有针对性地设计各项灭火防复燃分项措施，符合实情、可行。本灭火防复燃方案在大量实践中形成了成熟、高效的一套工艺技术体系，较传统治理工艺，有明显的工期优势。如果在项目实施过程中得到发包人、政府等外部环境的有效配合，工期可控。

有效的灭火防复燃工程是山体稳定和生态重建的基本条件，本设计采用系统测温技术进行煤矸石山火情勘察（图 12.15），是一套完整的灭火防复燃技术体系的首要组成部分。首先，根据初步火情勘察报告，结合矿区实地情况，分析高温区的空间分布特征，判断燃烧中心、燃烧范围、主进风口等因子，制订有针对性的灭火防复燃设计方案；其次，进行适应性管理，加强过程控制，在施工中全程测温诊断火情，指导调整灭火工艺，检验灭火效果；最后，施工结束后持续测温，全面监测评估，达到有效、彻底灭火防复燃效果。

图 12.15　施工前现场勘察图

1）高温挖除灭火

根据现场实际情况和火情分析报告，对煤矸石山坡面的集中发火区及部分蓄热区采用挖除灭火法（图 12.16）。挖除灭火工艺的特点：最直接的灭火方法，快速消除火源；施工危险性大，施工安全要求高。根据初步测温，设计平均挖除深度 6 m，采用挖掘机挖渣自卸车运渣（1 km 内）。火源挖出后堆放于安全部位，采取降温措施后，煤矸石混拌黄土、粉煤灰、阻燃剂和石灰等降温后分层回填。

图 12.16　高温挖除灭火现场图

关键技术指标如下。

（1）安全平台区。在该区域表面铺设黄土，用于堆放挖出的高温煤矸石，防止引燃堆放部位。

（2）人员安全。发火区有毒有害气体浓度过高，先喷浆封闭，减少有毒有害气体逸散出的浓度，方便人员接近施工，保障施工时的人员安全；同时喷浆可暂时降低温度，方便人员机械接近施工，保障施工时的人员机械安全。

（3）降温方法。①喷水降温：挖出的高温煤矸石分摊于安全部位，喷水迅速降温冷却；②自然冷却，挖出的高温煤矸石分摊堆放于安全区，自然降温冷却。

（4）挖除火源要求。开挖深度 6 m，由外围向核心区推进。开挖区域挖除灭火完成后，立即进行灌浆，灌注灭火浆液到沟槽底部，至清水不再下渗。

（5）挖除区域的外围温度监测。对挖除区域外围进行测温，测温达标后进行回填，否则挖除不彻底。

（6）回填方式。挖出冷却煤矸石混入黄土、粉煤灰、阻燃剂等分层碾压回填。回填的第一层为冷却煤矸石与黄土、粉煤灰、阻燃剂混合，回填深度 2 m；第二层为冷却煤矸石与黄土和石灰混合回填，回填深度 3 m；第三层为混拌基质层，回填深度 1 m。

2）田字形开沟灌浆封闭灭火

对项目区顶部平台采用田字形开沟灌浆法封闭隔氧灭火防复燃（图 12.17）。降温后分层回填并碾压夯实，回填后剩余混合物用于回填坡面或平台。

温度监测：田字形内持续测温，监测时长 3～5 d，根据监测情况确定总体回填或缩小网格间距降温封闭。

3）山体结合部灌浆封闭防复燃

原始山体结合部开沟灌浆，分层回填并碾压夯实。对开挖基槽灌浆后进行测温，测温合格后，再分层回填并碾压夯实，降温及回填方法同前文，回填后剩余混合物回填于坡面及平台（图 12.18）。该工艺的目的是封堵供氧通道，防止自燃。该工艺的特点：彻底封堵矸石场山体结合部的氧气供应通道；山体结合部垂直深度较大，水平延伸较长，施工难度大。

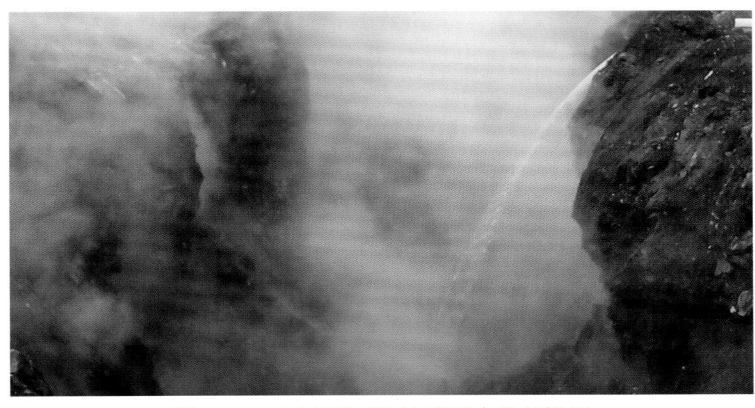

图 12.17　田字形开沟注浆灭火防复燃图

图 12.17 田字形开沟注浆灭火防复燃图（续）

图 12.18 山体结合部封闭灭火防复燃图

4）坡面全封闭防复燃

在坡体其他区域，煤矸石混拌黄土、阻燃剂等分层砌筑坡面，进行坡面全封闭隔氧灭火防复燃处理。该工程的特点是：采用土矸混合封闭坡面，节约黄土；与煤矸石山堆体材料相近，柔性覆盖，不会形成硬壳，不易开裂形成新的供氧通道。保墒保水，利于生态植被重建。

坡脚碾压夯实后堆砌边坡。坡面封闭随分层回填高度逐级向上形成坡面、马道及主道路与坡面结合部位，预留马道后逐级向上对坡面分层封闭（图 12.19）。

图 12.19　山体坡面全封闭图

5）平台封闭

采用土、矸、基质材料等混合材料封闭 1 m 厚。

6）灭火防复燃过程动态控制

通过测温对煤矸石山的灭火防复燃措施进行指导，包括以下三个环节。

（1）施工前对煤矸石山自燃状况进行系统诊断，目的在于指导灭火防复燃方案编制。

（2）施工期测温，包括挖除区域周边测温、田字形及山体结合部、主进风口等开沟沟槽周边部位的测温，目的在于检验、评估灭火效果，调整灭火工艺并指导施工。

（3）施工后（治理后）测温，目的在于对煤矸石山堆体的整体灭火防复燃效果进行全面的监测评估，为整改、治理效果评价及验收提供依据。

2. 矸石山山体安全稳定性分项工程

1）多级隔坡反台山体整形

为防止煤矸石山堆体沉降、滑坡，设置多级隔坡反台工艺（图 12.20）。

图 12.20 多级隔坡反台工程现场图

根据原地形对自然倾倒的坡面进行分级处理（图 12.21），减小坡长，设计坡度为 32°左右，坡体中间设置分级马道（图 12.22）。马道设计为外高内低的反坡，坡降为 3%。

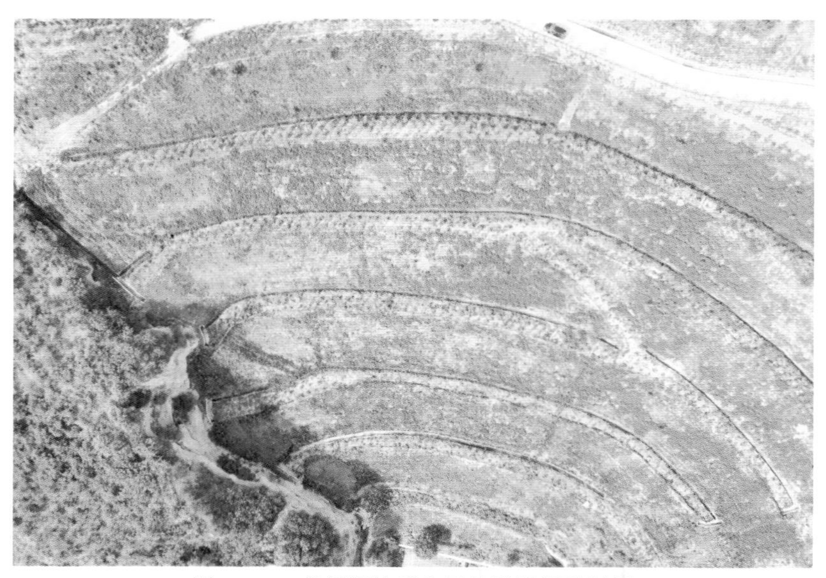

图 12.21 多级隔坡反台及马道设置现场图

图 12.22 分级马道现场图

山体整形措施包括整形挖填方、微地形修整及灭火回填后剩余土方回填，雨季后地形修整土方，土方开挖主要采用挖掘机、装载机及自卸汽车施工，原始坡面上部挖方量较大，自卸车运矸至设计填方部位，及时调整填方区域，坡体挖填方后机械平整（图 12.23）。

图 12.23 平台及坡体分级现场图

2）柔性护坡

在每级马道坡脚设置柔性护坡，应对煤矸石山沉降、防止雨水冲刷成沟、避免水土流失，降低滑坡体前沿滑舌部形成的概率，稳固坡面（图 12.24）。

3）柔性截水沟

在煤矸石山顶部设置柔性截水沟（图 12.25），截水沟用土工膜加土工袋构筑。

图 12.24 柔性护坡现场图

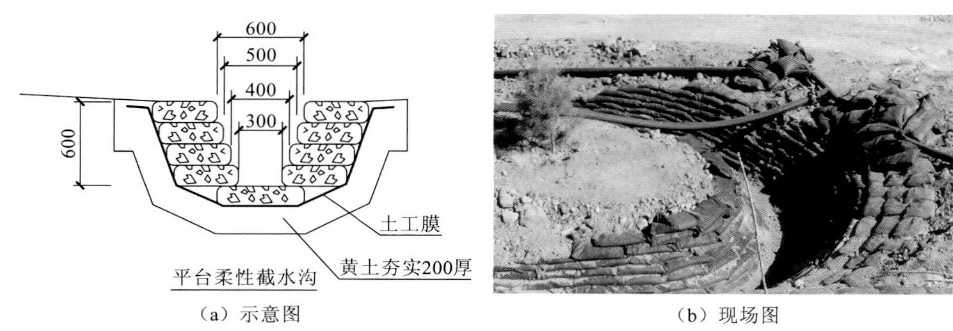

（a）示意图 （b）现场图

图 12.25 柔性截水沟示意图及现场图（单位：cm）

4）马道柔性排水沟

在每级马道内侧设置横向柔性排水沟。在马道内侧位置布设横向排水沟，与坡面的钢筋混凝土排水沟相连接，采用土工膜加土工袋构筑，用土工膜加土工袋堆砌，码放时平起平落，错缝压茬，不瘪嘴不鼓肚（图 12.26）。

图 12.26 煤矸石山堆体整形后效果

3. 近自然生态系统重建分项工程

1）土壤基质改良（覆土等措施）

矸石场生态系统重建工程前必须进行基质改良，基质改良可以分为物理、化学、生物等方法，本项目主要采用物理改良方法（图 12.27）。

图 12.27　煤矸石山堆体平台基质改良现场图

柔性护坡部位的基质改良方式为表层土矸混合物中混入基质材料，将腐殖土、煤矸石与专用基质材料混合后装入植生袋和土工袋中，码放到坡脚和台阶部位；坡面和马道除排水沟外区域对种植层均利用山体整形及灭火工程中剩余煤矸石与黄土混合，并加入基质材料进行覆盖改良。该措施可以快速改善山体表层土壤结构和性质，改善植物生长的基质环境，满足植物生长的要求，为生态系统重建做好基础（图 12.28）。

图 12.28　煤矸石山堆体坡面植被初步种植现场图

2）植被恢复措施

（1）平台植被恢复措施。平台以经济林为主，经济树种片状栽植。四周区域除栽植树种外配置草本植物，草本植被恢复方式为播撒混合草籽，采用人工撒播的方式（图 12.29～图 12.32）。

图 12.29　煤矸石山堆体平台植被（经济林）

图 12.30　煤矸石山堆体平台植被（大枣）

图 12.31　煤矸石山堆体平台植被（山楂）

图 12.32　煤矸石山堆体平台植被（苹果）

（2）坡面和马道植被恢复措施。坡面片状栽植乔木，形成色块景观，草本植被恢复方式为播撒混合草籽，采用人工撒播的方式。马道植被以灌木混栽为主，草本植被恢复方式为播撒混合草籽，采用人工撒播的方式。

通过实施以上植被恢复措施，在恢复初期采取人工高强度管护方式快速重建生态系统，利用自然竞争演替，最终形成稳定的生态系统。同时与太原市西山万亩生态园相协调（图 12.33～图 12.34）。

图 12.33　煤矸石山堆体坡面草本覆盖现场图

图 12.34　煤矸石山堆体坡面草、灌混植现场图

3）生态系统后期养护

在植物演替最为关键的初期，管护工作重点是必须保证充足的灌溉水源，促进草本植物的萌发和快速生长，提高灌木和乔木的成活率，适当对草本植物进行刈割，保证演替初期生物量的快速形成和迅速提高植被覆盖度。

（1）灌溉方式。煤矸石山的绿化离不开灌溉，本工程采用喷灌的方式，对植物进行水分补充（图 12.35）。植被的栽植初期需经常监测土壤水分，适时补充水分，保证植物的成活。草本植物在出苗后 2 周，结合喷水，将化肥溶于水池，撒施化肥，全年 3～5 次。

图 12.35　柔性蓄水池

（2）补植补种。由于生态系统修复初期，土壤贫瘠、高温干燥、水分含量低，植物成活率低，所以种植后第一、二年应及时进行成活率调查，对死亡的树种和斑秃的部位进行补植补种（图 12.36）。

图 12.36　植物种植现场图

（3）抚育管理。煤矸石山造林抚育管理的目的是以煤矸石山立地条件、植被修复与生态重建为目标，为植物的成活、生长、繁殖、更新、创造良好的环境条件，使之快速达到良性演替的目标，最终成为稳定的生态系统。在种植后的第一年需要较高强度的管理，如灌溉、追肥、植被的抚育等，以后的管理强度可以逐年降低，第三、四年可以让其自然生长，逐步建立起可自我维持的、良性演替的、稳定的生态系统（图 12.37）。

图 12.37　植物种植、养护现场图

（4）日常养护。三月中下旬对煤矸石山上灌木稀疏区进行灌木补植，事先挖坑，要做到随挖、随运、随种、随浇水（图 12.38），以提高苗木存活率。

图 12.38　植被喷淋灌溉现场图

12.4　治 理 效 果

西铭矿沟西湾矸石场治理效果如图 12.39 至图 12.44 所示。

图 12.39　治理效果 1

图 12.40　治理效果 2

图 12.41　治理效果 3

图 12.42　治理效果 4

图 12.43　治理效果 5

图 12.44　治理效果 6

12.5　经 验 分 享

在西铭矿沟西湾矸石场治理的方法和思路上，有效运用了系统治理的理论体系，把灭火防复燃、山体整形和近自然的生态系统重建三个环节作为了一个完整的治理体系，避免了常规经验所犯过的“头痛医头，脚疼医脚”的单一、片面的治理理念。

对于煤矸石山治理灭火防复燃后的生态恢复，提出了近自然生态系统重建。自然生态系统重建理念是基于师法自然的思想，根据生态系统演替规律，把大气、土壤、水、动物、植物及微生物作为一个集成系统，通过人为定向干预加速生态系统重建过程，实现从微生物群落到植物群落及动物群落的快速更迭，最终建立稳定健康的生态系统。该系统的评价标准是生物多样性及其承载物种的丰富度、指示物种的生长情况。煤矸石山生态系统极差，需要在人工干预下，才有可能达到人类期望的演替过程和方向。通过煤矸石山生态系统重建技术在较短的时间内就可完成从初期草本植物为优势种的草地生态系统向中期以乡土草、灌为主的草、灌生态系统的植被演替过程。伴随生态系统中植物群落的演替过程，生态系统中的微生物、动物群落也在发生着同步变化，具体表现为生态系统中昆虫、食草、食肉动物的多样性指数增加。随着系统中微生物、植物和动物群落的逐步稳定，煤矸石山近自然生态系统便可逐步实现系统的自我持续更新。

此外，在生态效益上，治理后的矸石场，水清了、天蓝了、树绿了。用当地百姓的话说就是昔日烟尘滚滚的火焰山变成了如今的花果山。经过科学、系统治理，西铭矿排矸场周边环境有了根本性的转变。根据工程建设后大气环境质量现状调查与监测，$PM_{2.5}$综合削减率为 45.1%，SO_2综合削减率为 55.8%，CO 综合削减率为 75.3%，SO_2、$PM_{2.5}$、CO 三项指标浓度平均削减率为 40.7%。植被覆盖率达 95%以上。绿水、青山从愿景变成了现实。

如今的西铭矿煤矸石山，青草铺地、乔灌混交，平台水果树，彩叶点缀，绿篱绕栏，有硬化道路直达、人行步道、花架、停车场、行道树。平台以优质大果山楂、太谷壶瓶枣、汾阳纸皮核桃树、原平酥梨等经济林为主，坡面以草灌铺地，乔木点缀。成为当地独具特色的集烧烤、采摘、婚纱摄影、有氧运动为一体的综合生态园区。伴随着西铭排矸场生态环境质量的持续提升，如今的排矸场已彻底实现了从“火焰山”到绿水青山的华丽转变。

在经济效益方面，小西铭村现有居民约 180 户，常住人口 560 人。依托煤矸石山治理项目，可安排 35 人就业，每户平均 1 亩经济林，每年可以增收 1 万元。此外，当地村民集思广益，在矿区周边积极开发农家乐、生态游园、果蔬采摘等各项项目。当前的西铭矿排矸场周边的居民亲身体验了煤矸石山综合治理工程所带来的实实在在的收获。水清、土净、树绿，目光所及，一片欣欣向荣。在生态环境持续改善的同时，当地居民的钱袋子也变得日渐饱满。西铭矿煤矸石山综合治理项目实现了生态效益和经济效益、社会效益的和谐统一。

第 13 章　王庄煤矿西矸石山生态修复实践

13.1　基 本 情 况

13.1.1　自然地理条件

1. 地理位置

王庄煤矿地理坐标为 113° 02′～113° 09′E，35° 52′～35° 57′N，位于我国规划的大型煤炭基地潞安矿区内，井田属沁水煤田东部边缘中段。

2. 气象条件

王庄煤矿地处黄土高原东南部，远离海洋，属温带大陆性气候，一年四季气候差异较大。冬季风大、温度低；夏季气温较高，空气湿度低。全年无霜期为 148 天。年降水量 678.65 mm，年降雪量为 30.3 mm。

3. 交通条件

王庄煤矿位于山西省长治市北，距市中心 30 km，东距山西化肥厂 20 km，西北距矿务局机关 15 km，与长治钢铁厂隔路相望，漳泽电厂也距此不远。王庄矿铁路专用线与国家铁路太焦线在长治北站接轨，运距 14 km，南到焦作市 220 km，北至太原市 230 km，东距邯郸市 183 km。此外，矿区公路与太洛、长渝、长邯公路干线相通，交通较为方便。

4. 地质环境

潞安矿区位于沁水煤田东翼的中部，王庄煤矿位于潞安矿区中部的东缘，处于文王山南断层及安昌断层之间，区内地层基本呈单斜构造，起伏较小，褶曲较为平缓。王庄矿井田内共赋存有 7～14 层煤，其中可开采及局部可开采的煤层 6 层，现主要开采 3＃煤层，此煤层平均厚度为 6.65 m（3.25～7.87 m），属全区稳定性煤层，夹矸 5 层，总厚 0～1.18 m，结构简单、夹矸成分为碳质泥岩或泥岩。根据王庄井田的地质情况，该矿采用立井、斜井结合的石门盘区、上下山开拓方式，共有两个斜井和两个立井采用采区前进式、工作面后退式开采方式，全部为长壁工作面综合机械化开采。

5. 土壤植被

矿区土壤主要有棕壤、褐土、草甸土和水稻土 4 个种类，有机质含量一般为 0.7%～1.6%。其中棕壤主要分布在林区，为林地的主要土壤。褐土为矿区主要地带性土壤，分布较广，有草甸褐土、草灌褐土和淋溶褐土等亚类，多已垦殖为耕地。其中草甸土分布在漳河两侧的河谷盆地，土壤含水率高，较为肥沃，是长治地区农业生产的主要土壤类型。

矿区属华北暖温带落叶阔叶林地带，主要树种有杨、柳、榆、椿和刺槐等；经济林主要有核桃、花椒、柿、枣、苹果、梨、红果等果树林；牧草主要有紫花苜蓿、沙打旺和红豆草；野生灌草类植物主要有酸枣、荆条、胡枝子及白羊草、葱脊草、狗尾草和蒿类；栽培植物主要有玉米、高粱、谷子、豆类、小麦等粮食作物和蔬菜类作物。

13.1.2　王庄煤矿矸石山概况

王庄煤矿现有 3 座煤矸石山，其中北、西煤矸石山已废弃，另外 1 座仍在排放中；西煤矸石山于 2008 年开始进行全面的生态治理，至今无自燃迹象。自 1990 年开始，王庄煤矿与中国矿业大学共同对老煤矸石山进行了系统的植被恢复规划设计。对整地技术、适宜植物种类的选择及植被恢复方法和技术进行了全面的试验研究。此外，又分别在 1993 年和 2000 年，对植物群落的生长状况和生态效应做了全面系统的调查与研究，结果表明其规划设计科学、技术合理可行、生态效应和社会效益显著。但由于煤矸石山含硫量高，属典型的高含硫型煤矸石山，1998 年开始王庄北煤矸石山因外部燃烧导致煤矸石山燃烧，到目前为止，原先绿化的植被已经被烧死 90%。自燃排放出的有毒有害气体严重地污染了周边的环境。

13.2　治理思路与方法

充分收集前人对自燃煤矸石山灭火及生态恢复治理的相关资料，以野外地形测绘及地质环境勘查为主，实地调查煤矸石山存在的环境地质问题、现状及产生原因、发展趋势。通过资料综合分析归纳整理，对自燃煤矸石山环境现状进行评估，提出自燃煤矸石山环境保护及矿山生态环境恢复治理方案、设计。

通过前期资料收集、实地踏勘，西煤矸石山坡面并未发现明火，为了保证达到防火和植被永久恢复的治理效果，煤矸石山坡面整平至设计标高后，使用黄土和粉煤灰进行分层碾压覆盖。

煤矸石表层铺设粉煤灰与黏土混合物，从而起到隔绝空气的作用，与此同时，依据中国矿业大学（北京）矿山生态安全教育部工程研究中心所提供的自然煤矸石山绿化技术，在煤矸石山选择了部分试验地进行防灭火治理，即施用杀菌剂和接种微生物：在山体整地、整形后（未碾压前）立即喷洒杀菌剂和接种微生物，抑制氧化，降低自燃风险。施用杀菌剂和接种微生物完成后，立即进行碾压，达到山体稳定和隔绝一定空气的目的。

在完成这些整形、整地和生物处理与碾压工序后，工程技术人员在煤矸石山表面覆盖一层主要由生活污泥、粉煤灰、黄土、石灰等按照专利要求配比的防火隔离层，之后进行碾压压实，达到隔绝空气的目的。随后，再覆盖种植土层并分层碾压，达到表层植物生长所需要的厚度。

13.2.1 立地条件分析

煤矸石是一种可燃性矿石，形成于聚煤盆地煤层沉积的过程，是成煤过程中与煤层伴生的含碳量较低的黑灰色矿石。煤矸石通常是指煤炭开采带来的碳质泥岩和碳质砂岩。但是也有一些开采过程排出的混杂岩体。煤矸石产生于煤矿的开采和洗选过程，因此煤矸石的特征和组成与煤矿的生产过程密切相关。不同的煤矸石具有不同的矿物组成及化学成分。为分析化学成分在煤矸石中的赋存形式，对煤矸石样品进行了 X-衍射矿物成分分析，结果表明煤矸石中主要矿物成分为石英、高岭石等，还有其他成分如长石、方解石、菱铁矿、黄铁矿和伊利石。煤矸石中的化学成分大致在如下范围：SiO_2 占 52.27%；Al_2O_3 占 30.14%；CaO 占 5.6%。主要化学成分为 SiO_2 和 Al_2O_3，约占总量的 80%，另有极少量的铁、钙、硫、钾、锰、钠等氧化物和水分。煤矸石中的少量元素主要以铁元素为主，其次为锰，其中有毒的少量元素如锡、汞和砷等的含量均极少，只有远小于危险废弃物的含量标准的氟、铅和铜。王庄煤矿矸石山结构较为杂乱且松散，粒度很大（80%以上为石块或石砾）并伴有非连续的缝隙和空洞存在，表层风化物仅为 5～10 cm，容重高，地温高，易蒸发，因而不利于保水、保肥。但由于缝隙的存在使煤矸石山透气性较好，且因其较为松散的特殊结构使成活的植物根系易于通过空洞和缝隙伸入煤矸石山深部吸取水分和养分。煤矸石山含水量较低（为黄土的 1/2）且空间变异程度大、田间持水量低（为黄土的 1/2～1/3）、入渗快（为直线型，平均 233.5 mm/h）。所推广应用区域的煤矸石山酸碱性基本适宜于植物生长，但发现深部有酸性影响。煤矸石山速效营养成分较为贫乏，但潜在的有机质及氮素并不缺乏。

13.2.2 煤矸石山生态恢复适宜微生物筛选及施用方法

1. 煤矸石山生物治理的主要限制因子分析

1）试验材料与方法

取样点分别为：煤矸石风化物、煤矸石污染黄土、用于复垦的黄土堆和耕种土壤等。每样块随机采集 8 个样品组成混合代表样。使用无菌封口塑料袋收纳采集的样品，带回实验室妥善保存。取出一部分新鲜样块研磨，过 1 mm 龙网筛，调节土壤水分至适宜含量，装入无菌塑料袋，置于 4 ℃冰箱内保存以供土壤微生物学指标分析。另一部分土样于室内自然风干、研磨、过筛，供土样基本理化性质测定。

2）煤矸石风化物、pH 值和含水量的测定

土壤 pH 值的测定方法：称取通过 1 mm 孔径筛的风干试样 5 g 于 50 ml 烧杯中，加去除 CO_2 的水 20 ml，摇床中充分搅拌，静置 20 min 后，土壤溶液用校正过的 pH 剂测定。

土壤含水量的测定方法：采集的新鲜土壤样品准确称取 5g，放入温度 105℃的烘箱

中烘干至恒重，再次称重。前后两次称重之差就是减少的水分重量 *W*，原新鲜土壤重量为 *M*，含水量=*W*/*M*×100%。

3）煤矸石风化物和土壤微生物种群数量分析

细菌使用牛肉膏蛋白胨琼脂平板表面涂布法计算；真菌利用马丁氏培养基平板表面涂布法分析；放线菌使用高氏一号合成培养基平板表面涂布法分析；氨化细菌利用蛋白胨琼脂表面涂布法分析；自身固氮细菌用的是阿西比无氮琼脂平板表面涂布法。

4）煤矸石样品植物盆栽

煤矸石营养缺乏，且含有重金属，为了煤矸石山的绿化和探索植物修复技术，以山西潞安王庄煤矸石为实验材料，将煤矸石与黄土的体积配比调配为 0、1/3、1/2、2/3、1，装入盆中种植烟草和龙葵，分析不同煤矸石土壤配比情况下不同植物生长的差异，寻找最利于植物生长的煤矸石和土壤配比。

5）结果分析

（1）煤矸石风化物中微生物数量和类群显著低于土壤。以山西潞安王庄煤矸石山风化物和周边土壤微生物为研究对象，结果表明煤矸石山三大类微生物数量均明显低于对照的耕作土壤，微生物数量随距煤矸石山距离的增加均有逐步上升的趋势，煤矸石山污染区土壤环境有待改善；煤矸石中氨化细菌和自生固氮数量明显少于对照的耕作土壤，不利于微生物的繁殖和活动状态，削弱了土壤中 C、N 营养元素循环速率和能量流动，影响复垦植物对营养的吸收。因此，煤矸石山复垦可以采取微生物和植物修复技术，恢复微生物多样性，改善土壤环境和土壤肥力。

由表 13.1 可知，王庄矿区煤矸石山风化物微生物总数明显低于耕种土壤，微生物总数约下降 96.3%，其中细菌数量约下降 97.1%，放线菌数量约下降 93.4%，真菌数量约下降 92.9%。黄土中微生物总数约下降 98.8%，其中细菌数量约下降 98.9%，放线菌数量约下降 98.4%，真菌数量约下降 98.4%。表明煤矸石营养贫瘠，不适合微生物和植物生长。

表 13.1　潞安王庄煤矿煤矸石风化物微生物数量　（单位：万个/g 干土）

区域	样地	微生物				自生固氮菌	氨化细菌
		细菌	真菌	放线菌	总数		
王庄	煤矸石风化物	160.5	0.36	92.53	253.39	95.72	30.84
	污染黄土	163.8	0.13	44.26	208.19	44.98	35.81
	黄土	65.2	0.09	33.85	99.14	38.62	10.76
耕作地	耕作土壤	6 040	3.95	1 517.05	7 561	101.67	3 098.65

由表 13.1 知，煤矸石风化物和黄土中的氨化细菌和自生固氮菌的数量低于耕种土壤，煤矸石风化物自生固氮菌的数量约下降 7.7%，氨化细菌约下降 98.4%；黄土自生固氮菌数量约下降 73.4%，氨化细菌约下降 99.7%，土壤中自生固 N 作用是土壤 N 元素的重要

来源之一，氨化细菌直接参与分解土壤中有机 N，其数量的变化直接影响着土壤的供 N 能力。王庄煤矿的自生固氮菌和氨化细菌的数量以煤矸石风化物最多，污染黄土次之，黄土中最少，可能因为黄土是未熟化的土壤，只有少量剥离表土，缺乏有机质，自身养分低，微生物少。表明矿区土壤生态系统中 C、N 营养元素循环速率和能量流动降低，不利于微生物的繁殖和活动。所以在进行煤矸石复垦时，需要添加营养物质，特别是氮磷等营养物质来恢复矿区土壤微生物生态系统。

（2）煤矸石营养贫瘠不利于植物生长。图 13.1 结果表明：煤矸石的毒性小，不影响烟草和龙葵种子的萌发；但是，随着煤矸石（0-1）含量的增加，烟草的高度随之降低，且植株下部叶片发黄，特别是在纯煤矸石中生长的烟草矮小枯黄，不能继续生长，而土壤种植的烟草鲜绿，长势良好。说明煤矸石营养缺乏，不能满足植物的生长需要。特别是缺乏植物生长必需的微量元素（Mg、Zn），导致其在体内重复利用，所以出现老叶枯黄和生长矮小现象。

图 13.1 烟草在不同配比煤矸石中的生长

龙葵作物是重金属超累积植物，在煤矸石（2/3～1）的配比中萌发良好，虽然龙葵在纯煤矸石中生长矮小、侧枝少、叶片发黄，但能在纯煤矸石中开花结果，完成生命周期（图 13.2、图 13.3），表明龙葵较烟草耐贫瘠，具有很大的植物修复应用潜力。龙葵在 2/3 煤矸石中的株高大于土壤，但是侧枝、花和果实都较少，且下部叶片发黄，这可能也是由于煤矸石营养缺乏所致。

2. 煤矸石山微生物修复

1）供试材料

（1）培养基质。土壤风干后过 1 cm 筛，去除土壤中的石块及根段，测定土壤的基本理化性状，在 121 ℃的条件下高温灭菌备用。试验土壤的基本理化性质：w（全氮）$=0.108\times10^{-3}$，w（碱解氮）$=23.9\times10^{-6}$，w（有机质）$=2.71\times10^{-3}$，w（有效磷）$=1.22\times10^{-3}$，

图 13.2　龙葵在不同配比煤矸石中的生长

从左到右煤矸石比例分别为 0、2/3、1/2

（a）土壤　（b）矸石

图 13.3　龙葵在土壤和煤矸石中开花期

w（有效钾）$=23.6\times10^{-6}$，EC 为 4.96 mS/m，pH 值 =9.38，w（全镉）$<0.10\times10^{-6}$，w（全铅）$=10\times10^{-6}$，w（全铜）$=3.8\times10^{-6}$，w（全锌）$=26.5\times10^{-6}$，w（全砷）$=1.5\times10^{-6}$。

（2）供试菌种。供试菌种共 8 种，分别为 *G. diaphanum*、*G. mirooaggregatum*、*A. mellea*、*G. intraradices*、*G. etunicatum*、*G. mosseae*-1、*G. mosseae*-2、*G. mosseae*-3。菌种由北京市农林科学院植物营养与资源研究所的国家基金资助“中国丛枝菌根种质资源库”提供，来源编号见表 13.2。

表 13.2　菌种来源与编号

菌种	丛枝菌根真菌种质资源库编号	宿主植物
G.diaphanum	BGC GZ0122	槐
G.mirooaggregatum	BGC HLJ01A	黄檗
A.mellea	BGC BJ02A21	银杏
G.intraradices	BGC AH01	狗牙草
G.etunicatum	BGC NM02B	青蒿
G.mosseae	BGC HEB02	玉米
G.mosseae	BGC JX01	桂花
G.mosseae	BGC XJ01	新疆韭

（3）供试作物。从当地先锋植物中选择种植较为广泛的苜蓿为供试作物。种子由中国农业科学院中农种子公司提供试验用盆。

试验用盆采用 17 cm×11 cm×15 cm （盆口直径×盆底直径×高）规格的白色塑料盆，盆钵在 84 消毒液里浸泡 20 min 后备用，每盆装风干基质 2.5 kg。

2）试验设计

试验共设置 9 个处理，分别为空白对照 CK（无 AM 真菌）和分别接种 8 种菌种，每个处理 5 个重复。空白对照加入 20 g 灭菌菌剂和 20 mL 菌剂滤液，以保持基质中除 AM 菌根外其他微生物区系一致性。

3）试验管理

试验用菌根接种剂以层播的方法接种，接种量为 0.8%，即每盆接种 20g 菌剂，接种物为含有孢子、菌丝的土壤及其寄主植物的根段混合物。试验地点选在北京市农林科学院植物营养与资源研究所温室，宿主植物为苜蓿。

播种前种子用 10%（质量分数）的 H_2O_2 浸泡 10 min，而后用去离子水反复清洗数遍，置于恒温培养箱中催芽。将发芽的种子均匀地播在每盆土壤中，每盆 50 粒。待幼苗生长 7 d 后间苗，每盆留 25 株长势一致并且茁壮的幼苗，常规试验室管理。在苜蓿生长期定期浇去离子水，每次浇水控制在田间持水量的 5%，从出苗起每 30 d 施加 Hoagland 营养液（李晓林，2001）100 mL/盆，整个生长期共施加营养液 3 次。各盆施肥水平为：$w(NKNO_3) = 400\times10^{-6}$，$w(PKH_2PO_4) = 100\times10^{-6}$，$w(Ca(NO_3)_2) = 800\times10^{-6}$，$w(MgSO_4)=400\times10^{-6}$，$w(ZnSO_4\cdot7H_2O)=5\times10^{-6}$，$w(MnC_{l2}\cdot4H_2O)=5\times10^{-6}$，$w(CuSO_4\cdot5H_2O)=5\times10^{-6}$，$w(BH_3BO_3)=5\times10^{-6}$，$w(FeEDTA)=5\times10^{-6}$。

4）收获及测定

生长 120 d 后收获测定，植株地上部于收获前测定株高。用剪刀将苜蓿在出土点处剪断，洗净称重，为地上部鲜质量。根系在洗净后称重，为地下部鲜质量；称取 2 g 样品测定菌根侵染率，根系其余部分和地上部经烘干后称取干质量并磨细过筛。叶片相对叶绿素含量用 SPAD-502 型叶绿素仪测定，植株的全氮采用半微量开氏定氮法测定，全磷采用酸溶钼锑抗比色法，全钾使用氢氧化钠熔火焰光度法，数据采用 Excel 和 SAS 数据处理软件处理，差异性检验采用单因素方差分析。

$$\text{菌根侵染率}=\frac{\text{受浸染根段总计数}}{\text{检测根段总计数}}\times100\%$$

$$\text{测定菌根依赖性}=\frac{\text{接种植株生物量}-\text{对照植株生物量}}{\text{接种植株生物量}}\times100\%$$

如果菌根依赖性值为 0，则表明在此条件下植物不需要菌根真菌就能够达到最大生长量；如果菌根依赖性的值为负值，则按 0 对待。

5）结果分析

（1）接种不同 AM 真菌对苜蓿生长指标的影响。收获后接种不同 AM 真菌对苜蓿生长的影响如表 13.3 所示。

表 13.3　不同 AM 真菌对苜蓿生长指标的影响

菌种	地上干重/（g/盆）	地下干重/（g/盆）	株高/cm	相对叶绿素/（mg/kg）	分蘖数/（个/株）
CK	2.518b	3. 879bc	24.2a	22.84cd	1.264a
G.diaphanum	2.296bc	3.577cd	21.4ab	21.38d	1.08bc
G.miroaggregatum	2.454b	3.321cde	22.6ab	24.08cd	1.12bc
A.mellea	1.750ed	2.548f	20.4b	25.28cd	1.016bc
G.intraradices	1.410e	2.8752def	16.6c	26.28bc	0.92c
G.etunicatum	1.890cd	2.687ef	21.2ab	24.62cd	1.00bc
G.mosseae（BGC HEB02）	2.208bc	3.648bc	21.2ab	30.22b	1.176bc
G.mosseae（BGC JX01）	2.466b	4.379b	23.6ab	25.18cd	1.136bc
G.mosseae（BGC XJ01）	3.344a	6.8162a	23.6ab	45.8a	1.456a

表中数字在同列右侧标有相同字母，其间无显著差异，标有不同字母表示在 α=0.05 水平达显著。

从表 13.3 可知，只有接种 *A. mellea* 和 *G. intraradices* 的苜蓿的株高显著低于空白对照，其他处理与空白相比没有达到显著性差异。

不同处理之间的相对叶绿素含量略有差异，接种 *G. intraradices*、*G. mosseae*（BGC HEB02）和 *G. mosseae*（BGC XJ01）的处理叶绿素含量显著高于空白对照，其中接种 *G. mosseae*（BGC XJ01）的相对叶绿素含量显著高于其他接种处理，相对叶绿素含量最低的为接种 *G. diaphanum* 的苜蓿，为 21.38 mg/kg。

不同处理之间的分蘖数有显著性差异，空白对照和接种 *G. mosseae*（BGC XJ01）的处理分蘖数显著高于其他处理，接种 *G. intraradices* 的处理分蘖数最少，显著低于空白对照。

不同处理植株的地上部干质量和地下部干质量之间也有所差异，其中接种 *G. mosseae*（BGC XJ01）的处理的地上部干质量显著高于空白对照，也显著高于部分其他处理的相应指标，其中地上部干质量高出空白对照 32.8%，地下部干质量高出空白 75.7%。同时也有一些处理接种菌根真菌后植株地上或者地下部的生物量显著低于对照，如接种 *G. intraradices*，*A. mellea* 和 *G. etunicatum* 的处理苜蓿的地上部干质量和地下部干质量都显著低于空白对照。说明接种这 3 种菌根真菌后苜蓿植株的生物量有所下降。

综合考察 5 项生长指标，接种 *G. mosseae*（BGC XJ01）真菌后，苜蓿的生长得到较显著的促进，生物量显著增加，而接种 *G.intraradices* 真菌后，苜蓿的生长指标显著差于空白对照和部分其他接种处理.

（2）苜蓿接种不同 AM 真菌的侵染率。图 13.4 为接种不同 AM 真菌的苜蓿根系第 120 d 时的菌根侵染率。菌根侵染率最高的是接种 *G.intraradices* 的苜蓿根系，侵染率高达 75.2%，与其他处理差异显著，*G. mosseae* 的 3 个菌株的侵染率也较高，分别为 37.33%、

43.67%和 36.0%，显著高于接种 *G. diaphanum*、*G. miroaggregatum*、*A. mellea* 和 *G. etunicatum* 的处理。图 13.5 为接种不同 AM 真菌的苜蓿对菌根的依赖性。

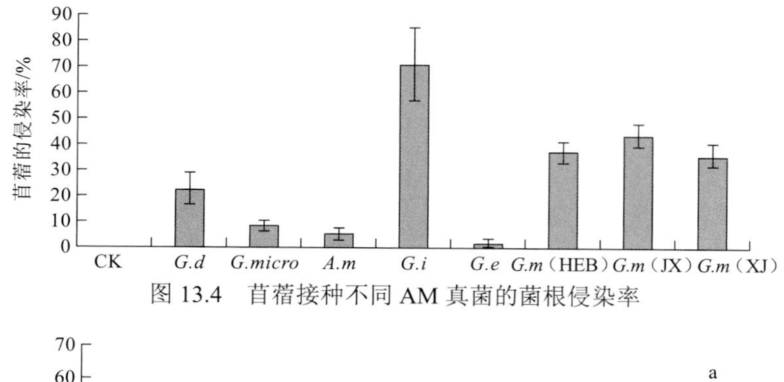

图 13.4　苜蓿接种不同 AM 真菌的菌根侵染率

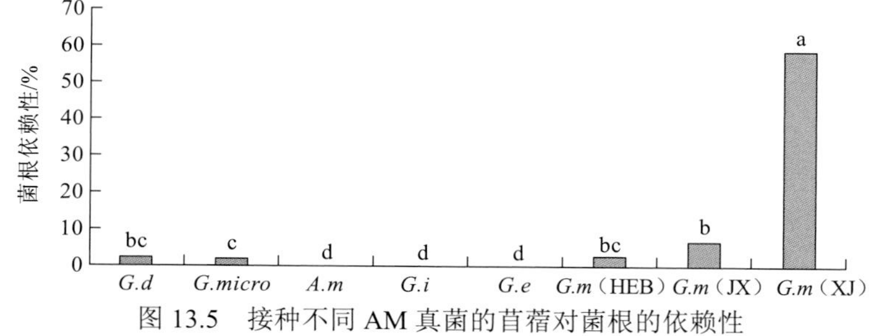

图 13.5　接种不同 AM 真菌的苜蓿对菌根的依赖性

图中标有相同字母，表示其间无显著差异，标有不同字母，表示在 α =0.05 水平达显著

由图 13.5 可见，苜蓿对不同的 AM 真菌依赖性有所不同，对 *G. mosseae*（BGC XJ01）依赖性最高为 58.75%，与其他处理相比达到显著性差异。

（3）接种不同 AM 真菌的苜蓿植株养分吸收的影响。不同菌剂（株）对苜蓿植株养分吸收的影响如表 13.4 所示。从表 13.4 可见，接种 AM 真菌后，苜蓿地上部分的养分元素吸收量发生变化：接种 *G. mosseae*（BGC XJ01）真菌后苜蓿的地上部氮吸收量显著提高，与其他处理及空白处理之间达到显著性差异，高出空白处理 211%，接种 *G. mosseae*（BGC HEB02）的苜蓿地上部氮吸收量也显著高于空白对照；而地上磷吸收量部分，只有接种 *G. mosseae*（BGC XJ01）、*G. mosseae*（BGC JX01）和 *G. miroaggregatum* 的处理地上磷吸收量与空白相比达到显著性差异，分别比空白对照高出 94.5%、100%和 60.7%，其他处理与空白相比没有达到显著性差异；只有接种 *G. mosseae*（BGC XJ01）的处理植株地上部的钾吸收量显著提高，高出空白 71.1%，接种 *G. intraradices* 和 *A. mellea* 后苜蓿植株地上部的钾吸收量显著低于空白。

在接种 AM 真菌后苜蓿植株地下部氮、磷和钾的吸收量有所变化：地下部氮吸收量只有接种 *G.mosseae*（BGC XJ01）的处理显著高于空白，比空白对照高出 239.2%；地下部磷吸收量只有接种 *G. mosseae*（BGC JX01）的处理显著提高了，比空白对照高出 34.5%，接种 *G.intraradices* 和 *G.etunicatum* 后苜蓿地下部磷吸收量有显著降低；接种 *G.mosseae*（BGC JX01）后苜蓿地下部钾吸收量有显著提高，比空白提高 20.2%。

表 13.4　不同菌剂（株）对苜蓿植株养分吸收的影响

菌种	地上氮吸收量	地上磷吸收量	地上钾吸收量	地下氮吸收量	地下磷吸收量	地下钾吸收量
CK	27.2c	1.45cd	38.4bcd	36.0bcd	3.85b	36.6bcd
G.diaphanum	24.7c	1.70c	37.5bcd	35.5bcd	3.92b	40.6ab
G.miroaggregatum	26.8c	2.33b	40.6bc	30.5cd	3.85b	37.4abc
A.mellea	21.6cd	1.11d	28.4e	27.6d	2.85c	29.8ed
G.intraradices	16.3d	1.64c	31.5f	33.7bcd	4.38ab	33.1cde
G.etunicatum	21.5cd	1.15d	32.8ed	27.1d	2.6c	27.2e
G.mosseae（BGC HEB02）	36.4b	1.4cd	34.1cde	41.0b	3.89b	35.5bcd
G.mosseae（BGC JX01）	25.7c	2.9a	42.5b	37.4b	5.18a	44.0a
G.mosseae（BGC XJ01）	84.6a	2.82a	65.7a	122.1a	4.52ab	38.9abc

表中数字在同列右侧标有相同字母，其间无显著差异，标有不同字母表示在 $\alpha=0.05$ 水平达显著。

6）结论

（1）通过以苜蓿为宿主植物的 8 种丛枝菌根真菌对苜蓿生长及养分吸收影响的盆栽实验，筛选出 *G. mosseae*（BGC XJ01）为最适宜煤矿复垦与生态修复接种的菌种。

（2）通过对苜蓿地上部分和地下部分所吸收全氮、全磷和全钾元素的测定及分析，*G. mosseae*（BGC XJ01）都显著促进了苜蓿各个部分的营养元素吸收量，使得地上部分氮、磷、钾吸收量比对照高 211%、94.4%和 71.1%，地下部分氮、磷、钾吸收量比对照高 240%、17.5%、6.2%。*G. mosseae*（BGC XJ01）处理中整个植株吸收的氮、磷和钾比对照高出 227%、38.5%和 39.4%。

（3）*G. mosseae*（BGC JX01）对苜蓿吸收磷的促进作用比较显著，使得地上、地下和植株吸收磷吸收量比处理高出 97.4%，34.75%和 51.9%。

（4）*G. mosseae*（BGC XJ01）对苜蓿地下部分氮和磷积累的促进作用大于对地上部分，对苜蓿地上部分钾的积累促进作用大于对地下部分。

（5）菌根对宿主植物的作用并不能完全由侵染率决定，有的菌剂（种）侵染率高但对植物生长的促进作用不大甚至是抑制，有的侵染率不太高但对植物生长的促进作用大，应主要考虑接种菌剂（种）对植物生长的促进作用来筛选菌剂（种）。

13.2.3　整形整地

为了改善煤矸石山的立地条件，防止煤矸石山在遇到大风和雨水时造成边坡的径流和侵蚀，构建适宜植物生长的有利条件，同时考虑煤矸石山植被恢复工程的施工安全与便利，煤矸石山的整地工程是十分必要的。整地工程依照既经济省工且能较大程度改善立地质量的原则，选择对煤矸石山采用局部整地的方式。在局部整地方式中，带状整地方法和块状整地方法按照实际情况均可采用。为汇集降水提高土壤水分含量从而促进植物生长，最终

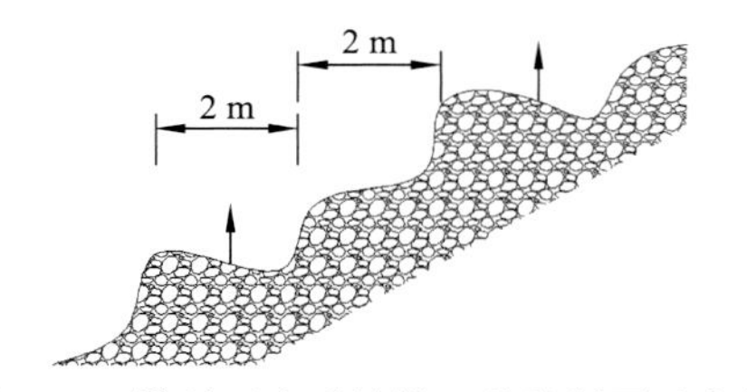

图 13.6　煤矸石山反坡梯田整地断面示意图

选择反坡梯田的整地方法（图 13.6），煤矸石山整地时考虑的必要因素有整地的深度、宽度、长度、断面形式等。

（1）整地深度。煤矸石山整地的深度根据不同植被的差异而有所不同，在一般情况下，各种植被所需整地深度的低限值是：草本植物为 15 cm，低矮灌木为 30 cm，高大灌木为 45 cm，低矮乔木为 60 cm，高大的乔木为 90 cm。

（2）整地宽度。煤矸石山的堆砌方式导致煤矸石山的坡度一般较大，故整地宽度不宜过大，以免加剧水土流失。项目区煤矸石山坡度为 34.5°，且采用反坡梯田整地的方法，因此整地宽度应为 1.0 m，落差以 2～3 m 为宜。

（3）断面形式。断面形式是指整地后的土面与原坡面所构成的断面形式。为便于积蓄降水，减少水分蒸发，增加土壤含水率，煤矸石山整地完成后的坡土面应低于原坡面，并于原坡面形成一定的角度，构成一定的蓄水容积。

（4）覆土厚度。覆土厚度与煤矸石山的立地条件和区域的自然条件有关。由于项目区处于山区，土源缺乏。因此有研究认为，薄层覆盖（地表覆盖一层约 3～5 cm 的黄土）将黑色地面用土盖住即可，此法可以解决直播草籽高温烧苗的问题，而且因根系大多可扎入煤矸石层中，更有利于水分的有效利用。

（5）黄土粉煤灰覆盖碾压法。黄土粉煤灰覆盖碾压法是指在煤矸石山表面覆盖粉煤灰和黄土，然后压实，以隔绝空气进入，使自燃煤矸石山内部空气耗尽后熄灭。它克服了国际上所采用表面密封压实法的不足，有利于煤矸石山斜坡覆土与碾压，灭火效果较好。黄土粉煤灰覆盖碾压法工程分三个步骤进行：首先，按 30%粉煤灰+70%黄土进行混合，加适量的水使其增加黏性，便于在斜坡上施工；其次，将黄土粉煤灰的混合物覆盖到自然煤矸石山表面，并利用铲运机使其均匀覆盖，厚度控制在 50 cm 左右；最后，用牵引机组进行碾压（图 13.7 和图 13.8），使黄土和粉煤灰的混合物与煤矸石两面充分结合，并形成致密层，防止空气进入煤矸石山，从而达到灭火的目的。

13.2.4　植被重建技术

1. 植被品种选择的基本原则与植物种类

煤矸石山生态重建的主要目的是通过发挥植被的防护功能达到改善煤矸石山生态环境的效果；同时，由于立地条件的特殊性，要求具有一定特殊抗性的树种与之相适应，所以煤矸石山适宜植物种类的选择具有特殊性，应遵循以下原则：

（1）适地适植物原则。

（2）优先选择乡土树种的原则。

（3）水土保持与土壤快速改良原则。

（4）植被恢复效益最优原则。

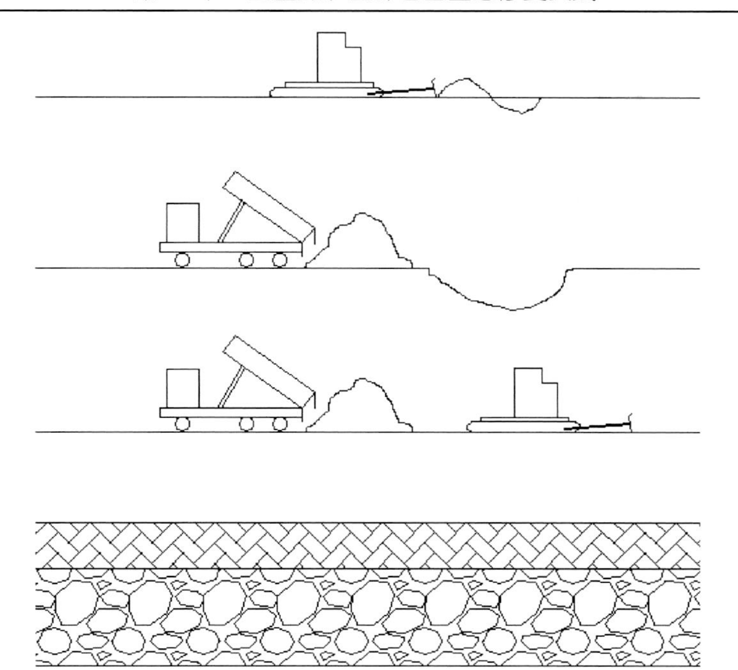

图 13.7　黄土粉煤灰覆盖碾压法覆盖工程示意图

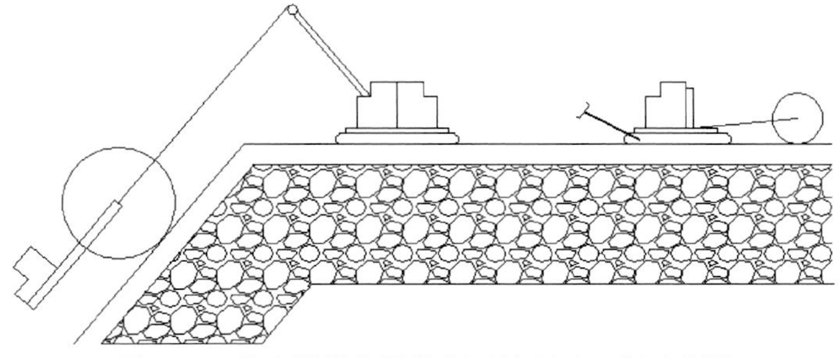

图 13.8　黄土粉煤灰覆盖碾压法碾压工程示意图

（5）乔、灌、草相结合的原则。

根据项目区的气候条件、地形条件和地表组成物质及资金投入情况，对煤矸石山植被恢复与重建应以选树适地的途径来实现。针对煤矸石山存在的土壤养分贫瘠、含水率低、高温、温差大等特点，结合植物的生物学特性，坚持以乡土树种为主。在煤矸石山生态恢复时选择的植物种类主要有以下类型。

（1）乔木，刺槐（落叶）、旱柳（落叶）、侧柏（常绿）、油松（常绿）。

（2）灌木，紫穗槐（落叶）、荆条、胡枝子、酸枣、沙棘、柠条、白刺、沙打旺、草木樨。

（3）草本，紫花苜蓿、茵陈蒿、冰草、芨芨草、高羊茅、狗牙根。

（4）藤本，葛藤（落叶）、紫藤（落叶）、爬山虎（落叶）、金银花（半常绿）。

（5）经济林，核桃、花椒。

它们的共同特性如下：

（1）有较强的适应能力和抗逆性，对恶劣的自然环境有一定的抵抗力。

（2）生长迅速、寿命长，有长期的防护效能和一定的经济价值。

（3）地下部分根系发达，能促进排水和固结土壤。

（4）地上部分枝叶繁茂，能有效地阻止风蚀和水蚀。

（5）根系具有固氮根瘤，可以缓解养分不足，增强地力。

（6）栽植容易，成活率高。

（7）种苗、种子来源充足。

2. 适宜的植物品种

根据王庄及常村矿区的气候条件、地形条件和煤矸石山的立地条件，特别是已有的煤矸石山绿化的经验，结合我国煤矸石山适宜植物种类选择的经验，以适地适植物和选择乡土树种为主的原则，本次煤矸石山植被恢复选择的树种见表 13.5。

表 13.5　项目区选择的植物种类表

植物类型	名称
乔木	刺槐、臭椿、构树、侧柏、白皮松、香花槐、白蜡、火炬、油松
灌木	紫穗槐、柽柳、胡枝子、木槿、柠条、锦鸡儿、山桃、连翘、榆叶梅、红瑞木
草本	沙打旺、草木樨、狗牙根、高羊茅、冰草、芨芨草、红豆草、紫花苜蓿、早熟禾、白三叶
宿根花卉	打碗花、牵牛花、红花酢浆草、蜀葵、地被菊
藤本	葛藤、紫藤、爬山虎

3. 植被培育方式

1）栽植季节与时间

（1）春季种植。春季由寒转暖，地温升高，土壤解冻返潮，树木的生长环境开始好转。此时正是树木开始萌动的时期，树体内储藏营养物质丰富，生理活动开始活跃，有利于树木的成活。此外随着地温升高土壤化冻，掘苗、刨坑等后续工程也便于进行。所以，春季造林应在地温升高到植物根系开始活动，但地上部分还未发芽之前进行种植。

（2）夏季（雨季）造林。雨季是全年降水集中，气温最高的季节，土壤水分条件好，所以，雨季造林有利于根系恢复和生长。但植物生长蒸腾量大，掌握好造林时间也是非常关键的。雨季造林关键是要及时掌握雨情，一般是在下过一两场透雨而且降雨稳定之后开始造林。在华北地区，适宜的时间是“头伏”末和“二伏”初最好，以连阴天气为最佳时间。

2）苗木种类、规格及苗木处理

落叶乔木一般选用胸径 3 cm 以下的大树苗；常绿树种全部采用带土球大苗（高度不超过 1.5 m），土球与树径之比为 8∶1。落叶乔木、灌木栽植应提前进行短截、强剪或截干等处理；灌木花卉的苗木根系采用沾泥浆处理。

3）栽植方法与技术要点

一般大面积植被恢复主要采用裸根苗种植。裸根苗造林最常用的是穴植法，种植技术的关键是保证苗木根系舒展，也是采用“三埋、两踩、一提苗”的苗木栽植技术。

播种植被恢复：草本植物先将植物种子与土壤（黄土）混合均匀，然后播于梯田田面之间的缓坡上和山道两侧。

13.3　治 理 效 果

通过对山西潞安王庄煤矸石山进行生态重建，恢复和保护了矿区的生态环境，实现了环境效益、经济效益和社会效益。王庄西煤矸石山俯视见图 13.9，治理效果见图 13.10。

图 13.9　王庄西煤矸石山俯视图

图 13.10　王庄西煤矸石山治理效果

（1）王庄西煤矸石山植物多样性。经调查，将王庄西煤矸石山植被恢复的植物按照科属的划分如下，见表 13.6。调查结果显示，本区共有植物 17 种，属 9 科，17 属。

表 13.6　王庄西煤矸石山植物多样性

科目	属	种
禾本科	羊茅属	高羊茅
豆科	刺槐属 紫穗槐属 草木樨属 苜蓿属 合欢属	刺槐 紫穗槐 黄花草木樨 紫花苜蓿 合欢
柏科	侧柏属	侧柏
蔷薇科	桃属	桃
木樨科	连翘属 梣属	连翘 白蜡
蓼科	大黄属	华北大黄
漆树科	盐肤木属	火炬
菊科	狗娃花属 蒿属 秋英属 狗尾草属	阿尔泰狗娃花 茵陈蒿 波斯菊 狗尾草
紫葳科	牻牛儿苗属	牻牛儿苗

（2）王庄西煤矸石山不同植被恢复模式。王庄西煤矸石山根据不同的立地环境，分别规划设计 6 种植被恢复模式：火炬树模式、紫花苜蓿模式、高羊茅—紫花苜蓿、紫穗槐—紫花苜蓿、紫穗槐—高羊茅—紫花苜蓿、侧柏—紫花苜蓿（图 13.11～图 13.13）。

图 13.11　王庄西煤矸石山火炬树模式现状图

图 13.12　王庄西煤矸石山紫花苜蓿模式现状图

图 13. 13　王庄西煤矸石山紫穗槐—紫花苜蓿模式现状图

（3）王庄西煤矸石山植被恢复土壤效果。王庄西煤矸石山 6 种植被恢复模式的样地基本情况如表 13.7 所示，并对每种模式的坡度、坡向分别做了不同定位。

表 13.7　王庄西煤矸石山研究样地基本概况

模式	坡向	坡位
火炬树	山顶平地	—
紫花苜蓿	北	上中坡位
高羊茅—紫花苜蓿 a	西南	上坡位
高羊茅—紫花苜蓿 b	东北	下坡位
紫穗槐—紫花苜蓿	北偏东	中坡位
紫穗槐—高羊茅—紫花苜蓿	东南	上坡位
侧柏—紫花苜蓿	北	上坡位

根据定位的立地条件选择不同的植被恢复模式，植被恢复对土壤的改良效果见图 13.14 和图 13.15。由图可知，通过进行不同模式的植被恢复，王庄西煤矸石山的地温降至 25.20～31.78 ℃。在土壤含水量的变化中高羊茅—紫花苜蓿 b 模式下土壤含水量最高，侧柏—紫花苜蓿模式下土壤含水量最低，仅有 8.41%。土壤酸碱度的变化范围为 6.29～7.88，侧柏—紫花苜蓿在改良土壤酸碱度方面较弱。

植被恢复土壤养分含量见图 13.15。速效氮的改良效果排序为侧柏—紫花苜蓿>高羊茅—紫花苜蓿 a>紫花苜蓿>紫穗槐—高羊茅—紫花苜蓿>高羊茅—紫花苜蓿 b>火炬树>紫穗槐—紫花苜蓿。速效钾的改良效果排序为紫穗槐—高羊茅—紫花苜蓿>侧柏—紫花苜蓿>高羊茅—紫花苜蓿 a>紫花苜蓿>高羊茅—紫花苜蓿 b >火炬树>紫穗槐—紫花苜蓿。速效磷的改良效果大小为火炬树>高羊茅—紫花苜蓿 a>侧柏—紫花苜蓿>紫穗槐—紫花苜蓿>高羊茅—紫花苜蓿 b>紫花苜蓿>紫穗槐—高羊茅—紫花苜蓿。有机质恢复质量排序为高羊茅—紫花苜蓿 a>高羊茅—紫花苜蓿 b>紫穗槐—紫花苜蓿>紫花苜蓿>紫穗槐—高羊茅—紫花苜蓿>火炬树—紫穗槐—高羊茅—紫花苜蓿混合模式>侧柏—紫花苜蓿。

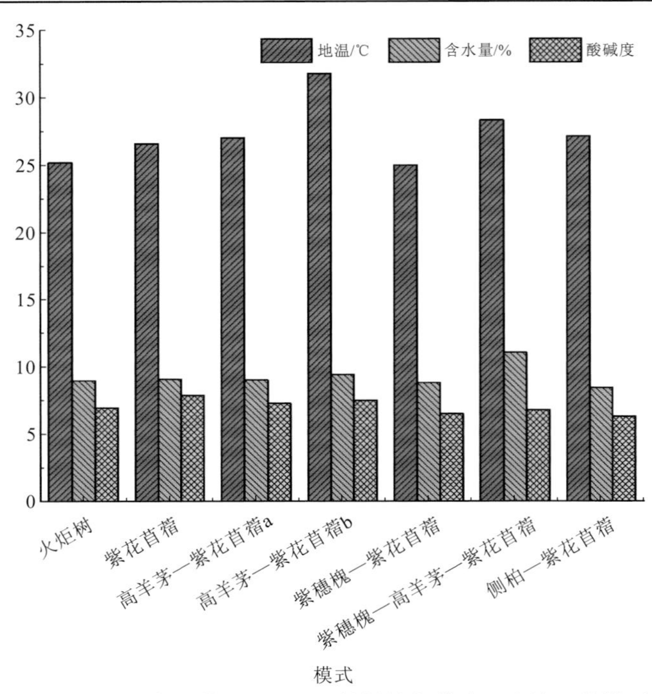

图 13.14　王庄西煤矸石山不同植被恢复模式下土壤理化性质

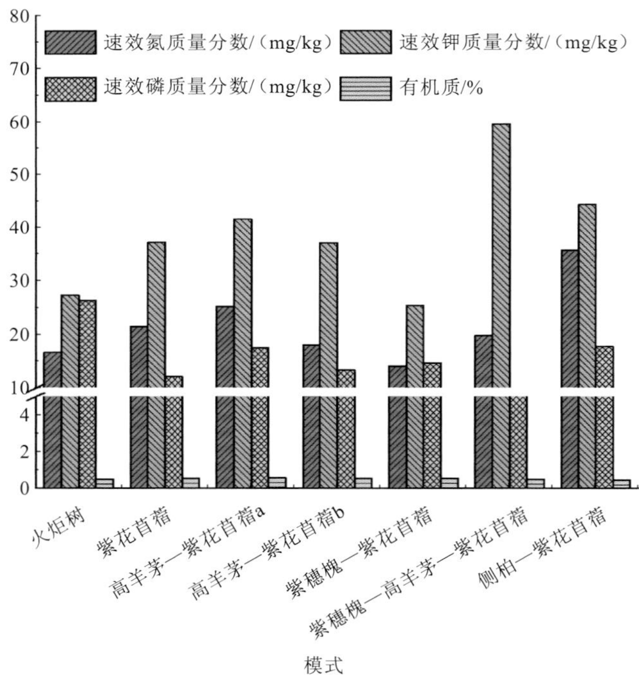

图 13.15　王庄西煤矸石山不同植被恢复模式下土壤养分含量

（4）综合效应。自应用该技术进行全面的生态修复以来，已治理煤矸石山总面积 159.37 亩，种植灌木 189 000 株，草本恢复面积 98 800 m^2。取得的直接经济效益：林地价值按照灌木 60 元/株、草本 30 元/m^2 计算，取得的直接经济效益为 1 430.4 万元；废弃地转变为林地的土地价值按每亩 4 万元计，因恢复土地资源而创造的经济效益总计 637.48 万元。因绿化减少排污、环境损害罚款 1 593.7 万元。以上直接经济效益合计 3 661.58 万元。

黑秃秃的煤矸石山变成了花果山，改善了区域生态环境，减轻了污染，美化了环境，其社会效益非常显著。主要表现在：有效控制大气环境污染，杜绝 SO_2、CO、H_2S 等有害气体的排放；有效控制周边水和土壤环境污染，防止煤矸石中重金属污染和酸性污染；有利于煤矸石山生态系统重建，改善矿区环境；有效防治煤矸石山地质灾害。同时，煤矸石山的绿化还能降低噪声，减少地表侵蚀，利于水土保持、涵养水分，美化了环境，还调节了区域小气候。

13.4　经验分享

以苜蓿为宿主植物的 8 种丛枝菌根真菌对苜蓿生长及养分吸收影响的盆栽实验表明，*G.mosseae*（BGC XJ01）为最适宜煤矿土地复垦与生态修复接种的菌种。通过对苜蓿地上部分和地下部分所吸收全氮、全磷和全钾元素的测定及分析，*G.mosseae*（BGC XJ01）显著促进了苜蓿各个部分的营养元素吸收量，使得地上部分和地下部分氮、磷、钾吸收量相比对照组有明显的提高。在使用 *G.mosseae*（BGC XJ01）处理过程中整个植株吸收的氮、磷和钾相比对照组也有明显的提高。

根据国内外煤矸石山适宜植物选择的经验、植物选择遵循的基本原则及我国在煤矸石山适宜植物选择方面已经取得的成果，结合王庄西煤矸石山野生植被的调查成果和当地的气候条件、地形条件和煤矸石山的立地条件，筛选出了适合在王庄西煤矸石山上生长的植物品种。讨论了煤矸石山生态恢复常用的几种模式和植物群落生态结构配置的实质，为下一步潞安矿区煤矸石山绿化提供理论基础。重建了王庄西煤矸石山的生态系统，植被恢复良好，创建了宜人的景观效果，使往日产生各种污染的煤矸石山变成了美丽的花果山，成为人们休闲娱乐的花园，取得显著的经济和环境效益。

第 14 章　漳村煤矿矸石山生态修复实践

14.1　基 本 情 况

14.1.1　自然地理条件

1. 地理位置

漳村煤矿位于潞安矿区中东部，目前矿井的主要采区位于矿井西部的水平延伸区，区域范围北以文王山断层为界，南邻常村矿，西与余吾煤业有限公司相接，整体为西窄东宽的矩形，面积大约为 12 km^2。

2. 地形地貌

漳村煤矿位于沁水煤田东部边缘中段。沁水煤田位于山西省东南部，介于太行山、吕梁山、五台山、中条山之间。区域地层属于山西地层分区中的太行山南段。地层总体走向 NNE 向，向西缓倾，倾角 5°～15°。主要发育有古生界寒武系、奥陶系、石炭系、二叠系，中生界三叠系，新生界新近系、第四系。

3. 气象条件

漳村煤矿属温带大陆性气候，一年四季气候差异较大。夏季气温较高，空气湿度低。年均温为 9.5 ℃，极端最高温 37.8 ℃，极端最低温为−25.3 ℃。全年无霜冻期为 148 天。年降水量 678.65 mm，但多集中在夏季（6～9 月）。

14.1.2　漳村煤矿矸石山概况

山西漳村煤矸石山堆放场位于矿区主井西约 500 m 处，漳村矿工业广场西侧约 500 m 处，堆场长约 470 m，底宽约 375 m，平均高约 55 m，围绕一条东西向的黄土冲沟而建，冲沟呈“V”字形，山坡陡峭，凹凸不平，形如枕状，近东西向延伸，占地面积为 8.25 万 m^2，坡度在 33°～35°，累计总煤矸石堆积量约 350 万 t。漳村煤矿矸石山处于自燃状态，煤矸石山的坡面上有自燃后硫析出现象。

14.2　治理思路与方法

水是植物生长的命脉，植物生长离不开水。煤矸石山山体坡度大，易产生径流，不易存留降水。煤矸石质地松散，孔隙度大，入渗速率高，含水量少。煤矸石山地温较高，水分极易蒸发。鉴于以上因素，煤矸石山非常缺水。因此，合理有效地利用水源，建山体排水系统非常重要。针对漳村矿煤矸石山现有自燃现象的特性，专门针对煤矸石山进行了防火灭火工程和防滑坡措施、排水系统设计。

14.2.1　煤矸石山防火工程

使用杀菌剂、接种还原菌结合碱性（黄土+粉煤灰）材料覆盖。

1. 理论依据

试验表明，常温条件下，在干燥空气中，黄铁矿的氧化速率很慢，当温度超过 110℃后，反应速度随环境温度增加而急剧提高，见图 14.1。

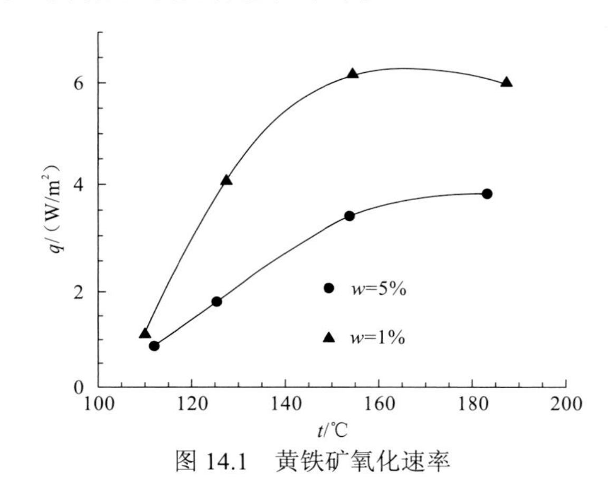

图 14.1　黄铁矿氧化速率

在常温条件下的潮湿环境中，黄铁矿会发生一系列化学反应，首先是黄铁矿氧化生成亚铁离子与硫酸，亚铁离子进一步氧化生成三价铁离子，三价铁离子又加速黄铁矿的氧化再生成亚铁离子。在有硫杆菌类细菌存在时，整个反应过程将大大加快。与纯化学过程相比，反应速度可提高 3 个数量级以上，并放出大量的热量。实践表明，水分对高硫煤层的自燃有明显的促进作用，且在硫铁矿的矿井水中，发现大量的硫杆菌属细菌。从煤矸石山的淋溶水中，也发现了大量此类细菌。这就是为何少的硫铁矿也会给煤矸石山自燃产生很大影响的原因。从发热量看，黄铁矿大致上与煤矸石相当，约只有煤炭的 1/3。但在微生物作用下，黄铁矿在常温阶段，便能以比纯化学反应速度高 3～6 个数量级的速度进行氧化反应，放出大量的热量，这也是为何少量的黄铁矿也会给煤矸石的自燃产生很大影响的原因，由此可见硫杆菌属细菌对于煤矸石的自燃起了重要作用。所以用杀菌剂杀灭硫氧化细菌尤为必要。

同时接种还原菌剂固定硫来阻止其氧化散热，还原菌提高 pH 值抑制硫氧化菌生长。研制的杀菌剂是专性杀菌剂，它只杀死硫氧化菌，而对研究分离的还原菌无不良影响，甚至促进其生长，该菌剂要求在注浆灭火降温后或在未燃火低于 55 ℃煤矸石温度下使用，其工作温度为-5～55 ℃。要求结合覆盖材料一起实施。

2. 隔离墙建设

由于漳村煤矿只治理和绿化北半部，且还在自燃和排干，所以必须把治理区与排矸区隔离开以防引燃。具体做法：先把燃烧区进行灭火，灭火后把排干区、治理区分离，在其中间用挖掘机挖沟，沟深 7～8 m，然后在其中间添加黄土与粉煤灰混合物，筑起一道黄土粉煤灰隔离墙，墙的厚度约 0.5 m，并进行压实。

14.2.2 煤矸石山灭火工程

灭火材料：（黄土+粉煤灰+石灰+水）制浆。

方法：注浆+覆盖（黄土、粉煤灰）碾压。具体工艺见图 14.2。

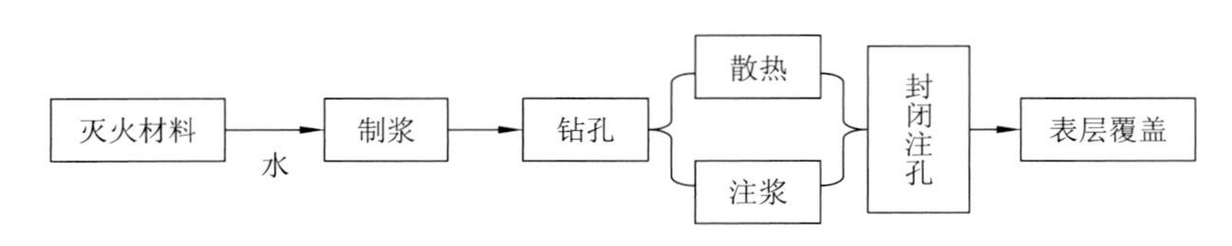

图 14.2　注浆灭火工艺流程图

局部注浆的具体做法如下。

（1）通过地表观察与测温圈定注浆范围。在煤矸石山表面有硫黄析出处或冒烟处附近需布置测温孔，一旦在 0.5 m 深处超过 170 ℃（用热电偶在钻孔中测温）就必须注浆。

（2）顶部平面处的高温区域仍采用工程钻机钻孔注浆，钻孔深度 3～5 m，浆液的渗透深度超过 7 m，钻孔间距 5 m，浆液的浓度控制在 15%左右，黄土∶粉煤灰∶石灰=1∶1∶1。

（3）斜坡上无法用工程钻机钻孔，只能采用人工打孔或煤电钻打孔的方法来进行注浆。前者是将钢管的一端截成 45°斜面，管身上钻上若干小孔，依靠人工及注浆泵的泥浆射流插入煤矸石山内部，插入深度约为 1m，浆液的渗透深度为 3～4 m。后者是以煤电钻为动力，用特制的钢管作为注浆管，依靠机械将注浆管插入煤矸石山内部。这种方法的注浆管插入深度达到 2 m，浆液渗透深度超过 4 m。两种方法的钻孔间距都掌握在 1 m 左右，浆液的浓度配比与深孔注浆时相同。尽管在斜坡上受到条件限制，无法采用深孔注浆，但由于煤矸石山表面火层已被推散，高温层厚度减小，又经黄土覆盖碾压，供氧条件受到限制，火势减小，浆液渗透深度即使在 4 m 左右，也能有效地降低局部高温区域的温度，能较好地防止自燃。

14.2.3 煤矸石山防滑坡措施

整地坡面为 30°，这样做一是有利于煤矸石山松散的岩体稳定；二是大于这个坡度空气对流强烈，空气已进入煤矸石山内部，造成复燃。

煤矸石山的另一条氧气补给途径是当气流吹向煤矸石山的斜坡，将改变方向流动，同时气流的动态压力的一部分将转化为静态压力，这样空气会流向煤矸石山的内部，形成自然对流（图 14.3）。

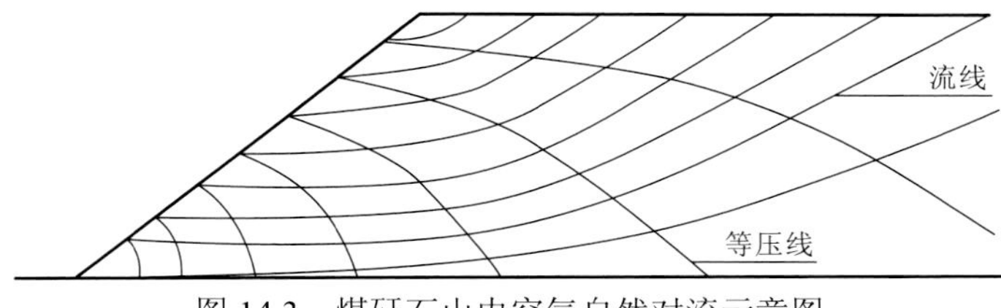

图 14.3　煤矸石山内空气自然对流示意图

气流引起的自然对流效应与气流速度、煤矸石堆积角和煤矸石山的渗透性有关。当气流遇到煤矸石山表面时，部分动压变为静压，其值在不同高度的煤矸石山不同。从图 14.4 可见，煤矸石坡面静压随高度的增加而减小。同一气流下，煤矸石山的堆积角越大，气流产生的平均静压越大，更有利于煤矸石山的供氧。在煤矸石山渗透率为 1.61×10^{-9} m^2、高度为 100 m、堆积角度 $\theta=30°$ 和 45°、风速 $V=2$ m/s 和 5 m/s 的条件下，煤矸石山上不同高度自然风压引起的对流速度如图 14.5 所示。

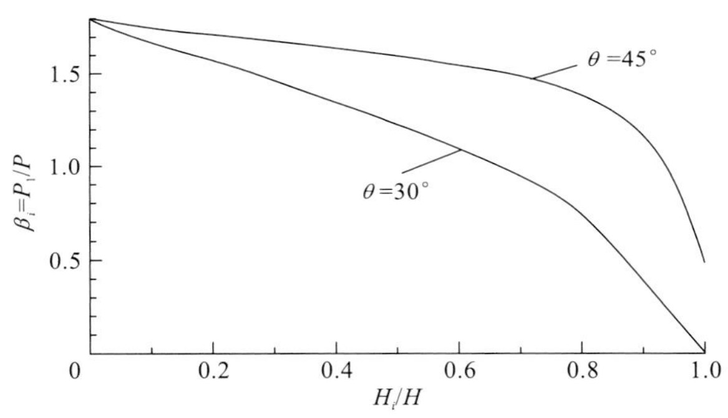

图 14.4　煤矸石山不同高度处的静压分布

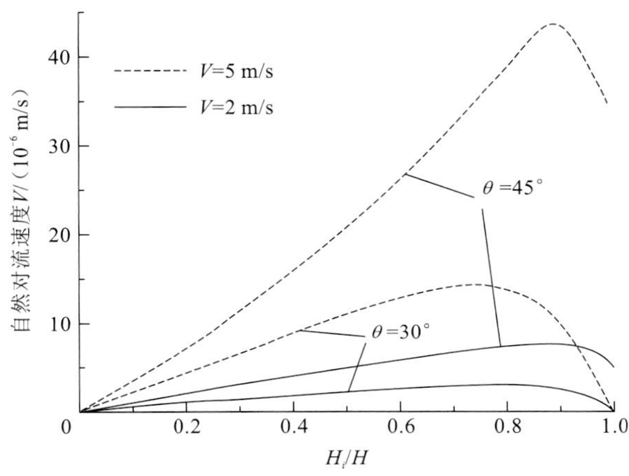

图 14.5　煤矸石山不同高度处的自然对流速度分布

从图 14.5 可知，在 V=2 m/s 时，自然对流的速度很小，数量级为 10^{-6} m/s，当风速从 2 m/s 提高到 5 m/s 后，自然对流速度提高了 5 倍多，在堆积角度为 30°、45° 时，最大自然对流速度分别为 1.6×10^{-5} m/s 和 4.2×10^{-5} m/s。

煤矸石山的堆积角度为 30° 时与堆积角度为 45° 时相比，最大自然对流速度下降了 62%。

$$\beta_i=\frac{\Delta P_{si}}{P_i}=1.8\left[1-\frac{H_i}{H}\left(\frac{\cos\theta}{1-2\sin^2\dfrac{\theta}{2}\cdot\left(\dfrac{H_i}{H}\right)^4}\right)^4\right] \tag{14.1}$$

式中：ΔP_{si} 为高度为 H_i 处风流产生的静压，Pa；P_i 为风流动压，$P_i=\dfrac{\rho}{2}v^2$，Pa；ρ 为空气密度，kg/m；v 为风流速度，m/s；H 为煤矸石山高度，m；H_i 为煤矸石山的任一高度，m；θ 为煤矸石山的堆积角度。

14.2.4 排水系统设计工程

为防止煤矸石山表面覆土后受到侵蚀，雨水冲刷而引起煤矸石山体滑坡，产生水土流失，煤矸石山整形时还应设置完善的排水系统，梯田式和螺旋式整形时的排水系统如图 14.6 和图 14.7 所示。

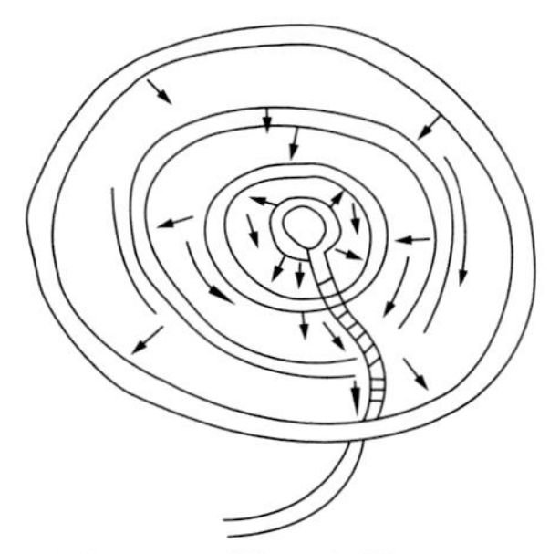

图 14.6　梯田式排水系统图

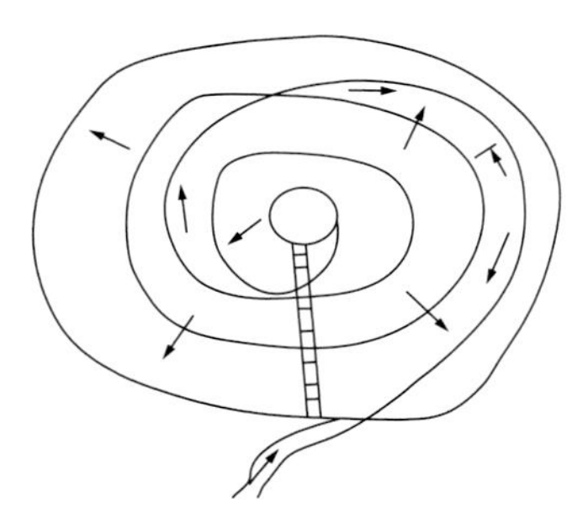

图 14.7　螺旋式排水系统图

图 14.6 中的排水方式是将上坡和台阶面的水送入台阶面的截止沟，然后流向位于台阶通道的下坡排水沟，流入脚排水沟。螺旋排水线也是螺旋线，从图 14.7 中可以看出，越向煤矸石山脚方向，集水区面积越大，排水负担越重，因此应该在煤矸石山脚下设置更多的排水通道。依据布设形式，排水工程种类主要包括明排、暗排两类，其中煤矸石山排水系统主要是明排工程，包括浆砌石水渠工程、干砌石水渠工程、混凝土水渠、铺草皮水渠、编篱水渠、格宾网水渠、土袋水渠及少量暗排工程（主要是管道式和涵洞式）。

排水系统既要考虑截水，将雨水留住在煤矸石山，又要考虑水对土壤的冲刷径流，防止滑坡和泥石流。结合山顶排水沟和反坡梯田工程的排水沟，用混凝土修筑排水沟到挡土墙的排水孔。一是阻止氧气从排水孔进入煤矸石山体内部；二是防止坡面覆盖层被径流侵蚀。

14.2.5 植被构建工程

1. 分层覆土技术

1）客土喷播技术

泥浆客土喷播植被生态恢复的关键在于土壤改良与目标植被设计，以及施工技术。土壤基质改良的目的是根据区域环境条件和目标植被生长需要将准备覆盖山体的原土配置成适宜植物生长的营养土，一方面会进一步增强煤矸石山坡面的封闭效果，另一方面为目标植被的发育生长、迅速覆盖郁闭和形成稳定灌丛群落创造良好的生存基础条件。

泥浆中加入改良基质，经过改良的泥浆喷附在边坡表面，能够起到减少扬尘、调节表土温差、防止雨水侵蚀、改良土壤结构、增加土壤肥力、涵养水分等作用；泥浆覆盖层中包含大量的植物种源和有机物、微生物，加速了土壤熟化。既可以使土壤层具有较强的抗侵蚀能力、保水能力和较好的土壤孔隙结构，并牢固覆盖在坡面上，又可以使土壤层具有充足的养分和良好的微生物环境，为植物生长提供一个有利的土壤环境。

喷播土壤基质以当地土源为基土，混合配置大量的增加持水、保水能力，增加孔隙度和有机质、微生物等活性改良物质，如：草炭土、木纤维、有机肥、保水剂、植物胶黏合剂、蛭石、长效缓释肥等，以利于土壤熟化。

土壤基质配制尽可能接近自然山林坡地土壤的组成结构，更需注重配制土壤基质理化性能的基础条件与转化过程，争取更优的施工效果和植被生长效果。既要注重土壤基质的农业技术特征，又要努力增强土壤基质的工程技术特征。借助植物纤维交织形成的自然力学稳定性，添加适量的植物胶黏合剂，提高土壤基质整体结合强度，通过恢复近自然土壤层的手段实现恢复近自然的植被目标，最终实现植被生态环境的恢复。

木纤维和植物胶黏合剂更容易优化土壤的微生物生存环境。观察喷播后的土壤基质土层横断剖面，微观结构属于“雀巢”类型。植物纤维有机物含量达到 90%～99%，有利于微生物的生长，还含有氮、磷、钾等植物生长所需的矿物质，与山林坡地的枯枝败叶一样本身就是新生植物生长的培养基。木材纤维和纤维间隙形成的大量毛细管和微毛细管，不仅是水分转移的渠道，也是水分的储存机构，对改善土壤的孔隙度和持水性大有帮助。

2）生态植被毯坡面植被恢复技术

生态植被毯坡面植被恢复技术是利用天然植物纤维结合灌草种子工厂化生产的复合型防护毯进行坡面防护和植被恢复的技术方式。该技术施工简单易行，后期植被恢复效果好，水土流失防治效果明显。植被毯可以固定土壤，增加地面粗糙度，减少坡面径流量，减缓径流速度，提高土壤吸水能力和坡面抗冲刷能力，并抬高侵蚀基准面，截留雨水，缓解雨水对坡面表土的冲刷力度。还可以根据立地条件，有选择地加入肥料、营养土、保水剂等原料，为植物生长提供基质，保持土壤的良好物理性状。纤维毯的施工效率要比植生袋高得多，与客土喷播结合施工既可以及时覆盖表土防止风雨侵蚀，也能够提高客土喷播的表层抗侵蚀能力和保墒能力。纤维毯与喷播技术复合施工可以做到优势互补，出苗率、成活率、植被覆盖效果都优于单一技术应用。

2. 喷播、生态垫植物材料选择及配置

1）植物配方

（1）配方 1，以豆科植物为主，豆科：乡土 =4：1。

（2）配方 2，以乡土植物为主，乡土：豆科 =4：1。

灌木和草本播种量设计 6 000 粒/m^2，平均出苗率以 50%计，初期出苗量为 3000 株/m^2，草花种子量设计 0.5 g/m^2。

2）种子用量

（1）配方 1，灌木：草本=1：3（表 14.1）。

（2）配方 2，灌木：草本=1：1（表 14.2）。

表 14.1 灌木：草本 = 1：3 时的种子用量

名称	千粒重/g	粒数	质量/g
紫穗槐	10	600	6.0
胡枝子	10	600	6.0
沙棘	10	300	3.0
沙打旺	2	1 800	3.6
紫花苜蓿	2	1 800	3.6
苇状羊茅	2.5	900	2.3
波斯菊	5.5	50	0.3
二月兰	4	50	0.2
合计		6 100	25.0

表 14.2 灌木：草本 = 1：1 时的种子用量

名称	千粒重/g	粒数	质量/g
紫穗槐	10	1 200	12.0
胡枝子	10	1 200	12.0
沙棘	10	600	6.0
沙打旺	2	1 200	2.4
紫花苜蓿	2	1 200	2.4
苇状羊茅	2.5	600	1.5
波斯菊	5.5	50	0.3
二月兰	4	50	0.2
合计		6 100	36.8

14.2.6 自燃处置和复燃治理

控制自燃采用黄土碾压覆盖和局部灌浆相结合的灭火方法。采用注浆封闭法和火源挖除法对顶部再燃进行扑灭。综合采用灌网、护坡加固、坡面绿化等方法治理扑灭边坡再燃。

为了利于边坡的稳定，避免山体滑坡和泥石流的发生，煤矸石山表面覆盖黄土时，首先应对整形完成的山体进行碾压，压实度不小于 900 mm；其次，根据黄土的总覆盖厚度，采用分层碾压，每层厚度不超过 300 mm，起到绝缘空气和防止煤矸石山再燃的作用。此外，应及时施工挡土墙，防止煤矸石山滑坡。

14.3 治理效果

（1）漳村煤矸石山植物多样性。漳村煤矸石山（图 14.8）根据不同的立地环境，规划设计了高羊茅、高羊茅—紫穗槐 2 种植被恢复模式（图 14.9 和图 14.10）。

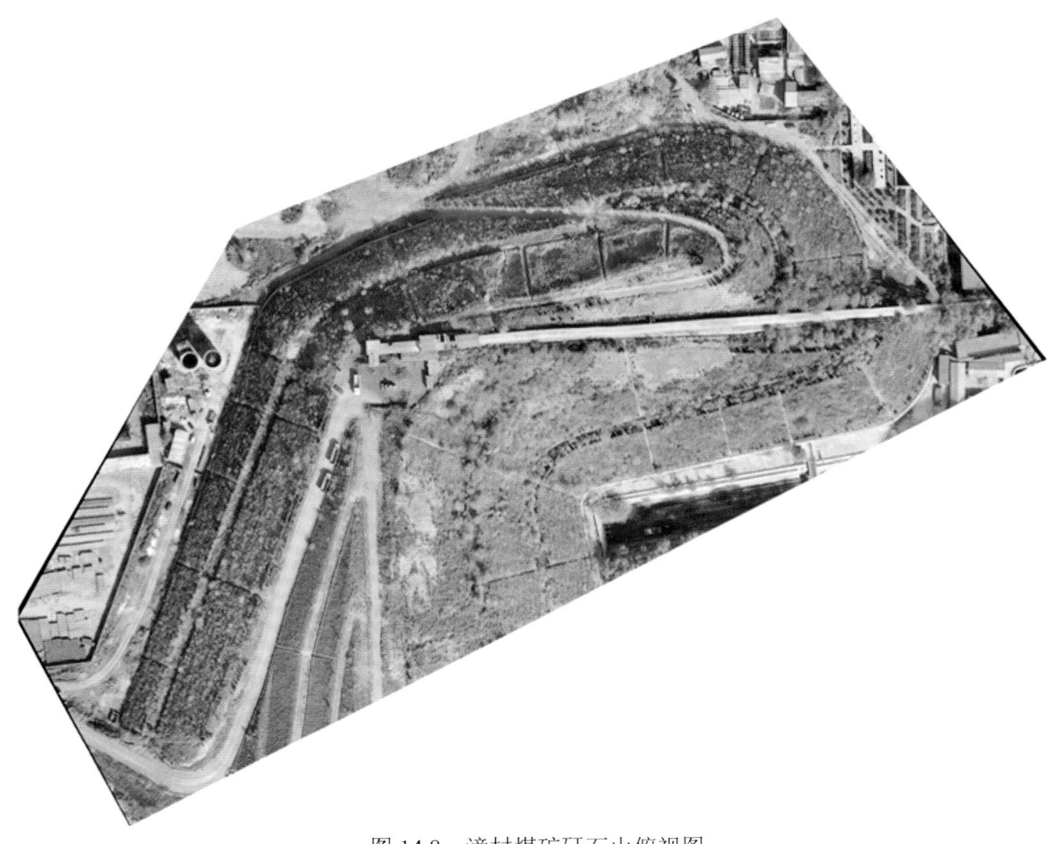

图 14.8　漳村煤矿矸石山俯视图

图 14.9　漳村煤矿矸石山高羊茅模式现状图

图 14.10　漳村煤矿矸石山高羊茅—紫穗槐模式现状图

（2）漳村煤矿矸石山土壤恢复效果。漳村煤矿矸石山 2 种植被恢复模式的样地基本情况见表 14.3，不同的植被恢复模式对土壤的改良效果见表 14.4。由表可见，经过不同模式的植被恢复，漳村煤矿矸石山的地温降至 26.03～27.45℃。2 种植被恢复模式恢复土壤水分相似，土壤酸碱度的变化为 6.94～7.23，高羊茅模式在改良土壤酸碱度方面较弱。

表 14.3　漳村研究样地基本概况

植被模式	坡度/（°）	坡向	坡位
高羊茅	24.33±3.05	东	中上坡位
高羊茅—紫穗槐	26.16±1.32	北偏东	中下坡位

表 14.4　漳村煤矿矸石山不同植被恢复模式下土壤理化性质

植被模式	地温/℃	含水量/%	酸碱度
高羊茅	26.03±2.05	12.51±2.79	6.94±1.03
高羊茅—紫穗槐	27.45±1.63	12.01±3.06	7.23±1.42

植被恢复土壤养分含量见表 14.5。速效氮的改良效果排序为高羊茅>高羊茅—紫穗

槐。速效钾的改良效果排序为高羊茅>高羊茅—紫穗槐。速效磷的改良效果大小排序为高羊茅—紫穗槐>高羊茅。有机质恢复质量两者差异不明显。

表 14.5　漳村煤矿矸石山不同植被恢复模式下土壤养分含量

植被模式	速效氮质量分数/（mg/kg）	速效钾质量分数/（mg/kg）	速效磷质量分数/（mg/kg）	有机质质量分数/%
高羊茅	28.42±13.74	29.76±10.48	21.60±15.56	0.56±0.11
高羊茅—紫穗槐	23.18±3.84	27.34±7.55	42.34±6.05	0.52±0.08

（3）综合效益。漳村煤矿较早开展煤矸石山自燃治理与防治探索实践，是国有煤矿的典型代表。通过对煤矸石山的绿化治理，杜绝了煤矸石的自燃现象，降低了 CO_2、H_2S 等有害有毒气体排放；减少了煤矸石粉尘飞扬，有效遏制了煤矸石风化，空气质量满足《环境空气质量标准》（GB 3095—2012）的三级标准要求。漳村煤矿有效实施了煤矸石山绿色植被覆盖工程，种植牧草、绿化环境，有效阻止了有毒、有害物质的下渗，对保护地下水资源、改善水环境起着一定的作用，被评为“全国环境保护先进企业”，做到了三季有花、四季常绿，煤矸石山已成为矿区一道新景观。

14.4　经 验 分 享

漳村煤矿对煤矸石山防灭火工作一直十分重视，在治理煤矸石山自燃方面进行了大量的工作，取得了一些较为成熟的经验。

（1）对于新排煤矸石采用了科学的排矸方法，即采用排即治和煤矸石综合利用相结合的“三位一体”煤矸石山系统治理模式。煤矸石山自燃的现象得到较好的抑制。

（2）通过煤矸石山自燃的先期试验性灭火及后期大规模注浆灭火与碾压覆盖法灭火后，摸索出了一种较为科学的、经济的、有效的综合性自燃煤矸石山灭火方法。

（3）提出了在自燃煤矸石山适宜的植物构建工艺。结合自燃煤矸石山干旱、贫瘠、高温、盐渍等立地条件，漳村矿经过多年绿化实践提出了适宜在自燃煤矸石山生长的植物种类及群落配置模式。分层覆土技术不但应用于煤矸石堆的植被恢复工程，而且大部分的矿区复垦都涉及土壤覆盖。土壤分层覆盖可以进行土壤剖面结构恢复，使其能够提供草本生长所需的水分、空气及营养元素，土层个数及各层厚度视具体情况而定，一般分为一层、两层或多层，下层颗粒较粗、透水性较好，上层则土壤颗粒较细，有机质含量相对较高，覆盖厚度为 5～100 cm。

第 15 章　屯兰煤矿矸石山生态修复实践

15.1　基 本 情 况

15.1.1　地理位置

山西焦煤集团西山煤电屯兰煤矿是国有重点煤矿，该矿井位于山西省太原市西北部古交市以南 6 km，井田面积 73.33 km^2，位于吕梁山东麓。项目区位于南梁村周寨沟。

15.1.2　交通

屯兰煤矿有直通古交城区的三级公路，交通便利。

15.1.3　煤矸石山现状

项目区煤矸石山位于南梁村周寨沟，为一条东南—西北走向的荒山沟，地理坐标为：112°05′52″～112°06′21″E，37°52′55″～37°53′13″N，项目区内地形复杂，沟谷纵横，主要山梁走向东南—西北向，属黄土高原丘陵地形，地势南高北低，项目区沟道最低标高 1 041 m，最大标高 1 239.8 m。矸石场土地利用类型主要是荒草地，不占用耕地，且植被稀少，周围无铁路，在矸石场下游北端约 600 多米处有一座洗煤场，洗煤场北部有一条季节性河流，该河流的北边是一条乡间公路。

排矸场上游汇水总面积约为 1.05 km^2，挡矸墙以上汇流面积为 0.81 km^2，其中挡矸墙上游左侧汇流面积为 0.40 km^2，右侧汇流面积为 0.41 km^2。

周寨沟矸石场地层结构较稳定，因此矸石场地产生滑坡的可能性不大。虽然该场地沟内多数年份干涸，雨水随降水自流，但煤矸石山受洪水冲刷而产生滑坡的情况有可能发生，存在滑坡的潜在危险。

屯兰矿周寨沟项目区总面积约 32 万 m^2，储矸量约 1 380 万 m^3，目前已形成 12 个平台。经初步勘察，煤矸石山高温区总面积约 4.38 万 m^2，最高温度近 320 ℃，煤矸石山存在自燃现象。另外，临时排水沟常年受雨水影响，造成覆盖黄土流失，蓄热区存在复燃的可能。

15.1.4　自然状况

1. 地形地貌

本区属于黄土高原丘陵地形，峰峦叠嶂，沟谷纵横。

2. 气候

屯兰矿属北温带大陆性气候，全年日照数 2 808 h，年均温度 9.5 ℃，年均降水量 460 mm，年平均蒸发量 1 025 mm，蒸发量大于降水量。冬春季节多风，风向多北西。结冰期从 11 月开始，翌年 3 月解冻，冰期约 5 个月。冻土深度 0.5～0.8 m。无霜期平均 202 天。

3. 地表水系

区域内河流均属于黄河流域汾河水系。其他较大的河流有屯兰河，河谷水系发达，但多为季节性河道，地下水补给完全依靠自然降水的渗入。山区主要为大气降水的垂直入渗补给，还有河道渗漏补给和农灌回归补给及西北部山区的侧向径流补给；平原区地下水的来源以大气降水和山前侧向径流为主，其次为河道渗漏及农灌回归补给。

受区域构造的控制，山区地下水的排泄途径主要为河道排泄、采矿排水、地下水开采，其次为灰岩水的深层排泄；平原区地下水的排泄途径为开采、蒸发和侧向径流。

4. 地质情况

项目区为狭谷地形，属河谷温暖区，山体为碎屑岩，地震基本烈度为Ⅵ度～Ⅶ度，动峰值加速度为 0.05～0.10。未发现滑坡、断层、泥石流、崩塌等不良地质现象。

15.1.5　排矸场自燃情况

通过对排矸场进行打孔测温，探测总面积约 32 万 m^2，共计打孔 4 025 个。其中 1 m 深孔 1 540 个，2 m 深孔 1 250 个，3 m 深孔 1 010 个，4 m 深孔 80 个，5 m 深孔 25 个，6 m 深孔 20 个，累计打孔深度为 7 635 m。

此次勘测确定煤矸石山高温隐患区总面积约 43 800 m^2，其中发火区面积 1 323 m^2，蓄热区面积 4 339 m^2。

探测区最高温近 320 ℃，图 15.1 为现场测温图。

图 15.1　现场测温图

根据现场初步测温情况及以往经验，项目区自燃状况见图 15.2～图 15.4。

图 15.2　煤矸石山堆体前期经过覆土碾压图

图 15.3　覆土后的煤矸石山自燃特征图

图 15.4　开挖后的煤矸石山爆燃图

开挖前表象显示，植被尚可生长，采用分层覆土碾压工艺，不自燃或自燃不严重，开挖后高温区域分布较多。

因覆土较厚、植被尚未死亡，如不实地开挖探测，易误判为不自燃。

15.2　治理思路与方法

项目区目前存在的主要问题是煤矸石山自燃及其带来的一系列生态环境破坏问题。因此，彻底灭火防复燃是稳定煤矸石山山体和生态系统恢复的重要基础。本方案以煤矸石山灭火防复燃治理为核心展开各项设计。矸石场治理区总占地约 32 hm^2，根据矸石场现状和周围地形的实际情况，主要开展以下几个方面工作。

首先在系统测温的基础上，主要通过挖除灭火、田字形开沟灌浆封闭、山体结合部灌浆封闭、主风道封闭、坡面全封闭防复燃等措施，对排矸场实施有针对性的系统灭火防复燃工程。

其次，对煤矸石山堆体削坡分级、设置马道，微地形整治，对排矸场坡面采取多级隔坡反台整形，设置柔性护坡、山脚复合式挡墙、各级马道内侧设置柔性排水沟、沿坡面纵向设置钢筋混凝土排水沟。各排水设施相互连通，形成完整的排水系统。

最后，对排矸场坡面和平台进行基质改良，以草、灌为主导，辅以少量乔木进行植被恢复。规划排矸道路等系列配套保障措施。

15.2.1　系统灭火防复燃工程

有效的灭火防复燃工程是山体稳定和生态重建的基础。本项目基于火情勘察结果并结合对排矸场火情的科学诊断与分析，制订以下措施。

1. 挖除灭火

根据现场实际情况和火情分析报告，对集中发火区及部分蓄热区采用挖除灭火法。挖除灭火工艺的特点：最直接的灭火方法，快速消除火源；施工危险性大，施工安全要求高。根据初步测温，设计平均挖除深度 6 m，采用挖掘机挖渣自卸车运渣（1 km 内）。火源挖出后堆放于安全部位，采取降温措施后，煤矸石混拌黄土、粉煤灰、阻燃剂和石灰等降温后分层回填。挖除灭火如图 15.5 所示。

关键技术指标如下。

（1）安全平台区。在该区域表面铺设黄土，用于堆放挖出的高温煤矸石，防止引燃堆放部位。

（2）人员安全。发火区有毒有害气体浓度过高，先喷浆封闭，减少有毒有害气体逸散出的浓度，方便人员接近施工，保障施工时的人员安全。同时喷浆可暂时降低温度，方便人员机械接近施工，保障施工时的人员机械安全。

图 15.5 挖除灭火施工图

（3）降温方法。①喷水降温，挖出的高温煤矸石分摊于安全部位，喷水迅速降温冷却。②自然冷却，挖出的高温煤矸石分摊堆放于安全区，自然降温冷却。

（4）挖除火源要求。开挖深度 6 m，由外围向核心区推进。开挖区域挖除灭火完成后，立即进行灌浆，灌注灭火浆液到沟槽底部，至浆液不再下渗，浆液配比见表 15.1，灌浆量约 1 m^3/m^2。

表 15.1 灌浆（喷浆）浆液配比

项目	水/m^3	黄土/m^3	石灰/kg	阻燃剂/kg	凝固剂/kg
用量	93	5.80	0.7	0.22	0.28

（5）挖除区域的外围温度监测。对挖除区域外围进行测温，测温达标后进行回填，否则挖除不彻底。

（6）回填方式。挖出冷却煤矸石混入黄土、粉煤灰、阻燃剂等分层碾压回填，碾压厚度分别为 2 m、3 m、1 m，各层回填材料配比详见表 15.2。回填的第一层为冷却煤矸石与黄土、粉煤灰、阻燃剂混合，回填厚度为 2 m；第二层为冷却煤矸石与黄土和石灰混合回填，回填厚度为 3 m；第三层为混拌基质层，回填厚度为 1 m。

表 15.2　回填材料配比

回填材料	材料	比例%
第一层	冷却煤矸石	75
	黄土	25
	配以粉煤灰、阻燃剂和石灰	少量
第二层	冷却煤矸石	75
	黄土	25
	石灰	少量
第三层	冷却煤矸石	70
	黄土	25
	改良土	5

本项目高温挖除灭火总面积 2 571 m^2。

2. 田字形开沟灌浆封闭

对项目区顶部平台局部蓄热区采用田字形开沟灌浆法封闭隔氧灭火防复燃。采用分段开挖的方式，开挖沟槽后马上进行灌浆施工，防止火情蔓延。灌浆到浆液不再下渗，测温达标即完成灌浆，浆液配比见表 15.1。降温后分层回填并碾压夯实，回填材料配比见表 15.2，回填后剩余混合物回填于坡面或平台。田字形开沟方法如图 15.6 所示。

图 15.6　堆体平台处田字形开沟灌浆施工图

图 15.6 堆体平台处田字形开沟灌浆施工图（续）

温度监测：田字形内持续测温，监测时长 3～5 d，根据监测情况确定总体回填或缩小网格间距降温封闭。

本项目平台田字形开沟灭火总长度 1 000 m，沟槽开挖断面为上口宽 5 m，下口 2 m，平均深度 5 m 的梯形，可根据现场测温情况适当调整，分段开挖。

3. 山体结合部灌浆封闭

东西两侧山体结合部为煤矸石山体的主要供氧通道，需进行开沟灌浆封闭防复燃处理，沿结合部边线开沟灌浆，分层回填并碾压夯实。对开挖基槽灌浆后进行测温，测温合格后，再分层回填并碾压夯实，回填后剩余混合物回填于坡面及平台。山体结合部封闭防复燃措施如图 15.7 所示。

图 15.7 山体结合部灌浆封闭施工图

图 15.7　山体结合部灌浆封闭施工图（续）

4. 坡面全封闭隔氧灭火防复燃

在坡体其他区域，煤矸石混拌黄土、阻燃剂等分层砌筑坡面，进行坡面全封闭隔氧灭火防复燃处理。保墒保水，利于生态植被重建。坡面全封闭措施如图 15.8 所示。

坡脚碾压夯实后堆砌边坡。从设计坡脚基准点向内实施分层碾压回填，逐区推进，夯填厚度分别为 0.5 m、1 m、1 m。坡面封闭随分层回填高度逐级向上形成坡面，马道及主道路与坡面结合部位，预留马道后逐级向上对坡面分层封闭。

本项目实施坡面全封闭总面积 54 776 m^2，封闭厚度 2.5 m。

图 15.8　坡面全封闭隔氧灭火施工图

图 15.8　坡面全封闭隔氧灭火施工图（续）

5. 灭火防复燃过程动态控制

通过测温对煤矸石山的灭火防复燃措施进行指导，包括三个环节。

（1）确定监测区域。全面监测区域：①边坡；②距边坡 20 m 的平台部位。重点监测区域：①临时动土或沉降、裂缝部位为重点监测区域；②随机监测区域：其他部位为目测随机监测区域。

（2）监测点布置，①20 m×20 m，品字形分布；②10 m×10 m，品字形分布；③5 m×5 m，品字形分布。

（3）钻探深度，人工 1 m、1.5 m；机械 3 m、6 m。

（4）监测时间，经过持续监测，项目区温度呈现稳定性状态时完成监测。

（5）监测点与钻探深度选择，根据实际监测温度变化情况选择：①不再监测；②持续监测；③加密监测点、加深钻探深度。

（6）温度异常应急处置，根据不同诊断情况，按照本设计有关理念、工艺，结合温度异常部位具体情况采取有针对性的应急处理措施。

15.2.2　稳定山体工程

本项目涉及的稳定山体工程由山体整形与截排水两部分构成。既保证生态系统重建用水需求，也避免降水冲刷破坏山体稳定。

1. 马道分级、微地形整治

为防止煤矸石山堆体沉降、滑坡，设置多级隔坡反台工艺。

马道设计为外高内低的反坡，坡降 3%，分级马道设置（图 15.9）。马道宽度根据坡面坡度设计，设计宽度为 5 m。

图 15.9　煤矸石山堆体马道分级施工图

坡体分级整形土方开挖及回填、平整主要采用挖掘机、装载机及自卸汽车施工，原始坡面上部挖方量较大，自卸车运矸至设计填方部位，及时调整填方区域，坡体挖填方后机械平整，在灭火防复燃坡面全封闭中配合完成，不再进行重复施工。

2. 坡脚柔性护坡

在每级马道坡脚设置柔性护坡，柔性护坡设计在每级坡脚铺设土工袋，坡体铺设植生袋，柔性护坡总高度 1.5 m。植生袋装土自然满，一墩八分实，封口提起拉直再缝合，缝线走锁袋口，转运时不扔不摔，顺势借力，码放时平起平落，错缝压茬，不瘪嘴不鼓肚，整体效果为正看层层叠叠线线直，侧看顺坡流畅不长牙不鼓肚。柔性护坡总长度 2 590 m。坡脚柔性护坡效果如图 15.10 所示。

图 15.10　煤矸石山堆体柔性护坡效果

3. 马道内侧排水系统

在每级马道内侧设置横向柔性排水沟。煤矸石山体分级后，雨水除下渗外，其余水量基本聚集在马道内侧，为快速排除马道路面和路堑的雨水，在马道内侧及原坡面底部等位置布设横向排水沟，与坡面的急流槽相连接，采用土工膜加土工袋构筑，用土工膜加土工袋堆砌，码放时平起平落，错缝压茬，不瘪嘴不鼓肚。

排水沟断面设计为上口宽 0.5 m、下底 0.3 m、深度 0.45 m 的梯形，可根据地形，排水沟尺寸略做微调。采用挖机挖沟，人工平整，沟底修整为弧状，将粉碎后的黄土（无大块）填至平整好的沟底，边填边夯机夯实，填土夯实后厚度为 10 cm，平整沟底防止土工膜破碎。人工裁剪好符合要求的土工膜、平铺于排水沟挖除部位，铺设时土工膜松铺，平均每 3 m 铺设 3.2 m 长的土工膜，防止排矸场沉降导致土工膜断裂，土工膜宽 2.0 m。黄土装袋要求装袋自然满，一墩八分实。土工袋封口要提起拉直再缝合。马道柔性排水沟总长 2 898 m（图 15.11）。

图 15.11　煤矸石山堆体柔性排水施工图

4. 挡墙背后砂卵换填

煤矸石山最下部马道宽度较小，为了保证其稳定性，加大了其向内倾斜的角度，因此不易布设柔性排水沟，设计对坡面底部的原有挡矸坝进行煤矸石换填，将原有煤矸石换填为 1 m 的碎石、2 m 的砂砾、3 m 的砂子夯实，以保证煤矸石山体的稳定性。

拦矸坝设计总长度 38 m，宽为 5 m，深度为 4 m。

5. 东、西两侧钢筋混凝土排水沟

在东西两侧山体结合部设置钢筋混凝土排水沟，用于导出上游汇水和雨水，防止冲刷煤矸石山体，设计长度为 887 m；设计为 1.0×0.8 m 的矩形断面，侧壁厚 200 mm，底壁厚为 250 mm，底部铺设 300 mm 厚 3∶7 灰土和 100 mm 厚 C15 混凝土垫层，如图 15.12～图 15.15 所示。

图 15.12　煤矸石山堆体混凝土排水沟施工图

图 15.13　煤矸石山堆体东侧混凝土排水沟施工图

图 15.14　煤矸石山堆体西侧混凝土排水沟施工图

图 15.15　煤矸石山堆体混凝土排水沟现状图

15.2.3　道路工程

排矸场原有进场道路为简易路，冲刷严重，为方便交通、减少扬尘，需要重新规划道路，对其进行硬化，满足项目施工材料运输、后期管护需求（图 15.16、图 15.17）。

根据现场勘查结果，排矸场设计进场道路总长 765 m，路宽 7 m。道路结构采用泥结碎石路面，水稳层厚度为 300 mm，底部素土夯实。

图 15.16　排矸场道路整形效果图

图 15.17　排矸场道施工图

15.2.4　生态系统重建工程

1. 生态系统重建目标

排矸场废弃地生态系统重建的主要问题是基质改良、植物物种的筛选、物种种群配置及群落演替控制管理。本项目主要对现有坡面进行生态植被恢复，保障灭火效果的同时，自然截流山体雨水，保障山体稳定。根据项目区现状及特点，坡面生态恢复类型先期为草、灌，后期管理中种植部分乔木，最终形成稳定的生态系统。综上，项目区的生态重建的目标是建立低投入、高效率、长期稳定近自然生态系统。实现项目区的生态系统在人工强干预条件下快速重建、良性演替。

2. 土壤基质改良

排矸场土壤贫瘠，蓄水保水能力差。受排矸场地形地貌和表层土壤理化性质的限制，直接的植物栽植很难成活，因此排矸场生态系统重建工程前必须进行基质改良，基质改良可以分为物理、化学、生物等方法，本项目主要采用物理改良方法。

柔性护坡部位的基质改良方式为黄土中混入基质材料，将腐殖土、煤矸石与专用基质材料混合后装入植生袋和土工袋中，码放到坡脚和台阶部位；坡面和马道除排水沟外区域的种植层均利用山体整形及灭火工程中剩余煤矸石与黄土混合，并加入基质材料进行覆盖改良，在灭火和山体整形的过程中，表层混入基质材料改良土壤。该措施可以快速改善山体表层土壤结构和性质，改善植物生长的基质环境，满足植物生长的要求，为生态系统重建做好基础。

项目区坡面和马道均需基质改良，改良厚度为 1 m，基质改良总面积为 60 693 m^2。

3. 植物配置

排矸场植物种类的选择要坚持“生态适应性、先锋性、相似性、抗逆性、多样性”等原则，以乡土品种为主（表 15.3），如豆科的荆条、胡枝子等，适当选用经过多年引种和驯化的外来植物品种。在坡面、马道等部位设置花冠品种，在平台、路侧、坡脚、生态停车场等部位设置乔木与常绿树种，增加景观效果。

表 15.3　植物材料的选择

种类	植物材料选择
乔木	臭椿、榆树、油松、刺槐、新疆杨、旱柳等
灌木	紫穗槐、胡枝子、荆条、山桃、山杏等
草本	二月兰、波斯菊、黑心菊、紫花苜蓿、高羊茅、披碱草、早熟禾等

4. 植被恢复措施

（1）坡面植被恢复措施：用灌木和草本混种栽培的植被恢复措施。灌木种植为荆条、紫穗槐、山桃、山杏、胡枝子等，灌木都是按照等比例配置，行间距为 2.5 m×2.5 m，穴状整地，品字形排列；草本植被恢复方式为播撒混合草籽 50 kg/hm^2，采用人工撒播的方式。

（2）马道植被恢复措施：沿马道外侧种植油松，以及连翘、紫穗槐、山桃、山杏、胡枝子等灌木混栽（规格见表 15.4），行间距为 1 m×1 m，穴状整地；草本植被恢复方式为播撒混合草籽 50 kg/hm^2，采用人工撒播的方式。

表 15.4　坡面和马道种植苗木规格

类型	苗高/m	干径/cm	备注
山桃	/	4（地径）	带土球
山杏	/	4（地径）	带土球
刺槐	/	8～10（胸径）	带土球
榆树	/	8～10（胸径）	带土球
臭椿	/	8～10（胸径）	带土球
紫穗槐	1	/	/
胡枝子	/	1（地径）	/
荆条	/	1（地径）	/

坡面和马道生态重建面积分别为 46 531 m^2 和 14 162 m^2。通过实施以上植被恢复措施，在恢复初期采取人工高强度管护方式快速重建生态系统，中后期采取措施促进乡土品种入侵，利用自然竞争演替，最终形成以乡土品种为主导的稳定的生态系统。

15.2.5　配套工程

1. 引水及灌溉工程

根据排矸场植被恢复需求，设计灌溉网，保证后期生态系统重建的顺利进行。

为方便后期灌溉，在项目区周边寻找地势较高区域设计圆形蓄水池 2 处，容积为 500 m^3。灌溉采用喷灌浇水的方式。灌溉系统由水源、输配水管网和喷头等部分组成。

2. 生态系统后期养护

煤矸石山的生态系统重建，是尽可能增加植被的覆盖度，对于一些顶端优势强的品种在春季发芽前可在 10～20 cm 处平茬，使其灌丛化，扩大树冠覆盖度。同时降低高度，有利于坡面稳定。

3. 刚性措施高频率维护

本项目钢筋混凝土排水沟采用刚性治理工艺，为防止煤矸石沉降对其结构造成破坏，在治理后一段时间内需要进行高频率维护，主要是在每次降雨后对沉降、裂缝部位及时维护，保证山体稳定，植被恢复后山体将趋于稳定，本项目维护时间为 1 年。

15.3　治理效果

社会效益方面：通过本项目的成功实施，完成项目治理各项既定目标，可产生较大的社会效益，主要表现为以下几个方面。

（1）增加美学、旅游价值，愉悦当地群众，有利于人们身心健康和谐相处。

（2）美丽山西、美丽西山，改善招商引资环境，使生态修复与经济协调发展。

（3）变废弃地为林地，为当地可持续发展奠定基础。

（4）改善矿山和地方政府、矿工和农民关系，促进社会安定。

生态效益方面：项目实施后，生态环境效益的提升极为明显，主要表现为以下几个方面。

（1）项目区彻底灭火防复燃后，将明显改善项目区周边的大气、土壤、水质等指标，为京津冀及周边地区打赢“蓝天保卫战”做出贡献。

（2）基本控制项目区水土流失问题，涵养水源效果明显。

（3）重建一个稳定的生态系统，大大增加项目区的生物多样性水平。

（4）消除坍塌、滑坡、泥石流等地质灾害隐患，造福当地居民。

（5）消除项目实施前污染物排放对当地居民的健康伤害，提升当地农副产品的品质。

（6）把固废作为资源封存留于后代。

治理后的煤矸石山已基本融入当地自然生态系统，治理后的煤矸石山堆体立地条件显著改善，治理后的相关照片见图15.18～图15.21。

图15.18　治理后的煤矸石山花开照片

图 15.19　治理后的煤矸石山照片 1

图 15.20　治理后的煤矸石山照片 2

图 15.21　治理后的煤矸石山堆体立地条件照片

15.4 经验分享

本项目通过对屯兰周寨沟关键问题的分析总结，对煤矸石山灭火防复燃、多级隔坡反台山体整形及生态系统重建过程中的理论研究，结合治理过程中的治理实践，提炼出煤矸石山灭火防复燃、多级隔坡反台山体整形、煤矸石山生态系统重建的一些经验，主要内容如下。

（1）施工与科学研究相结合，确保治理工程的持续性和有效性，依据适应性管理理论、恢复生态学、生态系统和近自然治理理论，整体布局自燃煤矸石山的灭火与防复燃、山体整形及生态系统等各项技术环节，系统集成煤矸石山治理各项工艺，配合高强度的管护措施，最终可实现人工干预下的煤矸石山生态系统快速重建。

（2）为保证自燃煤矸石山的彻底灭火和不复燃，应结合煤矸石山自燃理论确定煤矸石山自燃的关键因子，建立自燃煤矸石山彻底灭火和防复燃系统技术体系。具体治理过程中应基于煤矸石山自燃机理、火情煤矸石粒径、结构、孔隙率及组成成分等致火因子进行全面勘察，结合山体坡度、坡长、堆积方式及周边情况等对煤矸石山火情进行科学合理的分类，有针对性地确定具体的科学有效的灭火和防复燃工艺，重点实施进风口封堵和着火点挖除，将煤矸石山防复燃的目标贯穿山体整形和生态系统重建的全过程。

（3）为确保灭火后的煤矸石山山体稳定、防复燃及便于生态系统重建，应综合运用土力学、水文地质学与流域生态学中土中水的运动规律、土中应力计算和土坡稳定性分析理论制订不同的整形技术组合方案，保证中小雨能够被植被利用，大雨可以排出，土矸混合基质全面覆盖山体确保山体坡面稳定性，达到水土保持的目的。

（4）“土拌矸”可用于煤矸石山堆体基质层构建。土拌矸混合覆盖工艺与传统纯黄土覆盖相比优势明显：采用土矸混合封闭坡面，就地取材，节约了宝贵的土壤资源；土矸混合物与煤矸石山堆体材料相近，柔性覆盖，不易形成硬壳、不易开裂，降低了煤矸石山堆体与覆盖层之间形成供氧通道及覆盖层本身开裂形成供氧通道的风险；土拌矸混合层保墒保水的同时有利于提高地温，促进植被生长。

（5）煤矸石植被重建不同于简单的植被恢复，应综合采用系统论思想和近自然治理理念，遵循主导生态因子、限制性、适宜性、种群密度制约、生态位、生物多样性结构调控、能量流动与物质循环、景观美学的原则，模拟当地良好的生态系统，全面考虑非生物环境、生物（生产者、消费者、分解者）及景观等各项生态系统要素，并充分利用各因子相互间的生态关系，重建功能完善的煤矸石山生态系统。

第16章　常村煤矿矸石山生态修复实践

16.1　基本情况

16.1.1　自然地理条件

1. 地理位置

常村煤矿位于山西省长治市屯留县，常村煤矸石山地理位置：36°21′18.42″N，112°58′19.30″E。

矿田中部有309国道东通，208国道南北通，贯穿矿东。北至太原市200 km，南至长治市23 km，东至长治北站15 km，交通十分便利。

2. 地形地貌

常村煤矿位于长治盆地西部。全区为第四纪黄土沉积区，地势平缓，有部分黄土沟壑区。它是高原盆地内的山谷平原地区。总体地形呈西北高，东南低，北部低丘陵地带。黄土沟壑密布，地形破碎。中部和南部地形平坦，海拔约+930 m。

3. 水系

这一地区的河流属于海河水系。浊漳河自南向北流经矿区东缘，其支流江河自西向东流经矿区南部，流入中华村附近的漳泽水库，与浊漳河汇合。区内河床平缓开阔，梯田发育。北部阉村和常隆村有两个小水库，地表不存在大型水体。

4. 气象条件

本区属暖温带半湿润半干燥大陆性季风气候，年降水量为410～917 mm，年蒸发量为1 502～1 926.8 mm，蒸发量为降水量的2～6.3倍，最多风向北西，最大风速14～16 m/s。最高气温36.6 ℃，最低气温-19.6 ℃，悬差56.2 ℃。

16.1.2　煤矸石山概况

常村煤矿是我国第一家由世行贷款建设的超大型现代化煤炭生产企业。设计年产煤能力400万t，核定生产能力800万t。该矿于1985年7月开始建设，1995年9月建成投产。矿井主要开采、运输、提升、通风设备均通过了国际招标和全球采购，代表了20世纪80年代世界煤炭开采先进设备水平。常村煤矿采用立井开采、水平盘区布置，中央风井、西坡风井和王村风井分区通风方式，现在主采3#煤层，平均厚度6.02 m，煤种为优质贫煤，是发电、冶金、化工等行业的首选用煤品。

常村煤矿矸石山位于长治市屯留县境内208国道西，北靠常村矿区，西倚太长高速公路，总占地面积为65 536 m^2，东西走向256 m，南北宽256 m。常村煤矿矸石山的总堆量约300万t，矿井平均每天出矸2 980 t。

16.2 治理思路与方法

常村煤矿煤矸石含硫量低，累计堆积时间达22年，至今没有发现自燃现象，因此，此煤矸石山自燃防治技术以预防监测为主进行实施。

16.2.1 整形整地

（1）将煤矸石山南部超出堆积范围的10 000 m^3煤矸石运至东北部空余处，设备为ZL-50装载机和电铲。

（2）煤矸石山除东北部整形为30 m高台地外，其余处仍以反坡梯田的设计进行施工整形（包括与东北部台地接界的煤矸石山东坡和北坡），最终煤矸石山高为110 m。

（3）在与东北部台地接界的煤矸石山东坡和北坡下部设置隔离层，使用挖掘机挖深7～8 m，填充按1∶1∶1配比的石灰、粉煤灰、黄土，并夯实。

（4）最终将煤矸石山由锥形整形为台阶堆积形式，安息角为27°～35°。煤矸石山堆积过程中，煤矸石主要因重力作用相结合，经过长期露天风化，煤矸石颗粒破碎，颗粒间结合程度加强，目前结构面程度较差。在整形过程中通过压实、固坡，煤矸石山坡面结合程度能达到安息角27°～35°的要求。

16.2.2 防火灭火

在试验地的坡面和平台分别进行如下处理。

（1）坡面：产酸菌专性杀菌剂材料+硫酸盐还原菌（SRB）+隔离层+覆土层。对整体地形进行消坡整形，使整理后的地形总体坡度在28°左右。在整好的坡面和台地上先添加一定量的产酸菌专性杀菌剂材料+SRB菌，然后再覆盖一定隔离材料作隔离层，并进行碾压。最表层覆土在4个坡面全部整地后再进行，选用当地适于种植的土壤，覆盖厚度为坡面少于台地，并轻度压实。

（2）台地：产酸菌专性杀菌剂材料+SRB菌+隔离层+覆土层。采用反坡梯田的形式，进行工程实施。在整好的坡面和台地上先添加一定量的产酸菌专性杀菌剂材料+SRB菌，然后再覆盖一定隔离材料作隔离层，并进行碾压。最表层覆土，选用当地适于种植的土壤，并轻度压实。

（3）局部灭火方案实施注意事项。整地过程中暴露的深部煤矸石如温度较高，应降温至当地煤矸石的自燃临界温度（70～80℃），必要时考虑煤矸石深部石灰+黄土混合浆液灭火。高温煤矸石经暴露降温覆土碾压后，可通过测温控制下一步工作，若煤矸石温度逐步下降，表明碾压已经见效，反之需要进一步采取碾压或注浆等灭火措施（温度在 10 天内设置监测时间）。通过定期测温，可在植被恢复后监测煤矸石山内部的氧化趋势。

16.2.3　构造隔离层

在整形后的煤矸石表层，铺设 0.5 m 左右的惰性材料（粉煤灰、污泥等）或黏土及它们的混合物，使用牵引机组压实，起到隔绝空气的作用。它克服了国际上所采用表面密封压实法的不足，有利于煤矸石山斜坡覆土与碾压，灭火效果较好。黄土粉煤灰覆盖碾压法工程分三个步骤进行：首先按 30%粉煤灰+70%黄土进行混合，加适量的水使其增加黏性，便于在斜坡上施工；其次，将黄土粉煤灰的混合物覆盖到自然煤矸石山表面，并利用铲运机使其均匀覆盖，厚度控制在 50 cm 左右；最后，用牵引机组进行碾压，使黄土和粉煤灰的混合物与煤矸石两面充分结合，并形成致密层，防止空气进入煤矸石山，从而达到灭火的目的。

在隔离层上铺设 0.8 m 左右的表土层，结合煤矸石山的地形栽种吸收有毒有害气体与滞尘能力强的树种，利用植被法改善煤矸石山周边的生态环境。

16.2.4　植被种植

将煤矸石山进行阶梯状绿化，该方法比直接对坡面进行绿化效果好，由于常村煤矿的煤矸石山坡面很大，高度达数十米到上百米，坡面稳定性差，将坡面改造成阶梯状进行绿化。

1. 植物配置模式

按照矿区废弃地植被恢复的目的，利用植物耐瘠薄、抗干旱、繁衍迅速、覆盖效果好、根系发达等特点，最大程度体现水土保持生态效应。同时考虑常绿植物及观花、观型植物结合配置，营造适宜的生态景观效果，发挥植被群落的效能。植被配置模式主要有以下类型。

1）纯植草型配置模式

以草本植物为主的植被配置模式，主要利用紫花苜蓿、高羊茅等植物喜温暖、半干旱气候，侧根发达，繁殖快，能快速适应环境的特点，起到防止降水冲刷的护坡作用，特别是煤矸石山边坡，采取植草护坡措施，以达到防止水土流失的目的。设计紫花苜蓿模式、高羊茅模式和高羊茅—紫花苜蓿模式 3 种单纯草本配置模式，主要播种在中坡位。

2）草、灌型配置模式

草、灌型配置模式主要用于固坡或熟化土壤，防止水土流失，增加土壤有机质含量，促进煤矸石风化，提高土壤肥力，为引入乔木打下基础。单一的草本植物根系较浅，集中分布在土壤表层，较少能深入到岩砾层中，因而固坡能力稍差。而灌木根系较草本植物深，能达到土壤较深层，草灌结合，其根系交织在一起，形成网络，固坡能力强。设计紫穗槐、紫穗槐—紫花苜蓿、紫穗槐—高羊茅、紫穗槐—高羊茅—紫花苜蓿、黄芪 5 种灌木或草灌型模式，主要集中在中上坡位。

3）乔灌和乔草配置模式

乔灌和乔草配置模式的特点是树木和草本植物茂盛的地覆盖地表，减少了地表水分蒸发，增加有机质含量。树木强大的深根系统和草本植物的浅根系统形成了网络结构，对固持煤矸石起到了很好的作用。从自然植被恢复看，自然植被恢复盖度在 20%以上的煤矸石废弃地即可采用乔木的模式，在乔、草复合型配置中，乔木占 65%，草本占 35%为宜。

2. 植物种植技术

1）种植时间

以春季为进行大面积植被恢复的时间，绝大部分树种的栽植在早春完成（3～4 月栽植结束）；草本植物在 5～6 月份种植。雨季和秋季进行少量树种的补植。秋季霜冻后进行少量针叶树种植。

2）种植方法

植苗造林：先在梯田田面上挖大穴，植树穴成品字形配置。栽植前在穴内浇水降温，然后进行栽植与填埋“客土”，栽植时把苗木放入植树穴中扶正；填土时先用湿润的土埋苗根；然后踩实，再埋土到穴满并踩实；然后向植树穴内浇缓苗水，以提高土壤的含水量；最后在植树穴表面覆盖一层松土以防止土壤水分蒸发。

3）苗木保护与保水

在煤矸石山这样极端缺水的立地条件下复垦造林，苗木的水分保持是植物成活和生长的关键因素。苗木成活的关键是维持苗木体内的水分平衡，增加种植时的苗木含水量、增加种植时的根系量和种植后的吸水量、减少种植时的叶量和种植后的蒸腾量等是苗木保护的关键，因此，要采取适当措施避免苗木失水和供给苗木足够的水分。

4）后期养护

栽植完工后的苗木养护管理是煤矸石山植被恢复工作的一项关键任务。煤矸石山植被生态重建的管理重点是要加强水、肥的管理。从施工结束到植物群落成型的一段时间内，必须适时进行基材修补、追肥、浇水、植物补种和病虫害防治，来促进植被生态系统实现自我演替。

16.3　治 理 效 果

（1）常村煤矿矸石山植物多样性。常村煤矿矸石山俯视图见图 16.1，根据在煤矸石山采集的植物标本及调查的相关有数据，常村煤矿矸石山植物从无到有，已经有植物 22 种，属于 11 科，21 属（表 16.1）。

图 16.1　常村煤矿矸石山俯视图

表 16.1　常村煤矿矸石山植物多样性

科目	属	种
豆科	苜蓿属	紫花苜蓿
	紫穗槐属	紫穗槐
	黄芪属	直立黄芪
柏科	刺槐属	刺槐
	刺柏属	红心柏
	圆柏属	铺地柏
	侧柏属	沙地柏
		侧柏

续表

科目	属	种
小檗科	小檗属	紫叶小檗
葡萄科	爬山虎属	爬山虎
禾本科	羊茅属	高羊茅
松科	松属	油松
菊科	蒿属	茵陈蒿
	秋英属	波斯菊
	狗尾草属	狗尾草
	飞蓬属	小飞蓬
	蓟属	刺儿菜
木樨科	连翘属	连翘
	女贞属	金叶女贞
紫葳科	葎草属	葎草
藜科	藜属	藜
唇形科	益母草属	益母草

常村煤矿矸石山的植被恢复模式主要包括6种：紫穗槐模式、紫花苜蓿模式、高羊茅—紫花苜蓿模式、紫穗槐—高羊茅—紫花苜蓿混合模式、黄芪模式和铺地柏模式，如图16.2～图16.7所示。

图16.2　紫穗槐模式现状图

图16.3　紫花苜蓿模式现状图

图 16.4　高羊茅—紫花苜蓿模式现状图

图 16.5　紫穗槐—高羊茅—紫花苜蓿混合模式现状图

图 16.6　黄芪模式现状图

图 16.7　铺地柏模式现状图

（2）常村煤矿矸石山土壤恢复效果。煤矸石山植被重建后，土壤理化性质发生了巨大的变化。选择了常村煤矿矸石山 6 种植被恢复模式的样地，针对不同坡度、坡向、坡位监测分析不同模式下植被恢复对土壤的改良效益（表 16.2）。

表 16.2　常村煤矿矸石山研究样地概况

模式	坡度/（°）	坡向	坡位
紫穗槐	26.50	东偏北	下坡位
紫花苜蓿	25.51	西	中坡位
高羊茅—紫花苜蓿	27.14	东	中下坡位
紫穗槐—高羊茅—紫花苜蓿	24.28	西	上坡位
黄芪	23.87	东偏南	中下坡位
铺地柏	25.52	东南	中坡位

监测结果表明（图 16.8），采用不同模式的植被恢复，常村煤矿矸石山的地温降至 23.91～26.25 ℃。高羊茅—紫花苜蓿恢复模式下土壤含水量最高，黄芪模式下土壤含水量最低，仅有 8.90 %。土壤酸碱度的变化范围为 5.29～7.98，铺地柏在改良土壤酸碱度方面较弱。

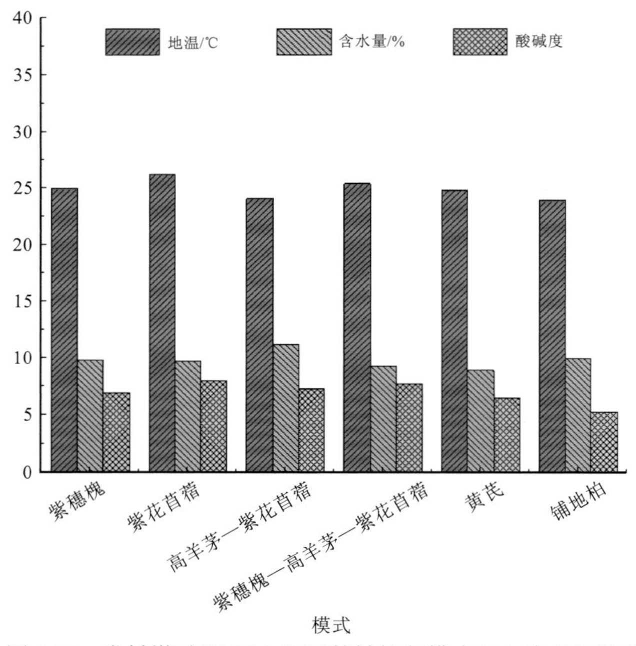

图 16.8　常村煤矿矸石山不同植被恢复模式下土壤理化性质

图 16.9 表明，植被恢复后土壤养分含量中速效氮的改良效果为：紫穗槐—高羊茅—紫花苜蓿>紫花苜蓿>高羊茅—紫花苜蓿>黄芪>紫穗槐>铺地柏。速效钾的改良效果为：紫花苜蓿>高羊茅—紫花苜蓿>黄芪>紫穗槐—高羊茅—紫花苜蓿>紫穗槐>铺地柏。速效磷的改良效果为：紫花苜蓿>紫穗槐—高羊茅—紫花苜蓿>紫穗槐>黄芪>高羊茅—紫花苜蓿>铺地柏。有机质恢复质量为：紫花苜蓿>紫穗槐>紫穗槐—高羊茅—紫花苜蓿>高羊茅—紫花苜蓿>黄芪>铺地柏。

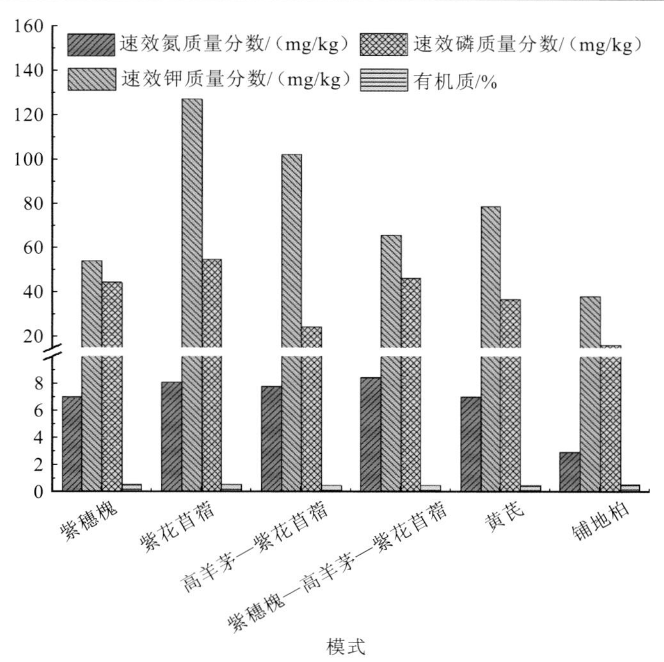

图 16.9　常村煤矿矸石山不同植被恢复模式下土壤养分含量

通过对地温、土壤含水量、土壤酸碱度及土壤养分的测定和评价，铺地柏在降低地温、提高土壤含水量方面具有较强的潜力，而对土壤酸碱度的调节能力较弱；紫穗槐、紫花苜蓿和榆树在调节地温、含水量及土壤养分方面均表现出较好的效果；高羊茅和火炬树在改善煤矸石山土壤环境方面处于中等水平；黄芪在调节土壤含水量和土壤养分的能力方面稍差。

（3）综合效益分析。常村煤矿从 2007 年开始应用“煤矸石山自燃综合治理及生态修复技术”，对常村煤矿的一座煤矸石山进行了综合治理与生态修复。长期以来该煤矸石山的自燃得不到有效的控制，该技术将覆压阻燃防火与注浆灭火技术有机融合，彻底解决了难以达到着火区域灭火问题和深部火点难以灭尽的难题，为植被修复和生态重建的实现创造了有利条件。

常村煤矿应用了该技术，治理面积 99.17 亩，栽植成活灌木 111 000 株及绿化草地面积 61 510 m^2。

取得的直接经济效益如下。

（1）林地价值按照灌木 60 元/株、草本 30 元/m^2 计算，取得的直接经济效益为 850.53 万元。

（2）废弃地转变为林地的土地价值按每亩 4 万元计，因恢复土地资源而创造的经济效益 369.68 万元。

（3）因绿化减少排污、环境损害罚款 991.7 万元。

以上直接经济效益合计 2 238.91 万元。

自燃煤矸石山治理后，有毒有害气体排放大大减少，煤矸石山治理前 6 个测点的平

均 SO_2 的浓度为 11.2 mg/m^3，治理后平均 SO_2 浓度降至 0.13 mg/m^3，通过应用该技术，使煤矸石山周围的生态环境得到较快的恢复，排矸工人能安全作业，附近农民能安居乐业，村落与煤矿的关系恢复正常，纠纷减少。城区的 SO_2 浓度明显降低，大气环境得到改善，这对保护城市的生态环境、人体健康及促进社会安定，引进外资等做出了重大贡献。

16.4 经验分享

通过在常村煤矿矸石山上进行的先期试整形整地、防火灭火及后期构造隔离层进行植被构建，摸索出了一种科学的、经济的、有效的综合性自燃煤矸石山灭火方法。这种以碾压覆盖为主，辅以局部注浆的综合性灭火方法，具有机械化程度高、施工速度快、效果好的优点。这种方法完全可适用于类似条件的其他煤矸石山。它基本解决了国内对大型自燃煤矸石山无法有效灭火的难题，为改善矿区大气环境作出了很大的贡献。

（1）在进行黄土覆盖碾压法灭火时，对煤矸石顶面及坡面必须碾压好，由于坡面压实较为困难，应在排矸过程中在进行顶面碾压时，对边界加强碾压。

以碾压覆盖为主并辅以局部注浆的综合性灭火技术治理大型自燃煤矸石山是可行的，效果明显优于单纯的覆盖法或注浆法。

（2）由于煤矸石山灭火后经常发生自燃，可以采取多方面的防火措施，以避免煤矸石山自燃的可能性。

（3）阶梯状绿化坡面。该方法比直接对坡面进行绿化效果好，由于常村煤矿的煤矸石山坡面很大，高度达数十米到上百米，坡面稳定性差，将坡面改造成阶梯状进行绿化，坡面稳定性好，且便于绿化。

第 17 章　五阳煤矿矸石山生态修复实践

17.1　基 本 情 况

17.1.1　自然地理条件

1. 地理位置

五阳煤矿居潞安矿区北部，是潞安矿业（集团）有限公司的大型现代化生产矿井，位于山西省长治市襄垣县。其地理坐标：112°58′25″～113°05′09″E，36°26′46″～36°33′47″N。五阳煤矿距太原市约 215 km。

2. 地质地貌

潞安矿区区域地质位置处于晋－获断裂西侧，武－阳凹褶带中部。矿区主构造线方向呈北北东－北东东向，与晋－获断裂带相同。南北方向先后分别以文王山、二岗山地垒为界，分为北段、中段、南段。五阳井田位于北段南部，东以煤层露头为界，南以文王山北断层为界，西为人为边界，北以西川断层为界。

3. 气象条件

本区属暖温带大陆气候。年平均气温 8.9℃，月平均最低气温-6.9 ℃（1 月），最高气温 22.8℃（7 月）。年降水量为 414～917 mm，年平均为 583.9 mm。年蒸发量为 1 493.8～1 996.3 mm，年平均为 1 731.84 mm。降水量多集中在 7～9 三个月。日最大降水量为 109.7 mm。风向多为西北风，最大风速 14～20 m/s。冻土期最大冻土层深度为 55 cm。

4. 地质环境

潞安矿区位于沁水煤田的东翼中部，主采沁水煤田中部东端二叠纪山西组中下部 3# 煤层，煤种为优质瘦煤，一般在 6.6 m 左右，井田面积为 76.71 km^2。

17.1.2　煤矸石山概况

要治理的煤矸石山坐落在五阳矿生产区东北方向约百米左右，属办公区、生产区中心地段，与矿山公路擦肩并行，俯视看是一个书写不流畅的单引号，东西走向有 680 m，南北最宽处达 170 m，占地约 9 hm^2，坡度为 25°～28°。目前全部自燃已变成了炉渣山，山体温度接近自然，面向公路的煤矸石山阳坡有少量野生杂草并有少量人为种植，在煤矸石山内北端东侧有一处预制板厂，占地约 1 000 m^2；阴坡全部覆盖为建筑垃圾，无覆土、无植物生长，煤矸石山的阴坡，除山下有一个小型工厂外，全部属基本农田。

17.2 治理思路与方法

17.2.1 矿山公园的总体构思

为了适应五阳煤矿广大职工和居民的生活工作需求，将煤矸石山综合治理建设成为集休闲、游乐、观赏为一体的公园。为了突出“煤矸石治理”的主题，展现非凡的特点，着重从两个方面入手：一是在休闲游乐上，在煤矸石山治理中加入水体给人一种新的概念，水体设计为可以进行垂钓与游乐活动，并在公园各处设计有人性化的休憩场地，可以满足不同人群、不同功能的需求；二是在生态绿化上，运用多种植物种植与造林绿化技术，打造和谐完美的生态景观，改变并弥补煤矸石山曾经对环境的破坏。

五阳煤矿定位为矿山游园，绿化效果图见图 17.1。场地的东北侧是五阳矿的居住区，南侧是矿山公路，西侧是五阳的最大工业区，周围有五阳村等其他村庄环绕，矿山公园在为矿区生产一线的职工同志提供日常需要的游憩场所外，也方便了周围居民的观赏和休憩，作为工作场所与家的延伸、连接，在视觉景观上形成一幅壮丽的画卷；在作为五阳矿开放式公共休闲绿地的同时，有改善环境污染的重要作用。煤矸石山阳坡临环矿路这一面，景观上要创造各具特色的四季效果：春季要既能体验向阳花木，又能看到山花烂漫；夏季要能体验浓阴依依；秋季要欣赏到果实累累；冬季要有绿入眼帘。对今后再堆放的煤矸石山也要作为公园建设的延续，而不是负担，公园必然能在五阳矿的环境治理改善方面发挥积极作用。

图 17.1　五阳煤矿矸石山绿化效果图

来源：山西潞安矿业（集团）有限公司

17.2.2　治理工程

根据对煤矸石山实地勘测及绿化的季节性要求，工程需分阶段实施。

1. 基础建设

基础建设需要解决以下问题。

（1）周围土地的归属与农田、工厂的去留及保护问题，以及预制厂搬迁的手续与处理办法。

（2）煤矸石山覆土的客土来源及土方量问题。

（3）施工期间需要用的辅助设备、设施（包括水源、电源情况等）。

（4）排水及灌溉系统：在整地时，因为煤矸石（灰渣山）渗水性强，不能采用大水漫灌，应安装喷灌与滴灌来解决山上植物种植灌溉系统的问题；并要综合考虑地面排水，不能有低凹处，以避免积水，多利用缓坡来排水。

2. 基础工程

1）整形整地

（1）山顶，垃圾堆放较多，除需要挖坑、平整的地段，尽量保持原地貌、地形，多余的煤矸石向西填中间的沟壑，依据设计要求整理出基本轮廓。

（2）阳坡，向阳，坡度小，并且有少量覆土与植物生长，在整地时将整理成带状、穴状为易，由上而下进行阶梯式整地，梯面为 1 m 宽，并进行覆土碾压。公园连通矿山公路要修 3～4 m 宽的硬化路，并要有绿化进行点缀。

（3）半阴坡，坡度不高，面积较小，左右留两条上山台阶路，宽为 1 m，其余为鱼鳞坑式整地，坑宽为 80 cm，种植以低矮的丛生灌木，连翘、棣棠、枸杞、红玫瑰等耐干旱的植物。

（4）阴坡，山高坡陡且由建筑垃圾随意倾倒形成，没有经过压实处理较松散，容易造成碎煤矸石的下滑，如遇大风和雨水极易造成径流和侵蚀，立地条件差。先考虑建筑垃圾的整理，并要在基部进行加固，由上至下进行整地，为反坡梯田式整地，梯面宽 1.5 m 左右。在煤矸石山的阴坡，全部种满阔叶乡土树种，以黄栌、火炬、红叶臭椿等红叶树种为主，秋天满山的红叶给人以美的视觉感受。

2）覆土回填

覆土回填工程量会相对较大，而且要根据定型与整地的具体规划技术要求，进行客土更换与覆土工作。由于绿化对种植土壤的要求较高，所以种植土壤要求有机质含量丰富，排水性能良好。

3. 基建工程、绿化工程

公园入口在煤矸石山的中轴线上，门面朝南，为公园主要通道，有方便出入的硬化车道与小型广场；在煤矸石山以东区域建一个垂钓池，为矿区的垂钓爱好者提供一个垂钓休闲场所；煤矸石山的西边预制板厂，此处地形平整，有利于做草坪、色块组图与植物园设计；其余为乔木、花灌木、散步路、石凳、石桌、坐凳、花架，并要有曲径、回廊和修建有游人上山的台阶与铁索等公园辅助设施。

在秋季与次年春季两个植树季节完成全部的绿化工程。树种的选择：阳坡以小乔木、花灌木、草坪为主；阴坡以阔叶乡土树种为主；山顶以常绿、垂直绿化、立体绿化为主，有水池的地方种适量的柳树。

17.3　治理效果

（1）五阳煤矿矸石山植物多样性。五阳煤矿矸石山俯视图见图 17.2，经鉴定，将五阳煤矿矸石山植被恢复的植物按照科属的划分如下，见表 17.1。鉴定结果显示，本区共有植物 15 种属 7 科 13 属。

图 17.2　五阳煤矿矸石山俯视图

表 17.1　五阳煤矿矸石山植物多样性

科目	属	种
菊科	飞蓬属	小飞蓬
	蒿属	黄花蒿
		茵陈蒿
		猪毛蒿
	狗娃花属	阿尔泰狗娃花
	虎尾草属	虎尾草
	狗尾草属	狗尾草
	画眉草属	画眉草
紫葳科	艾属	野艾蒿
豆科	胡枝子属	达乌里胡枝子
	草木樨属	黄花草木樨
榆科	榆属	榆树
马齿苋科	马齿苋属	马齿苋
龙舌兰科	丝兰属	剑麻
禾本科	羊茅属	高羊茅

五阳煤矿矸石山根据不同的立地环境，规划设计了剑麻 a 模式、剑麻 b 模式、榆树模式、高羊茅模式 4 种植被恢复模式，如图 17.3 至图 17.5 所示。

（a）剑麻a模式

（b）剑麻b模式

图 17.3　剑麻模式现状图

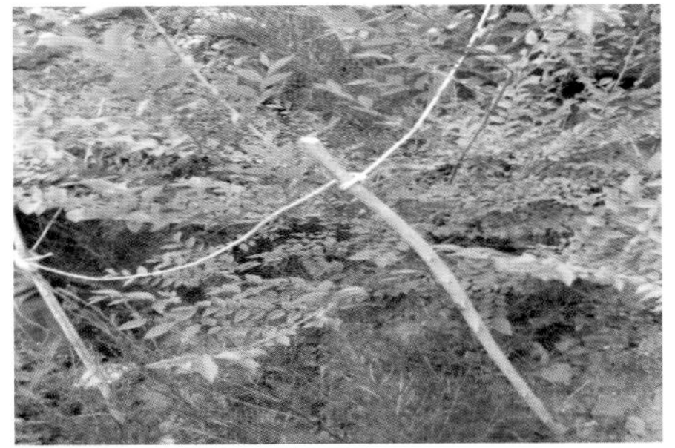

图 17.4　榆树模式现状图

图 17.5　高羊茅模式现状图

（2）五阳煤矿矸石山土壤恢复效果。五阳煤矿矸石山 4 种植被恢复模式的样地基本情况见表 17.2。由图 17.6 可见，经过不同模式的植被恢复，五阳煤矿矸石山的地温降至 26.56～30.15℃。4 种植被恢复模式对土壤水分的贡献均较低，且彼此之间差异较小。土壤酸碱度的变化范围为 6.63～7.57，高羊茅在改良土壤酸碱度方面较弱。

表 17.2 五阳煤矿矸石山研究样地基本概况

模式	坡度/（°）	坡向	坡位
剑麻 a	23.51±5.51	东偏北	中坡位
剑麻 b	33.02±4.76	西	中坡位
榆树	20.33±3.05	东	中上坡位
高羊茅	19.5±0.71	东偏南	中下坡位

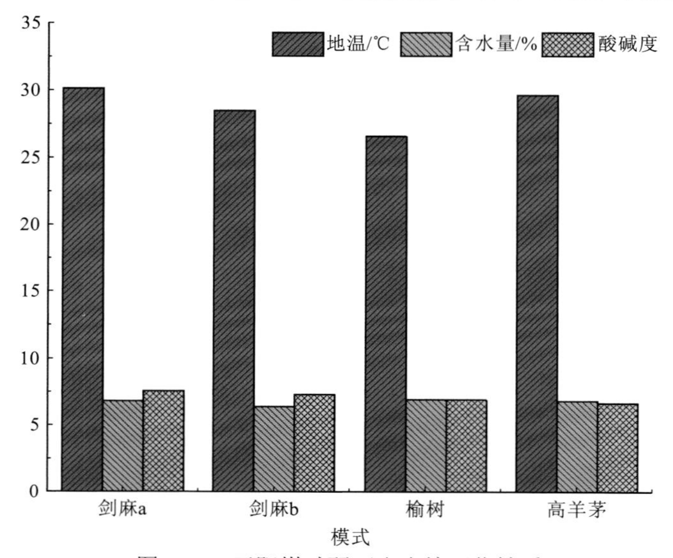

图 17.6 五阳煤矿矸石山土壤理化性质

植被恢复土壤养分含量见图 17.7。速效氮的改良效果排序为榆树>高羊茅>剑麻 a>剑麻 b。速效钾的改良效果排序为榆树>剑麻 b>剑麻 a>高羊茅。速效磷的改良效果大小排序为高羊茅>榆树>剑麻 a>剑麻 b。有机质恢复质量排序为高羊茅>榆树>剑麻 b>剑麻 a。

（3）综合效益分析。五阳煤矿应用该技术，绿化面积 210 亩，栽植成活灌木 237 000 株及绿化草地面积 13 600 m^2。

取得的直接经济效益如下。

（1）林地价值按照灌木 60 元/株、草本 30 元/m^2 计算，取得的直接经济效益为 1 462.8 万元。

（2）废弃地转变为林地的土地价值按每亩 4 万元计，因恢复土地资源而创造的经济效益 840 万元。

（3）因绿化减少排污、环境损害罚款 2 100 万元。

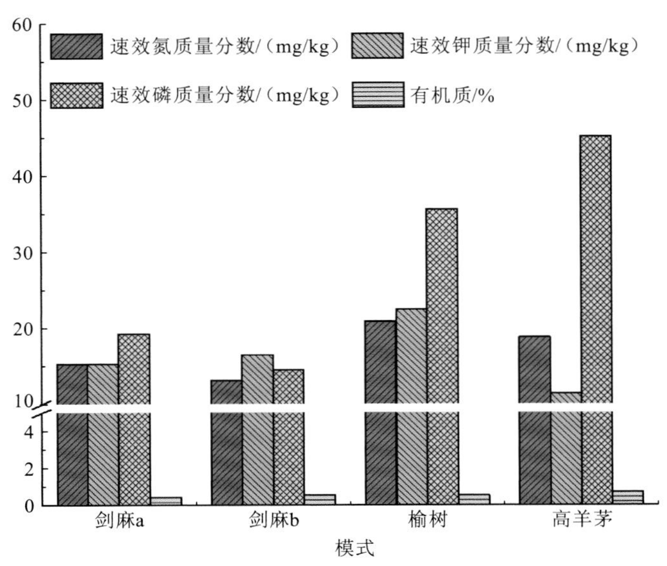

图 17.7　五阳煤矿矸石山土壤养分含量

以上直接经济效益合计 4 402.8 万元。

经过努力，原本烟雾缭绕的黑山已披上绿装，同时在山顶建立了亭台和园林，使之成为该矿工人游乐和休闲的场所。枝叶繁茂的林木对空气中的灰尘起到减风降尘和阻挡过滤作用。同时，矸石场综合治理植被恢复以后，植被具有一定的吸附污染物的能力；在煤矸石山上采用环山反坡梯田种植灌木、花卉可吸收大量热量，降低煤矸石表层温度，有利于防止煤矸石自燃，地温的降低，也改善了区域环境，促进了各种野生动物、植物的生长。

17.4　经验分享

由于五阳煤矿矸石山的位置特殊性，煤矸石山处在矿区的办公生产、生活区结合空地的中间位置，通过改造将其变成一个小型游园，既改变了矿区环境，又提供给员工休闲娱乐的一个好场所。五阳煤矿矸石山采用的高标准、多层次的绿化治理模式，从景观的角度达到了景观多元、立体，植物季相丰富、层次感强的效果。在煤矸石山的改造中，投入了先进技术和大量人力物力，为环境改善做出了贡献。治理后，极大地提高了社会效益，改善了经济效益，提高了生态效益。改善了周边环境，在一定区域内起到了控制生态平衡的作用。在煤矸石植被恢复初期，立即建立植被恢复监测和评价体系，加强强度管理，使植物生长发育得到及时反馈和处理。同时为了管理绿化的煤矸石山，需要继续加大资金投入，建立煤矸石山温度和有害气体的监测系统。

参 考 文 献

安永兴, 梁明武, 赵平, 2012. 煤矸石山综合治理技术模式与实践. 中国水土保持科学, 10(1): 98-102.

毕银丽, 吴王燕, 刘银平, 2007. 丛枝菌根在煤矸石山土地复垦中的应用. 生态学报, 27(9): 3738-3743.

常建华, 2006. 煤矿矸石山灭火技术的研究与应用. 中国煤炭, 32(6): 35-37, 39.

陈海峰, 1994. 影响矸石山自燃因素的解析. 煤矿环境保护, 8(5): 37-40.

陈荷生, 2001. 太湖生态修复治理工程. 长江流域资源与环境, 10(2): 173-178.

陈利顶, 齐鑫, 李芬, 等, 2010. 城市化过程对河道系统的干扰与生态修复原则和方法. 生态学杂志, 29(4): 805-811.

陈维维, 姚立新, 卜贻孙, 等, 1998. 全国重点煤矿矿井水和饮用水中总 α、总 β 放射性水平的监测与评价. 煤矿环境保护, 12(6): 62-64.

陈文英, 2016. 自燃矸石山生态重建技术研究. 太原: 山西大学.

陈永峰, 2005. 阳泉矿区煤矸石自燃防治研究. 西安: 西安建筑科技大学.

董红娟, 卢悦, 王荣国, 等, 2019. 浅析煤矸石山自燃的形成条件及影响因素. 内蒙古煤炭经济, 24: 17-18.

董哲仁, 刘蒨, 曾向辉, 2002. 受污染水体的生物−生态修复技术. 水利水电技术, 33(2): 1-4.

范维唐, 1999. 中国煤炭工业百科全书: 加工利用·环保卷. 北京: 煤炭工业出版社.

顾强, 1998. 国内外矸石山灭火技术发展现状和展望. 煤矿环境保护, 12(1): 12-17.

关欣杰, 司俊鸿, 朱兴攀, 等, 2017. 我国煤矸石山综合治理技术探讨// 中国煤炭学会钻探工程专业委员会 2017 年钻探工程学术研讨会论文集: 316-321.

郭庆国, 1998. 粗粒土的工程特性及应用. 郑州: 黄河水利出版社.

何小弟, 沙文林, 曹登基, 2003. 园林树木栽植三原则. 中国花卉园艺, 15: 36-37.

贺泽好, 2018. 复垦煤矸山不同土地利用类型土壤重金属有效态含量及其影响因素. 临汾: 山西师范大学.

胡洪营, 何苗, 朱铭捷, 等, 2005. 污染河流水质净化与生态修复技术及其集成化策略. 给水排水, 31(4): 1-9.

胡振琪, 1995. 半干旱地区煤矸石山绿化技术研究. 煤炭学报, 20(3): 225, 322-324, 326-327.

胡振琪, 2019. 我国土地复垦与生态修复 30 年: 回顾、反思与展望. 煤炭科学技术, 47(1): 25-35.

胡振琪, 肖武, 赵艳玲, 2020. 再论煤矿区生态环境“边采边复”. 煤炭学报, 45(1): 351-359.

胡振琪, 张明亮, 马保国, 等, 2008. 利用专性杀菌剂进行煤矸石山酸化污染原位控制试验. 环境科学研究, 21(5): 23-26.

黄文章, 2004. 煤矸石山自然发火机理及防治技术研究. 重庆: 重庆大学.

霍志国, 2019. 排矸场自燃治理及生态恢复综合技术应用. 内蒙古煤炭经济, 270(1): 113-115.

贾宝山, 2002. 煤矸石山自然发火数学模型及防治技术研究. 阜新: 辽宁工程技术大学.

贾宝山, 韩德义, 2004. 红阳三矿新煤矸石山自燃的预防措施. 煤矿安全, 35(6): 13-15.

贾宝山, 章庆丰, 孙福玉, 2003. 煤矸石山自燃防治措施. 辽宁工程技术大学学报, 22(4): 512-513.

江明, 1999. 影响煤矸石酸浸脱杂的几个因素. 煤炭科学技术, 27(3): 42-44.
蒋以元, 刘康怀, 杨国清, 等, 2000. 新疆吐拉苏地区生态环境问题与对策研究. 桂林工学院学报, S1: 72-75.
雷建红, 2017. 煤矸石的污染危害与综合利用分析. 能源与节能, 4: 90-91,147.
李冬, 尹国杰, 2008. 活化煤矸石吸附处理含铬废水的研究. 环境科学导刊, 27(3): 63-65.
李鹏波, 胡振琪, 吴军, 等, 2006. 煤矸石山的危害及绿化技术的研究与探讨. 矿业研究与开发, 26(4): 93-96.
李强, 2008. 金沙江干热河谷生态环境特征与植被恢复关键技术研究. 西安: 西安理工大学.
李尉卿, 崔淑敏, 2004. 煤矸石活化制作吸附材料的初步研究. 环境工程, 22(1): 53-56.
李晓文, 2017. 园林工程施工中树木栽植实践分析. 科技经济导刊, 11: 87-88.
李增华, 1996. 煤炭自燃的自由基反应机理. 中国矿业大学学报, 25(3): 111-114.
李中南，2012. 矸石山生态综合治理措施探究. 绿色科技(3): 211-214.
梁军, 2010. 煤矸石山自燃及自燃蔓延现象的宏观机理研究. 科技信息, 19: 788-791.
梁一民, 侯喜录, 李代琼, 1999. 黄土丘陵区林草植被快速建造的理论与技术. 土壤侵蚀与水土保持学报, 5(3): 1-5, 22.
廖程浩, 2009. 阳泉煤矿开采的景观生态效应和生态修复研究. 北京: 清华大学.
刘青柏, 刘明国, 刘兴双, 等, 2003. 阜新地区矸石山植被恢复的调查与分析. 沈阳农业大学学报, 34(6): 434-437.
刘守维, 1998. 用压实法防止煤矸石山自燃. 煤矿环境保护, 12(1): 40-42.
刘肖瑶, 2017. 煤矸石基多孔硅材料的制备、改性及吸附二氧化碳性能的研究. 呼和浩特: 内蒙古工业大学.
马保国, 胡振琪, 张明亮, 等, 2008. 高效硫酸盐还原菌的分离鉴定及其特性研究. 农业环境科学学报, 27(2): 608-611.
马丹丹, 2006. 阜新矿业废弃地现状及生态恢复技术. 长春: 东北师范大学.
潘德成, 吴祥云, 2009. 矿区次生裸地水土保持与生态重建技术探讨. 水土保持应用技术, 4: 23-25.
秦巧燕, 贾陈忠, 周学丽, 2007. 活化煤矸石对含铬废水的吸附处理研究. 工业安全与环保, 33(6): 23-25.
沈占彬, 赵艳峰, 2007. 矸石山自燃事故分析及综合治理技术应用. 矿山机械, 35(12): 136-138.
石家琛, 1988. 论森林立地分类的若干问题. 林业科学, 24(1): 57-62.
唐沛, 富志根, 张贵珍, 2001. 土壤压实控制含水量现场试验研究. 路基工程, 6: 26-29.
屠清瑛, 章永泰, 杨贤智, 2004. 北京什刹海生态修复试验工程. 湖泊科学, 16(1): 61-67.
王春娟, 2017. 园林工程施工中树木栽植实践探讨. 现代园艺, 8: 40.
王建杰, 陈志维, 2019. 煤矸石资源化利用充填邻近废旧巷道的防灭火技术. 神华科技, 17(5): 15-19.
王鹏涛, 2019. 煤矸石综合利用的现状及存在的问题研究. 科学技术创新, 16: 182-183.
王勤, 2017. 浅谈园林树木的种植原则. 花卉, 18: 24-25.
王瑞, 2013. 提高园林树木成活率“三适”栽植法. 现代园艺, 11: 56.
王晓琴, 2018. 煤矿矸石山自燃致因与灭火施工工艺研究. 煤炭与化工, 41(2): 152-154.
卫鹏宇, 2012. 成庄矿 3#、9#煤矸石混堆条件下自燃特性实验及预防技术应用研究. 太原: 太原理工大学.

位蓓蕾，胡振琪，王晓军，等，2016. 煤矸石山的自燃规律与综合治理工程措施研究. 矿业安全与环保, 43(1): 92-95.
吴京杨, 2008. 煤矿矸石山的自燃及其控制. 能源环境保护, 22(4): 20-24.
武钢，姚宇平, 2004. 阳泉煤矸石自燃原因及治理方法的研究// 中国科协2004年学术年会第16分会场论文集: 449-452.
武旭秀, 2004. 土壤的压实与压实机械. 山西建筑, 30(14): 70-71.
谢宏全，张光灿, 2002. 煤矸石山对生态环境的影响及治理对策. 北京工业职业技术学院学报, 3: 27-30, 62.
谢智勇, 2015. 园林绿化树木的种植与配置要点. 农民致富之友, 3: 212.
熊峥，周娟，伍法权, 2009. 土坡圆弧临界滑面的网鱼算法. 煤田地质与勘探, 37(4): 50-53, 56.
徐晶晶, 2014. 氧化亚铁硫杆菌复合杀菌剂的作用机理及其缓释技术研究. 北京：中国矿业大学(北京).
徐晶晶，胡振琪，赵艳玲，等，2014. 酸性煤矸石山中氧化亚铁硫杆菌的杀菌剂研究现状. 中国矿业, 23(1): 62-65.
徐精彩，文虎，郭兴明，1997. 应用自然发火实验研究煤的自燃倾向性指标. 西安矿业学院学报, 17(2): 103-107,126.
许田, 2008. 西南纵向岭谷区生态安全评价与空间格局分析. 呼和浩特：内蒙古大学.
荀兰平, 2006. 煤矸石山自燃防治对策探析. 山西焦煤科技, 2: 3-5, 43.
杨世军, 2010. 煤矿矸石山生态恢复. 露天采矿技术, 6: 84-86.
杨燕, 2019. 粉煤灰灌浆技术在煤矸石自燃治理中的应用研究. 西部探矿工程, 31(7): 123-124, 129.
姚有庆, 2008. 阳泉280煤矸石山适宜植物选择研究. 北京：北京林业大学.
余其芬，唐德瑞，董有福, 2003. 基于遥感与地理信息系统的森林立地分类研究. 西北林学院学报, 18(2): 87-90.
曾春阳，唐代生，唐嘉锴, 2010. 森林立地指数的地统计学空间分析. 生态学报, 30(13): 3465-3471.
张成梁, 2008. 山西阳泉自然煤矸石山生境及植被构建技术研究. 北京：北京林业大学.
张国良，卞正富, 1997. 矸石山复垦整形设计内容和方法. 煤矿环境保护, 11(2): 33-35.
张克恭，刘松玉, 2001. 土力学. 北京：中国建筑工业出版社.
张娜, 2017. 园林绿化种植设计要点探讨. 现代园艺, 22: 84.
张全国，马孝琴, 1997. 煤矸石燃烧过程中的动力学特性研究. 农业工程学报, 13(2): 155-159.
张万儒，盛炜彤，蒋有绪，等, 1992. 中国森林立地分类系统. 林业科学研究, 5(3): 251-262.
张伟, 2013. 成庄矿9#煤矸石自燃特性及堆放参数研究. 太原：太原理工大学.
张伟，邬剑明，王俊峰, 2012. 煤矸石山自燃治理与灭火工艺. 中国煤炭, 38(12): 97-99.
张祥雨, 2009. 温度影响下煤矸石内铁离子迁移的数值模拟研究. 阜新：辽宁工程技术大学.
张晓丽，游先祥，1998. 应用“3S”技术进行北京市森林立地分类和立地质量评价的研究. 遥感学报, 2(4): 292-297.
章梦涛，潘一山，梁冰，等, 1995. 煤岩流体力学. 北京：科学出版社.
赵艳峰，彭秋红, 2007. 矸石山自燃事故分析及综合治理技术的应用. 煤炭技术, 26(6): 70-72.
郑全九, 2006. 晋城凤凰山煤矿治理矸石山自燃实践. 能源环境保护, 20(4): 48-49.
钟慧芳，蔡文六，李雅芹, 1987. 黄铁矿的细菌氧化. 微生物学报, 27(3): 264-270.

朱江江, 2012. 南渡江流域植被调查与典型植物群落构建研究. 长沙: 中南林业科技大学.

AVEDESIAN M M, DAVIDSON J F, 1973. Combustion of carbon particles in a fluidized bed. Transactions of the Institution of Chemical Engineers, 51: 121.

ELDER J L, EDWARDS F G, ABRAHAMS E W, 1977. Tuberculosis due to Mycobacterium kansasii. Australian & New Zealand Journal of Medicine, 7(1): 8-13.

ELDER J L, SCHIDT L D, STEINER W A, et al., 1977. Relative spontaneous heating tendencies of coal. US Bureau of Mines R I, 8206: 51-55.

GIVEN P H,1960.The distribution of hydrogen in coals and its relation to coal structures. Fuel, 39(147): 50-55.

GRANOFF B, APODACA M P, 1973. 132. Effects of compaction on the properties of carbon felt-carbon matrix conical frusta. Carbon,11(6): 688.

GRANOFF B, NUTTALL H E, 1977. Pyrolysis kinetics for oil-shale particles. Fuel, 56(3): 234-240.

LEVY J M, 1980. Modeling of fuel-Nitrogen chemistry in combustion. The influence of hydrocarbone. Fifth EPA Fundamental Combustion Research Workshop, Newport Beach, CA, 1980: 63-66.

NUTTALL H E, KALE R, 1993. Application of ESEM to environmental colloids. Microscopy Research and Technique, 25(5-6): 439-446.

QUEROL X, IZQUIERDO M, MONFORT E, et al., 2008. Environmental characterization of burnt coal gangue banks at Yangquan, Shanxi Province, China. International Journal of Coal Geology, 75(2): 93-104.

ZHANG D K, SUJANTI W, 1999. The effect of exchangeable cations on low-temperature oxidation and self-heating of a Victorian brown coal. Fuel, 78(10): 1217-1224.

ZHU Q, HU Z Q, RUAN M Y, 2020. Characteristics of sulfate-reducing bacteria and organic bactericides and their potential to mitigate pollution caused by coal gangue acidification. Environmental Technology & Innovation, 20(11): 101142.

附录　参考标准、规范

《地表水和污水监测技术规范》（HJ/T 91—2002）

《地下水环境监测技术规范》（HJ/T 164—2014）

《复垦农田土壤肥力评价及提升技术规程》（DB 14/T 1113—2015）

《滑坡防治工程勘查规范》（GB/T 32864—2016）

《环境保护图形标志——固体废物贮存（处置）场》（GB 15562.2—1995）

《环境空气质量标准》（GB 3095—2012）

《建设工程项目管理规范》（GB/T 50326—2017）

《建设用地土壤污染风险管控和修复监测技术导则》（HJ 25.2—2019）

《建筑边坡工程技术规范》（GB 50330—2013）

《生产建设项目水土流失防治标准》（GB/T 50434—2018）

《矿山生态环境保护与恢复治理技术规范（试行）》（HJ 651—2013）

《煤矸石填埋造田技术规程》（DB 14/T 1114—2015）

《煤矸石综合利用管理办法（2014 年修订版）》

《煤和煤矸石淋溶试验方法》（GB/T 34230—2017）

《煤矿矸石山灾害防范与治理工作指导意见》（安监总煤矿字（2005）162 号）

《煤炭工业露天矿边坡工程监测规范》（GB 51214—2017）

《煤炭工业污染物排放标准》（GB 20426—2006）

《生活垃圾填埋场污染控制标准》（GB 16889—2008）

《土地复垦质量控制标准》（TD/T 1036—2013）

《土壤环境质量 建设用地土壤污染风险管控标准（试行）》（GB 36600—2018）

《土壤环境质量 农用地土壤污染风险管控标准（试行）》（GB 15618—2018）

《尾矿库环境风险评估技术导则（试行）》（HJ 740—2015）

《岩土工程勘察规范》（GB 50021—2001）

《一般工业固体废物贮存和填埋污染控制标准》（GB 18599—2020）

索　　引